U0289748

电子信息科学与技术丛书

ARM Cortex-M4
嵌入式系统外设接口开发

基于STM32F4系列微控制器

微课视频版

奚海蛟 编著

清华大学出版社
北京

内 容 简 介

本书是一本系统论述 STM32 开发的立体化教程，全书共 9 章，第 1～6 章属于基础开发；第 7～9 章属于实践开发。其中，第 1 章介绍了 STM32F4 主板硬件资源以及 STM32F4 启动文件和时钟配置；第 2 章介绍了 STM32 的 GPIO，通过对 GPIO 输入、输出的不同模式进行配置，实现 LED 灯控制、蜂鸣器控制、按键处理（轮询、中断）以及待机唤醒等功能；第 3 章介绍了软件开发的重要调试手段，MCU 的重要外部接口——串口；第 4 章介绍了 STM32 众多外设中的一个——定时器；第 5 章介绍了 STM32 中的 ADC，通过采集光照强度、单 ADC 扫描转换、ADC 的 DMA 模式、双重 ADC 交叉模式、定时器触发模式展开叙述；第 6 章介绍了STM32 中的 DAC，通过 DAC 的双通道输出和 DAC 的正弦波展开叙述；第 7 章介绍了 STM32 的总线，通过对 CAN 通信、RS-485 通信、红外遥控、I^2C 通信、模拟 I^2C 通信和 SPI 通信逐一展开叙述；第 8 章介绍了STM32 的存储器，通过对 EEPROM 读写、Flash 读写、W25Q128 读写、SD 卡读写、外部 SRAM 读写以及内存管理展开介绍；第 9 章介绍了 STM32 的高级外设，通过 MPU6050 传感器、TFTLCD 以及触摸屏展开叙述。

本书适合作为广大高校计算机专业 STM32 课程教材，也可以作为 STM32 开发者的自学参考用书。

图书在版编目（CIP）数据

ARM Cortex-M4 嵌入式系统外设接口开发：基于 STM32F4 系列微控制器：微课视频版/奚海蛟编著.—北京：清华大学出版社，2023.8
（电子信息科学与技术丛书）
ISBN 978-7-302-63073-9

Ⅰ．①A… Ⅱ．①奚… Ⅲ．①微控制器－接口技术 Ⅳ．①TP368.1

中国国家版本馆 CIP 数据核字（2023）第 045031 号

责任编辑：曾　珊　李　晔
封面设计：李召霞
责任校对：申晓焕
责任印制：杨　艳

出版发行：清华大学出版社
　　　网　　　址：http://www.tup.com.cn，http://www.wqbook.com
　　　地　　　址：北京清华大学学研大厦 A 座　　邮　　编：100084
　　　社 总 机：010-83470000　　　　　　　邮　　购：010-62786544
　　　投稿与读者服务：010-62776969，c-service@tup.tsinghua.edu.cn
　　　质量反馈：010-62772015，zhiliang@tup.tsinghua.edu.cn
　　　课件下载：http://www.tup.com.cn，010-83470236
印 装 者：三河市人民印务有限公司
经　　销：全国新华书店
开　　本：185mm×260mm　　　印　　张：20.25　　　字　　数：535 千字
版　　次：2023 年 9 月第 1 版　　　　　　　印　　次：2023 年 9 月第 1 次印刷
印　　数：1～1500
定　　价：79.00 元

产品编号：097758-01

前 言
PREFACE

STM32 系列 32 位微控制器基于 ARM Cortex-M 系列处理器,旨在为 MCU 用户提供新的开发自由度。它包括一系列产品,集高性能、实时功能、数字信号处理、低功耗/低电压操作、连接性等特性于一身,同时还保持了集成度高和易于开发的特点。

品种齐全的 STM32 微控制器基于行业标准内核,提供了大量工具和软件选项以支持项目开发,使该系列产品成为小型项目或端到端平台的理想选择,主要包括主流产品(STM32F0、STM32F1、STM32F3)、超低功耗产品(STM32L0、STM32L1、STM32L4、STM32L4+)、高性能产品(STM32F2、STM32F4、STM32F7、STM32H7)。

STM32F4 系列包含高速嵌入式存储器和广泛的增强型 I/O 和外设,连接到两个 APB 总线、三个 AHB 总线和一个 32 位多 AHB 总线矩阵;64KB CCM(内核耦合存储器)数据 RAM;LCD 并行接口,8080/6800 模式;具有正交(增量)编码器输入的定时器;5V 容错 I/O;并行摄像头接口;真随机数发生器;具有亚秒级精度和硬件日历的 RTC;96 位唯一 ID。本书案例使用意法半导体公司的 STM32F407VGTx 芯片实现。

本书案例使用 STM32 固件库进行开发。它是由意法半导体公司针对 STM32 提供的函数接口,即 API(Application Program Interface),具有开发快速、易于阅读、维护成本低等优点。开发者调用这些函数接口来配置 STM32 的寄存器,可以脱离最底层的寄存器操作。

本书适用于 Windows 10 系统;使用的编译软件为 MDK5.18,固件库为 STM32F4xx HAL 库;书中全部案例在武汉飞航科技有限公司生产的飞航 STM32F407 开发板上测试通过。

作者提供长期、有效的答疑服务,期待与读者交流相关技术问题、行业应用或合作意向等话题。

互动交流

本书可作为本科及高职院校电子信息类专业的教材,也可作为嵌入式技术爱好者与工程师的参考资料。

编 者

2023 年 7 月

学习建议

本书可作为本科及高职院校电子信息、自动化、物联网、计算机等相关专业的教材,也可作为嵌入式开发工程师、爱好者的参考用书。

如果将本书作为教材使用,建议将课程的教学分为课堂讲授和学生自主上机两个层次。课堂讲授建议 12 学时,学生自主上机 36 学时。教师可以根据不同的教学对象或教学大纲要求安排学时数和教学内容。

本课程的主要知识点及课时分配见下表。

知 识 单 元	知 识 点	要求	课时分配
第 1 章 STM32 开发入门	STM32F4 主板硬件资源	了解	2
	启动文件和时钟配置	了解	
第 2 章 GPIO 开发	LED 灯控制	掌握	4
	蜂鸣器控制	掌握	
	按键处理:轮询	掌握	
	按键处理:中断	掌握	
	待机唤醒	掌握	
第 3 章 串口开发	串口通信:轮询	掌握	4
	串口通信:中断	掌握	
	串口通信:DMA	掌握	
第 4 章 定时器开发	滴答定时器	掌握	8
	定时器	掌握	
	PWM 输出	掌握	
	输入捕获	掌握	
	PWM 输入	掌握	
	电容触摸按键	掌握	
	独立看门狗	掌握	
	窗口看门狗	掌握	
第 5 章 ADC 开发	ADC:采集光照强度	掌握	6
	ADC:单 ADC 扫描转换	掌握	
	ADC:ADC 的 DMA 模式	掌握	
	ADC:双重 ADC 交叉模式	掌握	
	ADC:定时器触发模式	掌握	
第 6 章 DAC 开发	DAC 双通道输出	掌握	2
	DAC 正弦波	掌握	

续表

知 识 单 元	知 识 点	要求	课时分配
第7章　总线开发	CAN 通信	掌握	8
	RS-485 通信	掌握	
	红外遥控	掌握	
	I^2C 通信	掌握	
	模拟 I^2C 通信	掌握	
	SPI 通信	掌握	
第8章　存储器开发	EEPROM 读写	掌握	8
	Flash 读写	掌握	
	W25Q128 读写	掌握	
	SD 卡读写	掌握	
	外部 SRAM 读写	掌握	
	内存管理	掌握	
第9章　高级外设开发	MPU6050 传感器	掌握	6
	TFTLCD	掌握	
	触摸屏	掌握	

微课视频清单

视 频 名 称	时长/min	位 置
视频 1　启动文件和时钟配置	14	1.2 节节首
视频 2　LED 灯实验	11	2.1 节节首
视频 3　蜂鸣器实验	4	2.2 节节首
视频 4　按键处理实验：轮询	5	2.3 节节首
视频 5　按键处理实验：中断	7	2.4 节节首
视频 6　待机唤醒实验	8	2.5 节节首
视频 7　串口通信：轮询	9	3.1 节节首
视频 8　串口通信：中断	5	3.2 节节首
视频 9　串口通信：DMA	11	3.3 节节首
视频 10　滴答定时器	5	4.1 节节首
视频 11　定时器实验	6	4.2 节节首
视频 12　PWM 输出	11	4.3 节节首
视频 13　输入捕获	8	4.4 节节首
视频 14　PWM 输入	5	4.5 节节首
视频 15　电容触摸按键实验	12	4.6 节节首
视频 16　独立看门狗实验	7	4.7 节节首
视频 17　窗口看门狗实验	8	4.8 节节首
视频 18　ADC 实验：采集光照强度	11	5.1 节节首
视频 19　ADC 实验：单 ADC 扫描转换	7	5.2 节节首
视频 20　ADC 实验：ADC 的 DMA 模式	4	5.3 节节首
视频 21　ADC 实验：双重 ADC 交叉模式	5	5.4 节节首
视频 22　ADC 实验：定时器触发模式	4	5.5 节节首
视频 23　DAC 双通道输出实验	6	6.1 节节首
视频 24　DAC 正弦波实验	5	6.2 节节首
视频 25　CAN 通信实验	7	7.1 节节首
视频 26　RS-485 通信实验	10	7.2 节节首
视频 27　红外遥控实验	9	7.3 节节首
视频 28　I^2C 通信实验	9	7.4 节节首
视频 29　SPI 通信实验	8	7.6 节节首
视频 30　EEPROM 读写实验	9	8.1 节节首
视频 31　Flash 读写实验	7	8.2 节节首
视频 32　W25Q128 读写实验	8	8.3 节节首

目 录

CONTENTS

## 第 1 章

STM32 开发入门

本章主要介绍 STM32F4 主板硬件资源以及 STM32F4 启动文件和时钟配置,帮助读者了解 STM32F4 主板硬件结构以及 STM32 启动原理和时钟配置。

1.1 STM32F4 主板硬件资源

1.1.1 STM32F4 主板硬件结构

本书配套的硬件平台为武汉飞航科技有限公司(以下简称"飞航科技")STM32F407 开发板,如图 1-1 所示,它包括开发板板载芯片 STM32F407ZGT6,144 引脚,1024KB Flash,192KB SRAM 大容量,芯片内嵌资源丰富(6 个串口,16 个定时器,3 个 ADC 共 24 通道,2 个 DAC,2 个 CAN,SDIO,FSMC,I^2C,I^2S,SPI 等),板载 W25Q128 128MB Flash、IS62WV51216 8MB SRAM、百兆以太网、六轴(陀螺仪+加速计)传感器芯片、光敏传感器等,可外接 OLED 摄像头模块、TFTLCD 显示屏、ZigBee 模块等,非常适合读者学习和 DIY。

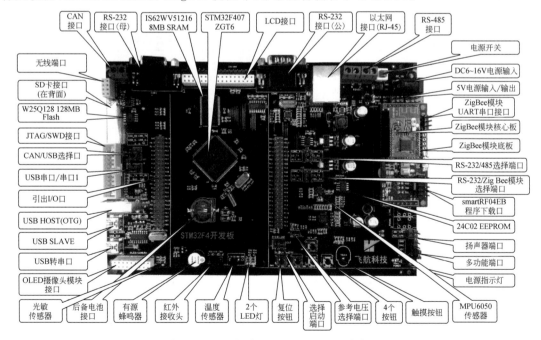

图 1-1 飞航科技 STM32F407 开发板

1.1.2 接口明细

飞航科技 STM32F407 开发板接口明细,如表 1-1 所示。

表 1-1 飞航科技 STM32F407 开发板接口明细

硬 件 类 型	SCH 接口	GPIO	使 用 说 明
WIRELESS	NRF_CE	PG6	接 WIRELESS 接口的 CE 脚
	NRF_CS	PG7	接 WIRELESS 接口的 CS 脚
	SPI1_SCK	PB3	接 WIRELESS 接口的 SCK 脚
	SPI1_MOSI	PB5	接 WIRELESS 接口的 MOSI 脚
	SPI1_MISO	PB4	接 WIRELESS 接口的 MISO 脚
	NRF_IRQ	PG8	接 WIRELESS 接口 IRQ 信号
SD 卡接口	SDIO_D2	PC9	接 SD 卡接口的 DATA2 脚,设有 47kΩ 上拉电阻
	SDIO_D3	PC10	接 SD 卡接口的 DATA3 脚,设有 47kΩ 上拉电阻
	SDIO_CMD	PD2	接 SD 卡接口的 CMD 脚,设有 47kΩ 上拉电阻
	SDIO_SCK	PC12	接 SD 卡接口的 SCK 脚
	SDIO_D0	PC7	接 SD 卡接口的 DATA0 脚,设有 47kΩ 上拉电阻
	SDIO_D1	PC8	接 SD 卡接口的 DATA1 脚,设有 47kΩ 上拉电阻
W25Q128 128MB Flash	SPI1_MOSI	PB5	接 W25Q128 的 MOSI 信号
	SPI1_SCK	PB3	接 W25Q12 的 SCK 信号
	F_CS	PB14	接 W25Q128 的 片选信号
	SPI1_MISO	PB4	接 W25Q128 的 MISO 信号
CAN/USB 接口	CAN_RX		连接 TJA1050 芯片
	CAN_TX		连接 TJA1050 芯片
	USB_D−	PA11	跳线帽选择 D−或者 CAN_RX
	USB_D+	PA12	跳线帽选择 D+或者 CAN_TX
	D−		连接 USB SLAVER D−
	D+		连接 USB SLAVER D+
USB 串口/串口 1	U1_TX	PA9	连接 STM32F4 的 USART1_TX
	U1_RX	PA10	连接 STM32F4 的 USART1_RX
	RXD		连接 CH40G 芯片 (注:U1_TX 与 RXD 通过跳线帽连接,通过使用 USB 转串口可实现一键下载程序的功能)
	TXD		连接 CH40G 芯片 (注:U1_RX 与 TXD 通过跳线帽连接,通过使用 USB 转串口可实现一键下载程序的功能)
USB HOST(主机)	USB_DM		CAN/USB 接口的 D−,中间接 10R 电阻
	USB_DP		CAN/USB 接口的 D+,中间接 10R 电阻
USB_SLAVER(从机)	USB_DM		CAN/USB 接口的 D−,中间接 10R 电阻
	USB_DP		CAN/USB 接口的 D+,中间接 10R 电阻
USB 转串口	CH340_D−		连接 CH340G 芯片的输入端口后,转换的信号接到 USB 串口/串口 1 的 RXD
	CH340_D+		连接 CH340G 芯片的输入端口后,转换的信号接到 USB 串口/串口 1 的 TXD

硬 件 类 型	SCH 接口	GPIO	使 用 说 明
OLED 摄像头模块接口	DCMI_SCL	PD6	连接 OLED/CAMERA 接口的 SCL 脚
	DCMI_SDA	PD7	连接 OLED/CAMERA 接口的 SDA 脚
	DCMI_D0	PC6	连接 OLED/CAMERA 接口的 D0 脚
	DCMI_D2	PC8	连接 OLED/CAMERA 接口的 D2 脚
	DCMI_D4	PC12	连接 OLED/CAMERA 接口的 D4 脚
	DCMI_D6	PE5	连接 OLED/CAMERA 接口的 D6 脚
	DCMI_PCLK	PA6	连接 OLED/CAMERA 接口的 PCLK 脚
	DCMI_PWDN	PG9	连接 OLED/CAMERA 接口的 PWDN 脚
	DCMI_VSYNC	PB7	连接 OLED/CAMERA 接口的 VSYNC 脚
	DCMI_HREF	PA4	连接 OLED/CAMERA 接口的 HREF 引脚
	DCMI_RESET	PG15	连接 OLED/CAMERA 接口的 RESET 脚
	DCMI_D1	PC7	连接 OLED/CAMERA 接口的 D1 脚
	DCMI_D3	PC9	连接 OLED/CAMERA 接口的 D3 脚
	DCMI_D5	PB6	连接 OLED/CAMERA 接口的 D5 引脚
	DCMI_D7	PE6	连接 OLED/CAMERA 接口的 D7 引脚
	DCMI_XCLK	PA8	连接 OLED/CAMERA 接口的 XCLK 引脚
有源蜂鸣器	BEEP	PF8	高电平鸣叫
红外接收头	REMOTE_IN	PA8	连接有 4.7kΩ 上拉电阻
温度传感器	1WIRE_DQ	PG9	接单总线接口(U13),即 DHT11/DS18B20
两个 LED 灯	D0	PF9	接 DS0 LED 灯(蓝色)
	D1	PF10	接 DS1 LED 灯(绿色)
选择启动模式	BOOT0	BOOT0	BOOT0,启动选择配置引脚(仅上电时用)
	BOOT1	BOOT1	BOOT1,启动选择配置引脚(仅上电时用)
4 个按钮	WK_UP	PA0	按键 KEY_UP,可以作为待机唤醒按钮
	KEY0	PE4	按钮 KEY0
	KEY1	PE3	按钮 KEY1
	KEY2	PE2	按钮 KEY2
触摸按钮	STM_ADC	PA5	TOUCH 检查脚,也是 ADC 输入引脚
MPU6050 传感器	I2C_SCL	PB8	连接 MPU6050 的 SCL 引脚
	I2C_SDA	PB9	连接 MPU6050 的 SDA 引脚
多功能端口	TPAD		通过 1MΩ 电阻连接 3.3V 电压
	STM_ADC	PA5	TOUCH 检查脚,也是 ADC 输入引脚
	STM_DAC	PA4	DAC_OUT1 输出脚 OLED/CAMERA 接口的 HREF 引脚
扬声器接口	ROUT2		连接 WM8978 的 ROUT2 引脚
	LOUT2		连接 WM8978 的 LOUT2 引脚
	PWM_DAC	PA3	PWM_DAC 输出引脚
	PWM_AU		连接到 WM8978 的 AUXL 和 AUXR 引脚
EEPROM	I2C_SCL	PB8	连接 EEPROM 的 SCL 引脚
	I2C_SDA	PB9	连接 EEPROM 的 SDA 引脚

续表

硬 件 类 型	SCH 接口	GPIO	使 用 说 明
RS-232/ZigBee 模块选择接口	U3_RX		使能 COM2 的 RX 线
	U3_TX		使能 COM2 的 TX 线
	USART3_TX	PB10	连接主控芯片的 USART3
	USART3_RX	PB11	连接主控芯片的 USART3
	ZIGBEE_RX WIFI_RX		连接 ZigBee/WiFi 的 RX 引脚
	WIFI_TX ZIGBEE_TX		连接 ZigBee/WiFi 的 TX 引脚
RS-232/RS-485 选择端口	U2_RX		使能 COM1 的 RX 线
	U2_TX		使能 COM1 的 TX 线
	USART2_TX	PA2	连接主控芯片的 USART2
	USART2_RX	PA2	连接主控芯片的 USART2
	RS422_RX		连接 MAX3490 的 D1 端
	RS422_TX		连接 MAX3490 的 R0 端
以太网接口(RJ45)	LINK_LED		连接 LAN8720A 的 LED1 引脚
	SPEED_LED		连接 LAN8720A 的 LED2 引脚

1.1.3 跳线功能定义

1. JTAG/SWD 接口(注：没有跳线帽)

STM32F4 板搭载的 20 针标准 JTAG 调试接口,该调试接口可以直接和 ULINK、J-Link、ST-Link 等调试器相连接,由于 STM32 支持 SWD 调试,这个 JTAG 口也可以用 SWD 模式连接。

若使用 JTAG 模式调试,则需要占据 5 个接口。若使用 SWD 调试模式的话,则仅需要 2 个接口,节约了引脚,其中 ST-Link 使用的接口模式为 SWD 模式。

2. USB 串口/串口 1 选择接口

USB 串口与 STM32F407ZGT6 的串口 1 进行连接,串口 1 的 RXD 和 TXD 引脚与 CH340G 芯片相互连接,通过 CH340G 芯片将 USB 传入的数据转换成串口数据,实现通信。若想用串口一键下载程序,则需要接上接口复用跳线帽;若只作为普通串口与 STM32F407ZGT6 通信,则只需要拔掉跳线帽即可。

3. CAN/USB 选择接口

CAN/USB 选择接口的 CAN_RX 与 CAN_TX 与通过芯片 A1050 与接口 CAN1 连接,D− 与 D+ 与 USB 接口相互连接。其中 CAN 与 USB 复用的接口为 USB_D−(PA9),USB_D+ (PA10)。使用跳线帽可以实现 CAN/USB 的连接。

4. RS-422/RS-232 选择接口

开发板设置有一个 RS-232 接口(COM1)与一个 RS-422(RS、RS1)接口。通过使用跳线帽可以选择任一接口与串口 2(U2_RX 和 U2_TX)实现通信。

5. RS-232/ZigBee

开发板设置有一个 RS-232 接口(COM2)与一个 ZigBee 模块的串口接口(GBC_TX 和 GBC_RX),通过使用跳线帽可以选择任一接口与串口 3(U3_RX 和 U3_TX)实现通信。

1.1.4 按键定义

开发板上集成有 5 个按键,其中按键 RESET 可以使程序硬件复位,另外 4 个按键

（KEY0、KEY1、KEY2、KEY_UP）可以当作普通的按键，其中 KEY_UP 可用来退出待机
模式。

1.1.5 主控板资源说明

STM32F4 开发板板载资源如下：

- CPU——STM32F407ZGT6，LQFP144，Flash：1024KB，SRAM：192KB；
- 外扩 SRAM——IS62WV51216，8MB；
- 外扩 SPI Flash——W25Q128，128MB；
- 1 个电源指示灯（红色）；
- 2 个状态指示灯（ D2：绿色，D1：蓝色）；
- 1 个红外接收头，并配备红外遥控器；
- 1 个 EEPROM 芯片，24C02，容量 256B；
- 1 个六轴（陀螺仪＋加速度）传感器芯片 MPU6050；
- 1 个高性能音频编解码芯片，WM8978；
- 1 个 2.4G 无线模块接口，支持 NRF24L01 无线模块；
- 1 路 CAN 接口，采用 TJA1050 芯片；
- 1 路 RS-422 接口，采用 MAX3490 芯片；
- 2 路 RS-232 串口（一公一母）接口，采用 SP3232 芯片；
- 1 路单总线接口，支持 DS18B20/DHT11 等单总线传感器；
- 1 个光敏传感器；
- 1 个标准的 2.4 英寸/2.8 英寸/3.5 英寸/4.3 英寸/7 英寸 LCD 接口，支持电阻/电容
  触摸屏；
- 1 个摄像头模块接口；
- 1 个 OLED 模块接口；
- 1 个 USB 串口，可用于程序下载和代码调试（USART 调试）；
- 1 个 USB SLAVE 接口，用于 USB 从机通信；
- 1 个 USB HOST(OTG)接口，用于 USB 主机通信；
- 1 个有源蜂鸣器；
- 1 个 RS-232/RS-422 选择接口；
- 1 个 CAN/USB 选择接口；
- 1 个串口选择接口；
- 1 个 SD 卡接口（在板子背面）；
- 1 个百兆以太网接口（ RJ-45）；
- 1 个标准的 JTAG/SWD 调试下载口；
- 1 个录音头（MIC/咪头）；
- 1 路立体声音频输出接口；
- 1 路立体声录音输入接口；
- 1 路扬声器输出接口，可接 1W 左右的小喇叭；
- 1 组多功能接口（DAC/ADC/PWM DAC/AUDIO IN/TPAD）；
- 1 组 5V 电源供应/接入口；

- 1组 3.3V 电源供应/接入口;
- 1个参考电压设置接口;
- 1个直流电源输入接口(输入电压范围:DC 6~16V);
- 1个启动模式选择配置接口;
- 1个 RTC 后备电池座,并带电池;
- 1个复位按钮,可用于复位 MCU 和 LCD;
- 4个功能按钮,其中 KEY_UP(即 WK_UP)兼具唤醒功能;
- 1个电容触摸按键;
- 1个电源开关,控制整个板的电源;
- 一键下载功能;
- 除晶振占用的 I/O 口外,其余所有 I/O 口全部引出。

1.1.6　主控板原理图

STM32F4 主板部分原理图如下。

(1) LED 灯原理图如图 1-2 所示。

(2) 按键原理图如图 1-3 所示。

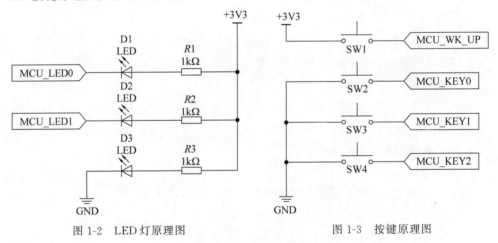

图 1-2　LED 灯原理图　　　　　　　　　　图 1-3　按键原理图

(3) 蜂鸣器原理图如图 1-4 所示。

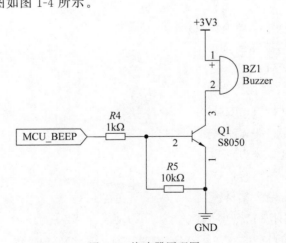

图 1-4　蜂鸣器原理图

（4）SD 卡读取原理图如图 1-5 所示。

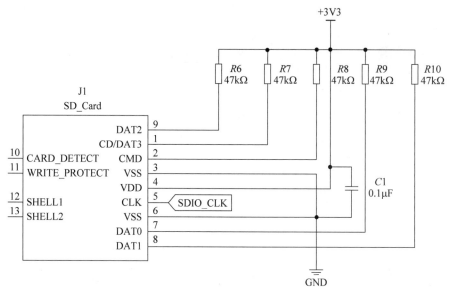

图 1-5　SD 卡读取原理图

（5）外部 SRAM 原理图如图 1-6 所示。

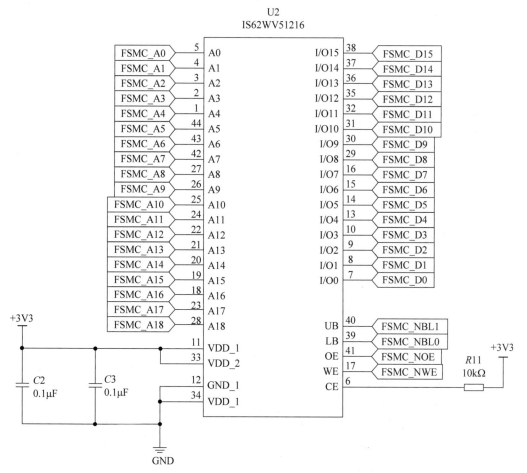

图 1-6　外部 SRAM 原理图

（6）TFTLCD 屏幕接口原理图如图 1-7 所示。

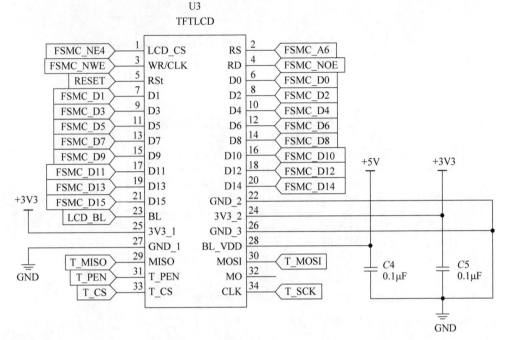

图 1-7　TFTLCD 屏幕接口原理图

完整原理图请参考本书配套资料。

视频 1

1.2　启动文件和时钟配置

1.2.1　启动文件

1. 启动文件简介

启动文件由汇编语言编写,是系统上电复位后最先执行的第一段程序。该文件主要做了以下工作:

- 初始化堆栈指针 SP＝_initial_sp。
- 初始化 PC 指针 PC＝Reset_Handler。
- 初始化中断向量表。
- 配置系统时钟。
- 调用 C 库函数_main()初始化用户堆栈,从而最终调用 main()函数。

2. 查找 ARM 汇编指令

启动文件涉及 ARM 的汇编指令和 Cortex 内核的指令。有关 Cortex 内核的指令可以参考《Cortex M3 与 M4 权威指南》。剩下的 ARM 的汇编指令可以通过 MDK→ Help→ μVision Help 搜索到。以检索 EQU 为例,如图 1-8 所示。

检索出来的结果会有很多,我们只需看 Assembler User Guide 这部分即可。表 1-2 列出了启动文件中使用到的 ARM 汇编指令,该列表的指令全部从 ARM Development Tools 的帮助文档检索而来。为了方便编译器相关的指令 WEAK 和 ALIGN 也列在该表中。

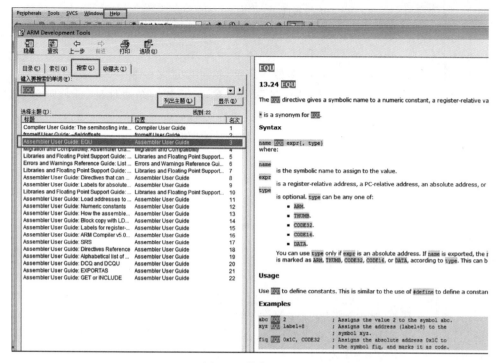

图 1-8　检索 EQU

表 1-2　启动文件

指 令 名 称	作　　用
EQU	给数字常量取一个符号名,相当于 C 语言中的 define
AREA	汇编一个新的代码段或者数据段
SPACE	分配内存空间
PRESERVE8	当前文件堆栈需按照 8 字节对齐
EXPORT	声明一个标号具有全局属性,可被外部文件使用
DCD	以字为单位分配内存,要求按照 4 字节对齐,并要求初始化这些内存
PROC	定义子程序,与 ENDP 成对使用,表示子程序结束
WEAK	弱定义,如果外部文件声明了一个标号,则优先使用外部文件定义的标号;如果外部文件没有定义也不出错。WEAK 不是 ARM 的指令,是编译器的
IMPORT	声明标号来自外部文件,与 C 语言中的 EXTERN 关键字类似
B	跳转到一个标号
ALIGN	编译器对指令或者数据的存放地址进行对齐,一般需要跟一个立即数,默认为 4 字节对齐。ALIGN 不是 ARM 的指令,是编译器的
END	到达文件的末尾,文件结束
IF,ELSE,ENDIF	汇编条件分支语句,与 C 语言的 if else 类似

3. 启动文件详解

46～50 行:这里是栈的分配。栈用于存放局部变量、函数调用、函数形参等,栈的大小不能超过内部 SRAM 的大小,如图 1-9 所示。

```
46  Stack_Size        EQU     0x00000400
47
48                     AREA    STACK, NOINIT, READWRITE, ALIGN=3
49  Stack_Mem          SPACE   Stack_Size
50  __initial_sp
```

图 1-9　stack_size

46 行：将数字常量 0x00000400(1KB)定义为 Stack_Size。

48 行：汇编一个名为 STACK 的代码段，NOINIT 表示不初始化，READWRITE 表示可读可写，ALIGN＝3，表示按照 2^3 字节对齐，即 8 字节对齐。

49 行：分配一定大小的内存空间，单位为字节，这里指定大小等于 Stack_Size。

50 行：标号__initial_sp 紧挨着 SPACE 语句放置，表示栈的结束地址，即栈顶地址，栈是由高向低生长的。

57～65 行：这里是堆的分配。堆主要用来动态内存的分配，像 malloc 函数申请的内存就在堆上面，如图 1-10 所示。

图 1-10　动态内存分配

57 行：将数字常量 0x00000200(512 字节)定义为 Heap_Size。

59 行：汇编一个名为 HEAP 的代码段，NOINIT 表示不初始化，READWRITE 表示可读可写，ALIGN＝3，表示按照 2^3 字节对齐，即 8 字节对齐。

60 行：__heap_base 表示堆的起始地址。

61 行：分配一定大小的内存空间，单位为字节，这里指定大小等于 Heap_Size。

62 行：__heap_limit 表示堆的结束地址。

64 行：指定当前文件的堆栈按照 8 字节对齐。

65 行：表示后面指令兼容 THUMB 指令。THUBM 是 ARM 以前的指令集，16bit，现在 Cortex-M 系列都使用 THUMB 指令集，THUMB-2 是 32 位的，兼容 16 位和 32 位的指令。

69 行：定义一个数据段，名为 RESET，仅包含数据，而不是指令，可读。

70、71、72 行：声明__Vectors、__Vectors_End 和 __Vectors_Size 这 3 个标号具有全局属性，可供外部的文件调用。__Vectors 为向量表起始地址，__Vectors_End 为向量表结束地址，两个相减即可算出向量表大小__Vectors_Size，如图 1-11 所示。

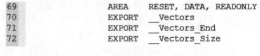

图 1-11　声明__Vectors、__Vectors_End 和 __Vectors_Size

74～178 行(请参考 startup_stm32f407xx.s 文件)：这里是 STM32F407 向量表，如图 1-12 和图 1-13 所示。当内核响应了一个异常后，对应的异常服务例程(ESR)就会执行，为了决定 ESR 的入口地址，内核使用了"向量表查表机制"。向量表其实是一个 WORD(32 位整数)数组，每个下标对应一种异常，该下标元素的值则是该 ESR 的入口地址。向量表从 Flash 的 0 地址开始放置，以 4 个字节为一个单位，地址 0 存放的是栈顶地址，0x04 存放的是复位程序的地址，以此类推。从代码看，向量表中存放的都是中断服务函数的函数名，因为 C 语言中的函数名就是一个地址(0 号类型并不是

```
74  __Vectors    DCD    __initial_sp       ; Top of Stack
75               DCD    Reset_Handler      ; Reset Handler
76               DCD    NMI_Handler        ; NMI Handler
77               DCD    HardFault_Handler  ; Hard Fault Handler
```

图 1-12　STM32F407 向量表

什么入口地址,而是给出了复位后 MSP 的初值)。

```
175
176      __Vectors_End
177
178      __Vectors_Size  EQU   __Vectors_End - __Vectors
```

图 1-13　STM32F407 向量表

180 行:定义一个名为.text 的代码段,可读,如图 1-14 所示。

183~192 行:定义一个复位子程序,如图 1-14 所示。复位子程序是系统上电后第一个执行的程序,调用 SystemInit 函数初始化系统时钟,然后调用 C 库函数__main(),最终调用 main()函数去实现 C 语言代码。SystemInit()是一个标准的库函数,在 system_stm32f4xx.c 这个库文件中定义,主要作用是配置系统时钟。__main 是一个标准的 C 库函数,主要作用是初始化用户堆栈,最终调用 main()函数,这就是为什么我们编写的程序都有一个 main()函数的原因。

```
180                   AREA    |.text|, CODE, READONLY
181
182   ; Reset handler
183   Reset_Handler    PROC
184          EXPORT   Reset_Handler              [WEAK]
185       IMPORT  SystemInit
186       IMPORT  __main
187
188          LDR      R0, =SystemInit
189          BLX      R0
190          LDR      R0, =__main
191          BX       R0
192          ENDP
```

图 1-14　复位子程序

LDR、BL、BLX、BX 是 Cortex-M4 内核的指令,具体作用如图 1-15 所示。

指 令 名 称	作　　　用
LDR	从存储器中加载字到一个寄存器中
BL	跳转到由寄存器/标号给出的地址,并把跳转前的下条指令地址保存到 LR
BLX	跳转到由寄存器给出的地址,并根据寄存器的 LSE 确定处理器的状态,还要把跳转前的下一条指令地址保存到 LR
BX	跳转到由寄存器/标号给出的地址,不用返回

图 1-15　Cortex-M4 内核的指令

196~408 行(请参考 startup_stm32f407xx.s 文件):这部分是中断服务程序,如图 1-16和图 1-17 所示,启动文件中包括所有中断的中断服务函数,与平时所写的中断服务函数不一样的就是这些函数都是空的,真正的中断服务程序需要我们在外部的 C 文件中重新实现,这里只是提前占了一个位置。

```
196   NMI_Handler    PROC                             404                    B       .
197          EXPORT  NMI_Handler      [WEAK]           405
198          B       .                                406                    ENDP
199          ENDP                                      407
                                                       408                    ALIGN
```

图 1-16　中断服务程序(1)　　　　　　　　图 1-17　中断服务程序(2)

如果在使用某个外设的时候,开启了某个中断,但是又忘记了编写配套的中断服务程序或者写错了函数名,那么当中断来临的时候,程序就会跳转到启动文件预先写好的空中断服务程序中,并且在这个空函数中无限循环。

413~436 行:首先判断是否定义了__MICROLIB,如果定义了这个宏,则赋予标号__initial_sp

(栈顶地址)、__heap_base(堆起始地址)、__heap_limit(堆结束地址)全局属性,可供外部文件调用,如图 1-18 所示。__MICROLIB 这个宏在 KEIL 中配置,如图 1-19 所示。配置后堆栈的初始化就由 C 库函数__main 来完成。

```
413                    IF      :DEF:__MICROLIB
414
415                    EXPORT  __initial_sp
416                    EXPORT  __heap_base
417                    EXPORT  __heap_limit
418
419                    ELSE
420
421                    IMPORT  __use_two_region_memory
422                    EXPORT  __user_initial_stackheap
423
424  __user_initial_stackheap
425
426                    LDR     R0, = Heap_Mem
427                    LDR     R1, =(Stack_Mem + Stack_Size)
428                    LDR     R2, = (Heap_Mem +  Heap_Size)
429                    LDR     R3, = Stack_Mem
430                    BX      LR
431
432                    ALIGN
433
434                    ENDIF
435
436                    END
```

图 1-18 判断是否定义了__MICROLIB

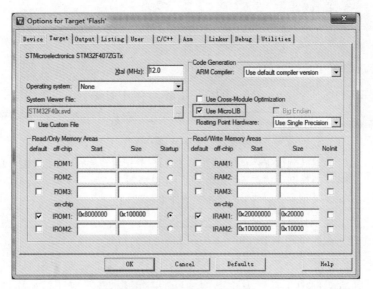

图 1-19 MICROLIB 配置

如果没有定义__MICROLIB,则插入标号__use_two_region_memory。__use_two_region_memory 用于指定存储器模式为双段模式,即一部分存储区用于栈空间,其他的存储区用于堆空间。然后声明标号__user_initial_stackheap 具有全局属性,可供外部文件调用,标号中分别实现了向 R0、R1、R2、R3 寄存器中加载栈和堆的大小值。

1.2.2 STM32F4 时钟系统

1. STM32F4 时钟树概述

众所周知,时钟系统是 CPU 的脉搏,就像人的心跳一样。所以时钟系统的重要性就不言而喻了。STM32F4 的时钟系统比较复杂,不像简单的 51 单片机一个系统时钟就足够了。那么为什么STM32不是采用一个系统时钟,而是要有多个时钟源呢?因为首先STM32本身非常复杂,外设非常多,但是并不是所有外设都需要系统时钟这么高的频率。同一个电路,时钟频率越高功耗越大,同时抗电磁干扰能力也会越弱,所以对于较为复杂的MCU一般都是采取多时钟源的方法来解决这些问题。

在STM32F4中,有5个最重要的时钟源,为HSI、HSE、LSI、LSE、PLL。其中PLL实际是分为两个时钟源,分别为主PLL和专用PLL。从时钟频率来分可以分为高速时钟源和低速时钟源,其中HSI、HSE以及PLL是高速时钟,LSI和LSE是低速时钟。从来源可分为外部时钟源和内部时钟源,外部时钟源就是从外部通过接晶振的方式获取时钟源,其中HSE和LSE是外部时钟源,其他的是内部时钟源。

STM32F4的时钟系统如图1-20所示。

(1) 编号①LSI是低速内部时钟,RC振荡器,频率为32kHz左右,供独立看门狗和自动唤醒单元使用。

(2) 编号②LSE是低速外部时钟,接频率为32.768kHz的石英晶体。这个主要是RTC的时钟源。

(3) 编号③HSI是高速内部时钟,RC振荡器,频率为16MHz。可以直接作为系统时钟或者用作PLL输入。

(4) 编号④HSE是高速外部时钟,可接石英/陶瓷谐振器,或者接外部时钟源,频率范围为4~26MHz,我们的开发板接的是8MHz的晶振。HSE也可以直接作为系统时钟或者PLL输入。

(5) 编号⑤PLL为锁相环倍频输出。STM32F4有两个PLL:

① 主PLL(PLL)由HSE或者HSI提供时钟信号,并具有两个不同的输出时钟。

• 第一个输出PLLP用于生成高速的系统时钟(最高168MHz)。

• 第二个输出PLLQ用于生成USB OTG FS的时钟(48MHz),随机数发生器的时钟和SDIO时钟。

② 专用PLL(PLLI2S)用于生成精确时钟,从而在I^2S接口实现高品质音频性能。

这里看看主PLL时钟第一个高速时钟输出PLLP的计算方法,PLL时钟图如图1-21所示。

可以看出。主PLL时钟的时钟源要先经过一个分频系数为M的分频器,然后经过倍频系数为N的倍频器出来之后还需要经过一个分频系数为P(第一个输出PLLP)或者Q(第二个输出PLLQ)的分频器分频之后,最后才生成最终的主PLL时钟。

例如,我们的外部晶振选择8MHz。同时设置相应的分频器$M=8$,倍频器倍频系数$N=336$,分频器分频系数$P=2$,那么主PLL生成的第一个输出高速时钟PLLP为:

$$PLL = 8MHz \times \frac{\frac{N}{M}}{P} = 8MHz \times \frac{\frac{336}{8}}{2} = 168MHz$$

(1) 位置A:这里是看门狗时钟输入。可以看出,看门狗时钟源只能是低速的LSI时钟。

(2) 位置B:这里是RTC时钟源,从图上可以看出,RTC的时钟源可以选择LSI、LSE以及HSE分频后的时钟,HSE分频系数为2~31。

(3) 位置C:这里是STM32F4输出时钟MCO1和MCO2。MCO1是向芯片的PA8引脚输出时钟。它有4个时钟来源,分别为HSI、LSE、HSE和PLL时钟。MCO2是向芯片的PC9输出时钟,它同样有4个时钟来源,分别为HSE、PLL、SYSCLK以及PLLI2S时钟。MCO输

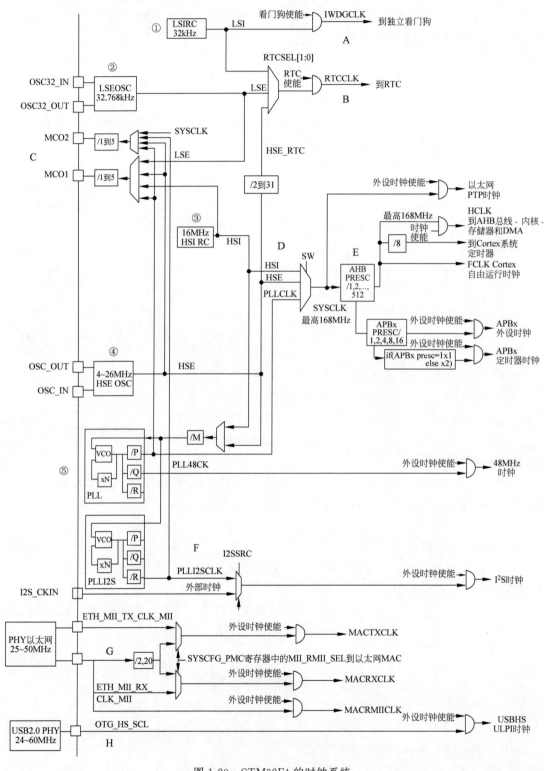

图 1-20　STM32F4 的时钟系统

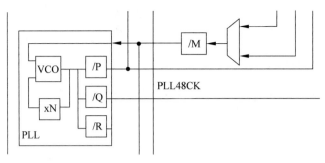

图 1-21　PLL 时钟图

出时钟频率最大不超过 100MHz。

（4）位置 D：这里是系统时钟。可以看出，SYSCLK 系统时钟来源有 3 个：HSI、HSE 和 PLL。在实际应用中，因为对时钟速度要求都比较高，所以选用 STM32F4 这种级别的处理器，一般情况下，都是采用 PLL 作为 SYSCLK 时钟源。根据前面的计算公式，可以算出系统的 SYSCLK 是多少。

（5）位置 E：这里指的是以太网 PTP 时钟、AHB 时钟、APB2 高速时钟、APB1 低速时钟。这些时钟都是来源于 SYSCLK 系统时钟。其中以太网 PTP 时钟使用的是系统时钟。AHB、APB2 和 APB1 时钟是经过 SYSCLK 时钟分频得来。这里应记住，AHB 最大时钟为 168MHz，APB2 高速时钟最大频率为 84MHz，而 APB1 低速时钟最大频率为 42MHz。

（6）位置 F：这里是指 I^2S 时钟源。可以看出，I^2S 的时钟源来源于 PLLI2S 或者映射到 I2S_CKIN 引脚的外部时钟。I^2S 出于对音质的考虑，对时钟精度要求很高。开发板使用的是内部 PLLI2SCLK。

（7）位置 G：这是 STM32F4 内部以太网 MAC 时钟的来源。对于 MII 接口来说，必须向外部 PHY 芯片提供 25MHz 的时钟，这个时钟可以由 PHY 芯片外接晶振，或者使用 STM32F4 的 MCO 输出来提供。然后，PHY 芯片再给 STM32F4 提供 ETH_MII_TX_CLK 和 ETH_MII_RX_CLK 时钟。对于 RMII 接口来说，外部必须提供 50MHz 的时钟驱动 PHY 和 STM32F4 的 ETH_RMII_REF_CLK，这个 50MHz 时钟可以来自 PHY、有源晶振或者 STM32F4 的 MCO。我们的开发板使用的是 RMII 接口，使用 PHY 芯片提供 50MHz 时钟驱动 STM32F4 的 ETH_RMII_REF_CLK。

（8）位置 H：这里是指外部 PHY 提供的 USBOTGHS(60MHz)时钟。

2. STM32F4 时钟初始化

前面我们讲解过，在系统启动之后，程序会先执行 HAL 库定义的 SystemInit 函数，进行系统一些初始化配置。SystemInit 程序如下：

```
void SystemInit(void)
{
  //FPU 设置
  #if (__FPU_PRESENT == 1) && (__FPU_USED == 1)
    SCB -> CPACR |= ((3UL << 10 * 2)|(3UL << 11 * 2));
  #endif

  //复位 RCC 时钟配置为默认配置
  RCC -> CR |= (uint32_t)0x00000001;        //打开 HSION 位
  RCC -> CFGR = 0x00000000;                 //复位 CFGR
  RCC -> CR &= (uint32_t)0xFEF6FFFF;        //复位 HSEON, CSSON 和 PLLON 位
  RCC -> PLLCFGR = 0x24003010;              //复位寄存器 PLLCFGR
```

```
RCC -> CR &= (uint32_t)0xFFFBFFFF;        //复位 HSEBYP 位
RCC -> CIR = 0x00000000;                   //关闭所有中断

# if defined (DATA_IN_ExtSRAM) || defined (DATA_IN_ExtSDRAM)
  SystemInit_ExtMemCtl();
# endif /* DATA_IN_ExtSRAM || DATA_IN_ExtSDRAM */

  //配置中断向量表地址 = 基地址 + 偏移地址
# ifdef VECT_TAB_SRAM
  SCB -> VTOR = SRAM_BASE | VECT_TAB_OFFSET;  /* Vector Table Relocation in Internal SRAM */
# else
  SCB -> VTOR = FLASH_BASE | VECT_TAB_OFFSET; /* Vector Table Relocation in Internal FLASH */
# endif
}
```

从上面的代码可以看出,SystemInit 主要做了如下 4 方面的工作:

- FPU 设置。
- 复位 RCC 时钟配置为默认复位值(默认开始了 HSI 内部时钟)。
- 外部存储器配置。
- 中断向量表地址配置。

HAL 库的 SystemInit 函数并没有像标准库的 SystemInit 函数一样进行时钟的初始化配置。HAL 库的 SystemInit 函数除了打开 HSI 之外,没有任何时钟相关配置,所以使用 HAL 库时必须编写自己的时钟配置函数。

3. STM32F4 时钟系统配置

(1) 新建一个工程,添加 main.c 文件。

(2) 在工程文件夹 User\bsp_stm32f4xx\src 中新建一个文件,命名为 bsp_clock.c,如图 1-22 所示。

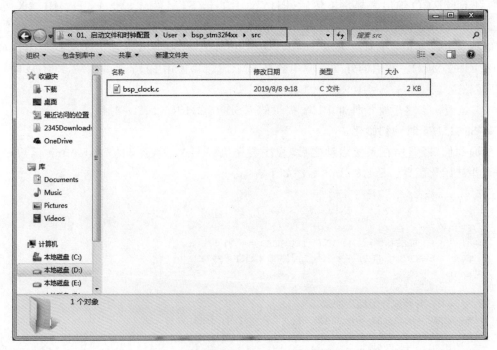

图 1-22 创建 bsp_clock.c

（3）在工程文件夹 User\bsp_stm32f4xx\inc 中新建一个文件，命名为 bsp_clock.h，如图 1-23 所示。

图 1-23　创建 bsp_clock.h

（4）在工程中新建 BSP 分组并将 bsp_clock.c 文件添加到 BSP 分组中，如图 1-24 所示。

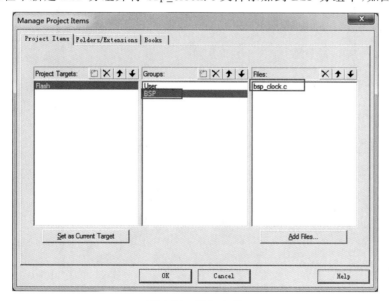

图 1-24　添加文件

（5）单击工程选项配置按钮，在 C/C++ 选项卡中，设置工程中使用的宏定义，并在 Misc Controls 文本框中定义外部时钟源 DHSE_VALUE 的频率为 8000000，如图 1-25 所示。

（6）在配置头文件时，将 bsp_clock.h 文件路径添加到工程中，如图 1-26 所示。

（7）在 bsp_clock.c 文件中添加 bsp_clock.h 头文件。

```
#include "bsp_clock.h"
```

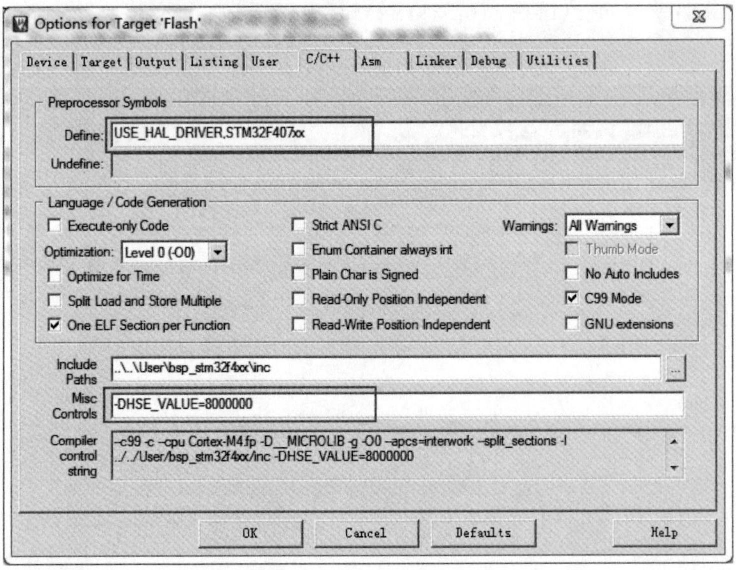

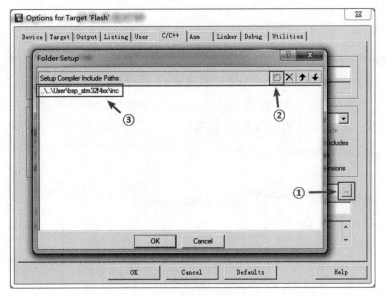

图 1-25　C/C++选项卡

图 1-26　添加头文件路径

（8）在 bsp_clock.c 文件中定义 CLOCK_Init()函数。

```
//Systick 时钟配置
void CLOCK_Init(void)
{
}
```

（9）在 CLOCK_Init()函数中实现系统时钟配置。

第一步,定义结构体变量并初始化时钟源相关参数:调用函数 HAL_RCC_OscConfig()。

第二步,配置系统时钟以及 AHB、APB1 和 APB2 的分频系数:调用函数 HAL_RCC_ClockConfig()。

```
//Systick 时钟配置 168MHz
void CLOCK_Init(void)
{
    RCC_OscInitTypeDef RCC_OscInitStructure;    //定义初始化 RCC 内部/外部振荡器配置的结构体变量
```

```
RCC_ClkInitTypeDef RCC_ClkInitStructure;    //定义初始化系统时钟源的结构体变量
RCC_OscInitStructure.OscillatorType = RCC_OSCILLATORTYPE_HSE;  //晶振类型,外部高速时钟源
RCC_OscInitStructure.HSEState = RCC_HSE_ON;            //打开 HSE
RCC_OscInitStructure.PLL.PLLState = RCC_PLL_ON;       //打开 PLL
RCC_OscInitStructure.PLL.PLLSource = RCC_PLLSOURCE_HSE;   //PLL 时钟源选择 HSE
RCC_OscInitStructure.PLL.PLLM = 8;   //主 PLL 和专用 PLL 分频系数(PLL 之前的分频),取值范围:
                                     //2~63
RCC_OscInitStructure.PLL.PLLN = 336;//主 PLL 倍频系数(PLL 倍频),取值范围:64~432
RCC_OscInitStructure.PLL.PLLP = 2;   //系统时钟的主 PLL 分频系数(PLL 之后的分频),取值范围:
                                     //2,4,6,8(仅限这 4 个值)
RCC_OscInitStructure.PLL.PLLQ = 7;   //USB/SDIO/随机数产生器等的主 PLL 分频系数(PLL 之后
                                     //的分频),取值范围:2~15
if(HAL_RCC_OscConfig(&RCC_OscInitStructure) != HAL_OK) while(1); //初始化

//选中 PLL 作为系统时钟源并且配置 HCLK,PCLK1 和 PCLK2
RCC_ClkInitStructure.ClockType = RCC_CLOCKTYPE_SYSCLK | RCC_CLOCKTYPE_HCLK | RCC_
CLOCKTYPE_PCLK1 | RCC_CLOCKTYPE_PCLK2;
RCC_ClkInitStructure.SYSCLKSource = RCC_SYSCLKSOURCE_PLLCLK;//设置系统时钟时钟源为 PLL
RCC_ClkInitStructure.AHBCLKDivider = RCC_SYSCLK_DIV1;     //AHB 分频系数为 1
RCC_ClkInitStructure.APB1CLKDivider = RCC_HCLK_DIV4;      //APB1 分频系数为 4
RCC_ClkInitStructure.APB2CLKDivider = RCC_HCLK_DIV2;      //APB2 分频系数为 2
if(HAL_RCC_ClockConfig(&RCC_ClkInitStructure,FLASH_LATENCY_5))
while(1);      //同时设置 FLASH 延时周期为 5,也就是 6 个 CPU 周期
}
```

(10) 在 bsp_clock.c 文件中定义系统定时器中断服务函数,调用 HAL_IncTick 函数以增加用作延时时基的全局变量 uwTick。

```
//滴答定时器中断,滴答值自增
void SysTick_Handler(void)
{
    HAL_IncTick();
}
```

(11) 在 bsp_clock.c 文件中定义 SYSTICK_GetTime_Ms()函数,以获取当前时间的毫秒数。

```
//获取当前时间的毫秒数
uint32_t SYSTICK_GetTime_Ms(void)
{
    return HAL_GetTick();
}
```

(12) 在 bsp_clock.c 文件中定义 SYSTICK_GetTime_Us()函数,以获取当前时间的微秒数。

```
//获取当前时间的微秒数
uint32_t SYSTICK_GetTime_Us(void)
{
    return HAL_GetTick() * 1000 + SysTick -> VAL / (SystemCoreClock / 1000000);
}
```

(13) 在 bsp_clock.h 文件中,添加 stm32f4xx.h 头文件,引用库函数,最后对函数进行声明。

```
# ifndef _BSP_CLOCK_H_
# define _BSP_CLOCK_H_

# include "stm32f4xx.h"

void CLOCK_Init(void);
uint32_t SYSTICK_GetTime_Ms(void);
```

```
uint32_t SYSTICK_GetTime_Us(void);
#endif
```

（14）在 main.c 文件中的 main()函数中调用函数。

第一步,引用 bsp_clock.h 头文件。

第二步,定义整型变量用来存储系统时钟以及当前的微秒数和毫秒数。

第三步,在 main()函数中调用 CLOCK_Init()函数配置系统时钟。

第四步,调用 HAL_RCC_GetSysClockFreq 获取系统时钟,将返回值赋给 Systick 变量（HAL_RCC_GetSysClockFreq 函数可在 stm32f4xx_hal_rcc.c 文件中找到）。

第五步,在 while 循环中分别调用 SYSTICK_GetTime_Ms()和 SYSTICK_GetTime_Us()函数分别获取当前的毫秒数和微秒数。

```c
#include "bsp_clock.h"

uint32_t Systick;                          //存储系统时钟变量
uint32_t Time_Ms;                          //存储当前的毫秒数
uint32_t Time_Us;                          //存储当前的微秒数

int main()
{
    CLOCLK_Init();                         //配置时钟 168MHz
    Systick = HAL_RCC_GetSysClockFreq();   //获取系统时钟
    while(1)
    {
        Time_Ms = SYSTICK_GetTime_Ms();    //获取当前系统运行毫秒数
        Time_Us = SYSTICK_GetTime_Us();    //获取当前系统运行微秒数
    }
}
```

（15）编译程序及下载。

本书使用的下载器为 ST-Link,连接 ST-Link 并用排线连接 ST-Link 和开发板的 JTAG 接口,在 Options for Target 对话框的 Debug 选项卡中选择仿真工具为 ST-Link Debugger,选中 Run to main()复选框,如图 1-27 所示。

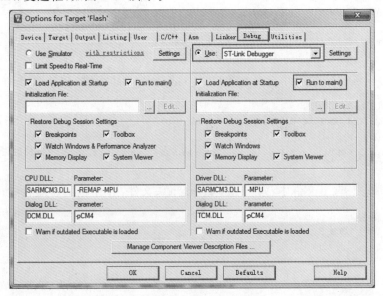

图 1-27 Debug 选项卡

然后单击 Settings 按钮，设置 ST-Link 的一些参数，将 Port 设置为 SW 模式，如图 1-28 所示。

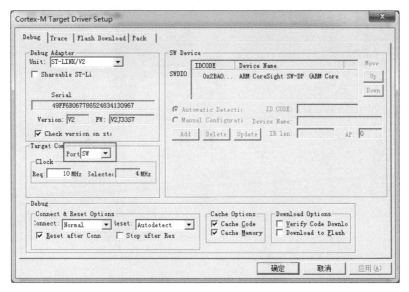

图 1-28　设置 ST-Link 的参数

单击"确定"按钮，完成此部分设置。接下来还需要在 Utilities 选项卡中设置下载的目标编程器，直接选中 Use Debug Driver 复选框，如图 1-29 所示。

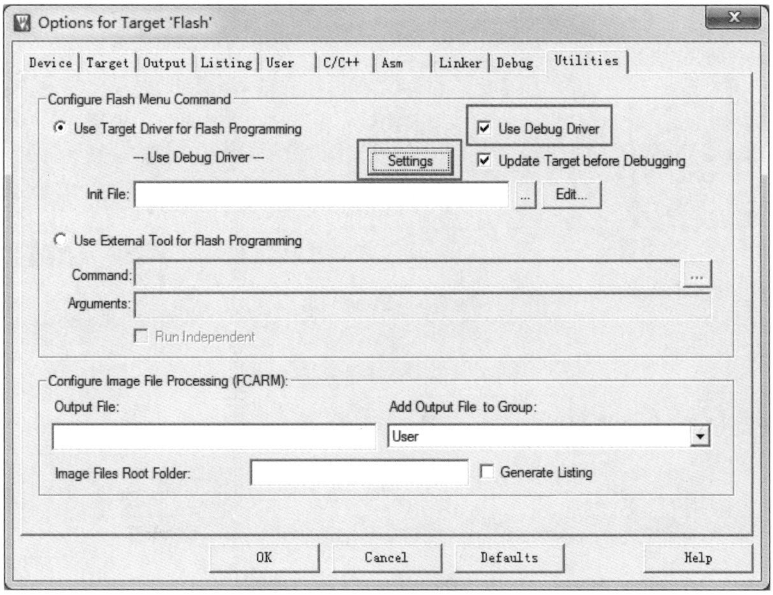

图 1-29　Utilities 选项卡

然后单击 Settings 按钮，这里 MDK5 会根据新建工程时所选择的目标器件，自动设置 Flash 算法。我们使用的是 STM32F4，Flash 容量为 1MB，所以 Programming Algorithm 中默认会有 1MB 的 STM32F4xx Flash 算法。特别提醒：这里的 1M Flash 算法，不仅针对 1MB 容量的 STM32F407，对于小于 1MB Flash 的型号，也是采用这个 Flash 算法。最后，选中 Reset and Run 复选框，以实现在编程后自动运行，其他保持默认设置即可。设置完成之后，如图 1-30 所示。

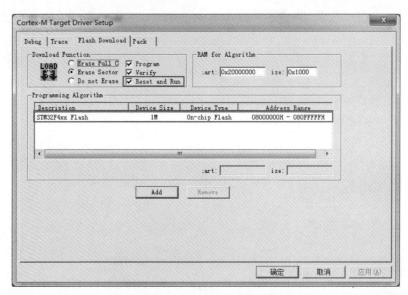

图 1-30　Flash Download 选项卡

　　设置完后,单击"确定"按钮,再单击 OK 按钮,回到工程界面,编译一下工程。接下来就可以通过 ST-LINK 下载代码了。

　　(16) 编译整个工程并下载到开发板,如图 1-31 所示。

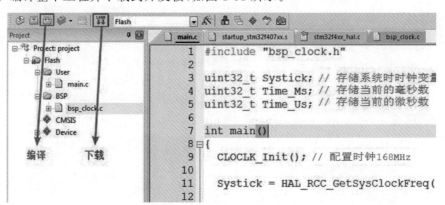

图 1-31　编译下载界面

　　(17) 单击调试工具栏的调试按钮,如图 1-32 所示。

图 1-32　打开调试工具

　　(18) 双击选中 main.c 文件中的 Systick 变量,右击,选择 Add 'Systick' to 命令,将 Systick 变量添加到 Watch 窗口,如图 1-33 所示。

　　(19) 以同样的方法分别将变量 Time_Ms 和 Time_Us 添加到 Watch 窗口,添加后如图 1-34 所示。

　　(20) 单击左上角的运行按钮,开始运行程序,如图 1-35 所示。

　　(21) 可以看到 Watch 窗口会显示时钟频率,以及系统运行的当前毫秒数和微秒数,如图 1-36 所示。

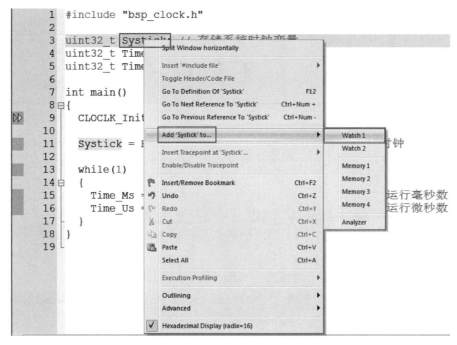

图 1-33 添加 Watch 窗口

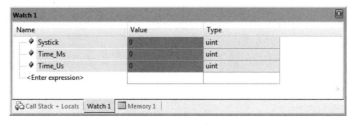

图 1-34 添加其他变量到 Watch 窗口

图 1-35 运行按钮

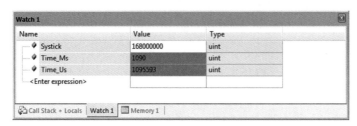

图 1-36 Watch 窗口

练习

（1）简述 STM32F4 中 5 个最重要的时钟源。

（2）分析 STM32F4 的时钟系统。

（3）假如外部晶振选择 16MHz，同时设置相应的分频器分频系数 $M=8$，倍频器倍频系数 $N=336$，分频器分频系数 $P=2$，那么主 PLL 生成的第一个输出高速时钟 PLLP 是多少？

## 第 2 章

GPIO 开发

GPIO(General-Purpose Input/Output)即通用型输入/输出端口的简称,简单来说就是 STM32 可控制引脚,STM32 芯片的 GPIO 引脚与外部设备连接起来,从而实现与外部通信、控制以及数据采集的功能。

通过对 GPIO 输入/输出的不同模式进行配置,可实现 LED 灯控制、蜂鸣器控制、按键处理、轮询按键处理、中断以及待机唤醒,本章逐一展开叙述相关原理并通过实例帮助读者掌握 GPIO 开发能力。

视频 2

2.1 LED 灯控制

学习目标

了解 ARM Cortex-M 系列芯片的 GPIO 的功能,通过配置 STM32F407 芯片 GPIO 相关寄存器控制 LED 亮灭。

2.1.1 开发原理

STM32F407 芯片的 GPIO 被分成 8 组(GPIOA~GPIOH)。端口模式可分为输入、输出、复用和模拟 4 种模式。端口类型可分为推挽和开漏。端口组态可分为上拉、下拉和浮空 3 种模式。每个 I/O 输出速度可设置为低速、中速、高速和超高速。

1. I/O 口基本结构

I/O 口基本结构如图 2-1 所示。

各序号功能如下:

(1)编号①为保护二极管及上、下拉电阻。

引脚的两个保护二极管可以防止引脚外部过高或过低的电压输入,当引脚电压高于 V_{DD_FT} 时,上方的二极管导通,当引脚电压低于 V_{SS} 时,下方的二极管导通,防止不正常电压引入芯片导致芯片烧毁。

从上拉电阻和下拉电阻的结构可以看出,通过上、下拉对应的开关配置,可以控制引脚默认状态的电压,开启上拉的时候引脚电压为高电平,开启下拉的时候引脚电压为低电平,这样可以消除引脚不确定状态的影响。如引脚外部没有外接器件,或者外部的器件不控制该引脚电压时,STM32 的引脚都会有这个默认状态。

也可以设置“既不上拉也不下拉模式”,我们也把这种状态称为浮空模式。当配置成这个模式时,直接用电压表测量其引脚电压为 1~2V,这是个不确定值。所以一般来说我们都会选择给引脚设置“上拉模式”或“下拉模式”使它有默认状态。

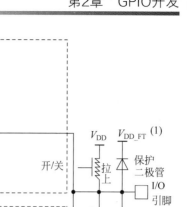

图 2-1　I/O 口基本结构

(1) V_{DD_FT}是和5V容忍I/O相关的电位，与V_{DD}不同。

（2）编号②为 P-MOS 管和 N-MOS 管。

GPIO 引脚线路经过两个保护二极管后，向上流向"输入模式"结构，向下流向"输出模式"结构。先看输出模式部分，线路经过一个由 P-MOS 和 N-MOS 管组成的单元电路。这个结构使 GPIO 具有了"推挽输出"和"开漏输出"两种模式。

当 I/O 口配置为开漏输出时，如果配置输出低电平则②中 P-MOS 截止，N-MOS 导通，I/O 口输出低电平，如果配置输出高电平，则 I/O 口属于高阻态（既不是高电平也不是低电平）。当 I/O 口配置为推挽输出时，如果配置输出低电平，则②中 P-MOS 截止，N-MOS 导通，I/O 口输出低电平；如果配置输出高电平，则②中 P-MOS 导通，N-MOS 截止，I/O 口输出高电平。也就是说，开漏输出和推挽输出在输出低电平时没有区别，都是接地，区别在于输出高电平时，推挽输出可以输出强高低电平，一般连接数字器件；开漏输出只可以输出强低电平，需要高电平时靠外部上拉电阻进行拉高，适合做电流型的驱动，其吸收电流的能力相对较强。

（3）编号③为复用功能输出。

"复用功能输出"中的"复用"是指 STM32 的其他片上外设对 GPIO 引脚进行控制，此时 GPIO 引脚用作该外设功能的一部分算作第二功能。从其他片上外设引出来的"复用功能输出信号"与 GPIO 本身的数据寄存器都连接到双 MOS 管结构的输入中，通过图 2-1 中的梯形结构作为开关切换选择。

（4）编号④为输出数据寄存器。

前面提到的双 MOS 管结构电路的输入信号，是由 GPIO"输出数据寄存器 GPIOx_ODR"提供的，因此通过修改输出数据寄存器的值就可以修改 GPIO 引脚的输出电平。而置位/复位寄存器 GPIOx_BSRR 可以通过修改输出数据寄存器的值从而影响电路的输出。

（5）编号⑤为输入数据寄存器。

图 2-1 的上半部分，它是 GPIO 引脚经过上、下拉电阻后引入的，它连接到施密特触发器，信号经过触发器后，模拟信号转化为 0、1 的数字信号，然后存储在输入数据寄存器 GPIOx_IDR 中，通过读取该寄存器就可以了解 GPIO 引脚的电平状态。

（6）编号⑥为复用功能输入。

与"复用功能输出"模式类似，在"复用功能输入模式"时，GPIO 引脚的信号传输到 STM32 其他片上外设，由该外设读取引脚状态。

（7）编号⑦为模拟输入输出。

当 GPIO 引脚用于 ADC 采集电压的输入通道时，用作"模拟输入"功能，此时信号是不经过施密特触发器的，因为经过施密特触发器后信号只有 0、1 两种状态，所以 ADC 外设要采集到原始的模拟信号，信号源输入必须在施密特触发器之前。类似地，当 GPIO 引脚用于 DAC 模拟电压输出通道时，用作"模拟输出"功能，DAC 的模拟信号输出就不经过双 MOS 管结构了，在图 2-1 的右下角处，模拟信号直接输出到引脚。同时，当 GPIO 用于模拟功能时（包括输入/输出），引脚的上拉电阻和下拉电阻是不起作用的，这时即使在寄存器配置了上拉或下拉模式，也不会影响到模拟信号的输入输出。

2. GPIO 相关寄存器

每组通用 I/O 端口都有 4 个 32 位配置寄存器（GPIOx_MODER、GPIOx_OTYPER、GPIOx_OSPEEDR 和 GPIOx_PUPDR），2 个 32 位数据寄存器（GPIOx_IDR 和 GPIOx_ODR）、1 个 32 位置位/复位寄存器（GPIOx_BSRR）、1 个 32 位锁定寄存器（GPIOx_LCKR）和 2 个 32 位备用功能选择寄存器（GPIOx_AFRH 和 GPIOx_AFRL）。部分寄存器如下（具体详细资料请参见 STM32F4xx 参考手册）：

（1）端口模式寄存器（GPIOx_MODER）。

端口模式寄存器如图 2-2 所示。MODERy[1:0]表示端口配置位，y 的取值范围为 0~15。MODERy[1:0]可以配置为：

- 00——表示输入模式。
- 01——表示输出模式。
- 10——表示复用模式。
- 11——表示模拟模式。

31	30	29	28	27	26	25	24	23	22	21	20	19	18	17	16
MODER15[1:0]		MODER14[1:0]		MODER13[1:0]		MODER12[1:0]		MODER11[1:0]		MODER10[1:0]		MODER9[1:0]		MODER8[1:0]	
rw	rw	rw	rw	rw	rw	rw	rw	rw	rw	rw	rw	rw	rw	rw	rw
15	14	13	12	11	10	9	8	7	6	5	4	3	2	1	0
MODER7[1:0]		MODER6[1:0]		MODER5[1:0]		MODER4[1:0]		MODER3[1:0]		MODER2[1:0]		MODER1[1:0]		MODER0[1:0]	
rw	rw	rw	rw	rw	rw	rw	rw	rw	rw	rw	rw	rw	rw	rw	rw

图 2-2　端口模式寄存器

（2）端口输出类型寄存器（GPIOx_OTYPER）。

端口输出类型寄存器如图 2-3 所示。位 31:16 为保留位，必须保持复位值。位 15:0 的 OTy 为端口配置位，y 的取值范围为 0~15。

31	30	29	28	27	26	25	24	23	22	21	20	19	18	17	16
Reserved															
15	14	13	12	11	10	9	8	7	6	5	4	3	2	1	0
OT15	OT14	OT13	OT12	OT11	OT10	OT9	OT8	OT7	OT6	OT5	OT4	OT3	OT2	OT1	OT0
rw	rw	rw	rw	rw	rw	rw	rw	rw	rw	rw	rw	rw	rw	rw	rw

图 2-3　端口输出类型寄存器

OTy 可以配置为：

- 0——表示推挽输出。

- 1——表示开漏输出。

（3）端口输出速度寄存器（GPIOx_OSPEEDR）。

端口输出速度寄存器如图 2-4 所示。OSPEEDRy[1:0]表示端口配置位，y 的取值范围为 0～15。OSPEEDRy[1:0]可以配置为：

- 00——低速。
- 01——中速。
- 10——高速。
- 11——超高速。

31	30	29	28	27	26	25	24	23	22	21	20	19	18	17	16
OSPEEDR15 [1:0]		OSPEEDR14 [1:0]		OSPEEDR13 [1:0]		OSPEEDR12 [1:0]		OSPEEDR11 [1:0]		OSPEEDR10 [1:0]		OSPEEDR9 [1:0]		OSPEEDR8 [1:0]	
rw	rw	rw	rw	rw	rw	rw	rw	rw	rw	rw	rw	rw	rw	rw	rw
15	14	13	12	11	10	9	8	7	6	5	4	3	2	1	0
OSPEEDR7[1:0]		OSPEEDR6[1:0]		OSPEEDR5[1:0]		OSPEEDR4[1:0]		OSPEEDR3[1:0]		OSPEEDR2[1:0]		OSPEEDR1 [1:0]		OSPEEDR0 [1:0]	
rw	rw	rw	rw	rw	rw	rw	rw	rw	rw	rw	rw	rw	rw	rw	rw

图 2-4　端口输出速度寄存器

（4）端口上拉/下拉寄存器（GPIOx_PUPDR）。

端口上拉/下拉寄存器如图 2-5 所示。PUPDRy[1:0]表示端口配置位，y 的取值范围为 0～15。PUPDRy[1:0]可以配置为：

- 00——无上拉电阻或下拉电阻。
- 01——上拉电阻。
- 10——下拉电阻。
- 11——保留。

31	30	29	28	27	26	25	24	23	22	21	20	19	18	17	16
PUPDR15[1:0]		PUPDR14[1:0]		PUPDR13[1:0]		PUPDR12[1:0]		PUPDR11[1:0]		PUPDR10[1:0]		PUPDR9[1:0]		PUPDR8[1:0]	
rw	rw	rw	rw	rw	rw	rw	rw	rw	rw	rw	rw	rw	rw	rw	rw
15	14	13	12	11	10	9	8	7	6	5	4	3	2	1	0
PUPDR7[1:0]		PUPDR6[1:0]		PUPDR5[1:0]		PUPDR4[1:0]		PUPDR3[1:0]		PUPDR2[1:0]		PUPDR1[1:0]		PUPDR0[1:0]	
rw	rw	rw	rw	rw	rw	rw	rw	rw	rw	rw	rw	rw	rw	rw	rw

图 2-5　端口上拉/下拉寄存器

（5）端口输入数据寄存器（GPIOx_IDR）。

端口输入数据寄存器如图 2-6 所示。位 31:16 为保留位，必须保持复位值。位 15:0 的 IDRy 为端口输入数据位，这些位为只读位，它们包含相应端口输入的值。

31	30	29	28	27	26	25	24	23	22	21	20	19	18	17	16
Reserved															
15	14	13	12	11	10	9	8	7	6	5	4	3	2	1	0
IDR15	IDR14	IDR13	IDR12	IDR11	IDR10	IDR9	IDR8	IDR7	IDR6	IDR5	IDR4	IDR3	IDR2	IDR1	IDR0
r	r	r	r	r	r	r	r	r	r	r	r	r	r	r	r

图 2-6　端口输入数据寄存器

（6）端口输出数据寄存器（GPIOx_ODR）。

端口输出数据寄存器如图 2-7 所示。位 31:16 为保留位，必须保持复位值。位 15:0 的 ODRy 为端口输出数据位，这些位的值可以通过软件进行读和写。

31	30	29	28	27	26	25	24	23	22	21	20	19	18	17	16
							Reserved								
15	14	13	12	11	10	9	8	7	6	5	4	3	2	1	0
ODR15	ODR14	ODR13	ODR12	ODR11	ODR10	ODR9	ODR8	ODR7	ODR6	ODR5	ODR4	ODR3	ODR2	ODR1	ODR0
rw	rw	rw	rw	rw	rw	rw	rw	rw	rw	rw	rw	rw	rw	rw	rw

图 2-7　端口输出数据寄存器

2.1.2　开发步骤

(1) 查看 STM32F407 开发板 LED 灯电路原理图,如图 2-8 所示,找到 LED 所连接的芯片引脚,方便接下来配置相关 GPIO,通过原理图可以看出 LED0 和 LED1 连接在开发板的 PF9 和 PF10 引脚,如图 2-9 所示。

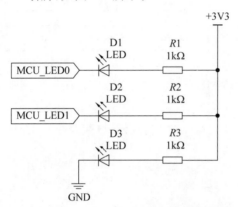

图 2-8　STM32F407 开发板 LED 灯电路原理图　　　　图 2-9　LED 引脚图

(2) 配置 GPIO 之前一定要配置相应的时钟。时钟可以为单片机提供一个准确而又稳定的时钟源。它的作用就像小学生在操场上做广播体操时播放的背景音乐,用于协调和同步各单元运行,为时序电路提供基本的脉冲信号。通过查看 STM32F407 参考手册(STM32F40x/41x/42x/43x Reference Manual),可知 STM32F4 有多个时钟线,如 AHB、APB 等,如图 2-10 所示。

(3) 通过查看 STM32F407 数据手册(STM32F405/407 Data Sheet),可知 LED 灯使用到的引脚分组 GPIOF 在 AHB 时钟线上,如图 2-11 所示。

(4) 创建工程,新建时钟配置文件 bsp_clock.c 并添加到工程中。

(5) 在工程文件夹 User\bsp_stm32f4xx\src 中新建一个文件,命名为 bsp_led.c。

(6) 在工程文件夹 User\bsp_stm32f4xx\inc 中新建一个文件,命名为 bsp_led.h。

(7) 在工程中新建 BSP 分组并将 bsp_led.c 文件添加到 BSP 分组中,如图 2-12 所示。

(8) 将 bsp_led.h 头文件的路径添加到工程中,如图 2-13 所示。

(9) 在 bsp_led.c 文件中添加 bsp_led.h 头文件。

```
#include "bsp_led.h"   //调用自身头文件,可以使用 bsp_led.h 文件里的宏定义、函数声明、头文件
```

(10) 在 bsp_led.c 文件中定义 LED_Init()函数。

```
//LED 的 GPIO 初始化函数
void LED_Init(void)
{

}
```

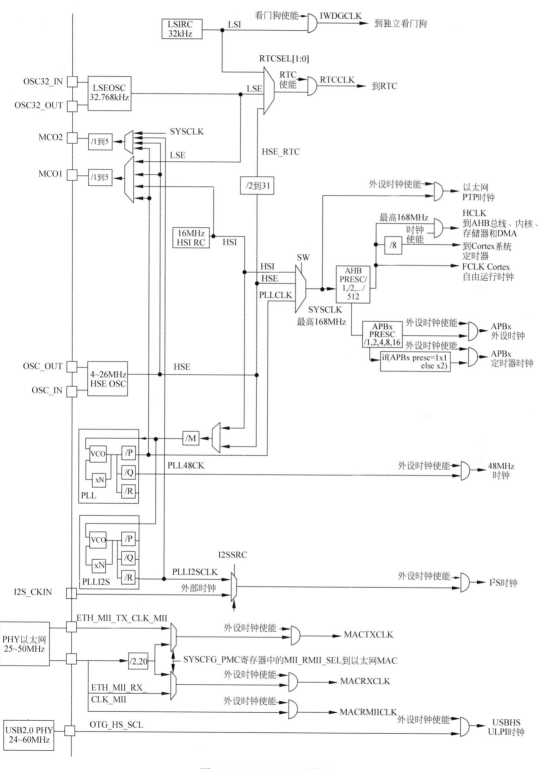

图 2-10 STM32F4 时钟线

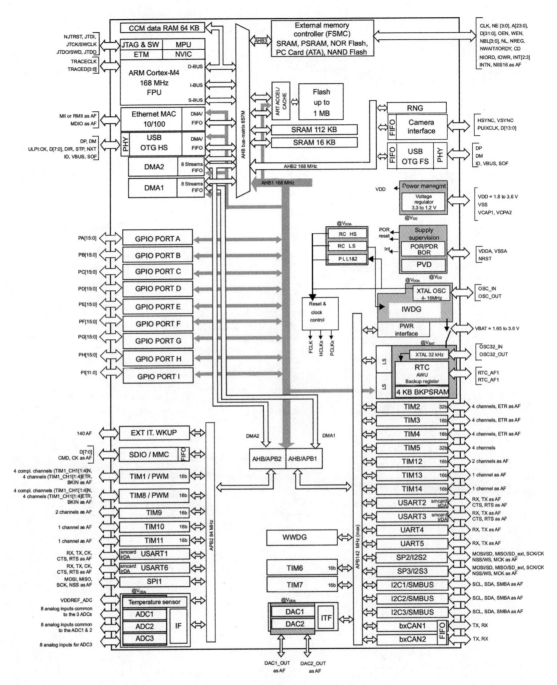

图 2-11　STM32F4 时钟树

（11）GPIO 详细初始化步骤可以参考库文件 stm32f4xx_hal_gpio.c 中的使用说明，如图 2-14 所示。

（12）在 LED_Init() 函数中初始化 GPIOF 时钟。打开库文件的 stm32f4xx_rcc_ex.c 文件，通过其右键快捷菜单的 Go to… 命令进入它的.h 文件，如图 2-15 所示。

（13）可以看到，从 stm32f4xx_rcc_ex.h 文件的第 2055 行开始有多个 GPIO 时钟使能宏定义，将__HAL_RCC_GPIOF_CLK_ENABLE() 这个宏定义复制到我们创建的 LED_Init() 函数中，如图 2-16 所示。

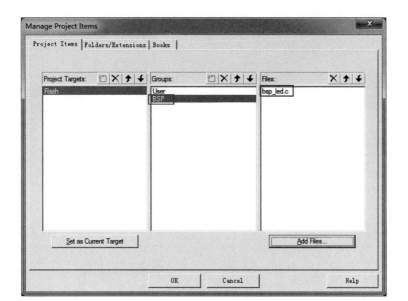

图 2-12 创建分组

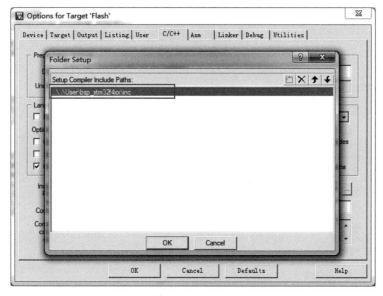

图 2-13 添加路径

```
//LED 的 GPIO 初始化函数
void LED_Init(void)
{
    __HAL_RCC_GPIOF_CLK_ENABLE();
}
```

（14）用相同的方法，通过库文件的 stm32f4xx_hal_gpio.c 文件找到 HAL_GPIO_Init()
函数，同样将这个函数复制到我们创建的 LED_Init()函数中，如图 2-17 所示。

```
//LED 的 GPIO 初始化函数
void LED_Init(void)
{
    __HAL_RCC_GPIOF_CLK_ENABLE();
    HAL_GPIO_Init();
}
```

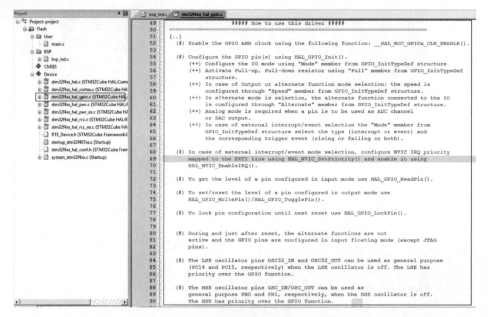

图 2-14　stm32f4xx_hal_gpio.c 文件

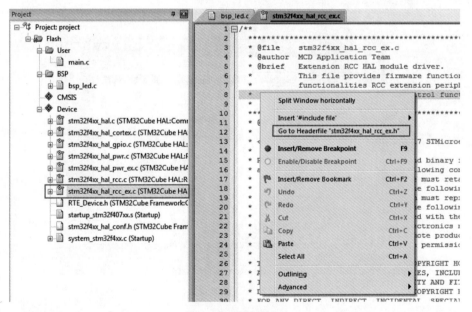

图 2-15　跳转操作

图 2-16　GPIO 时钟

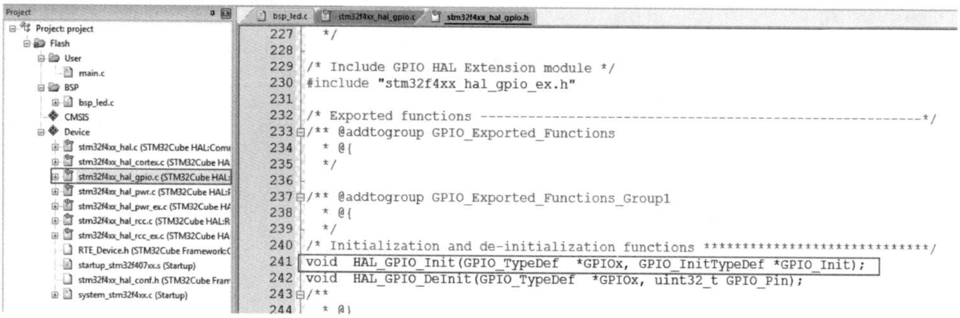

图 2-17　HAL_GPIO_Init()函数

（15）因为当调用 HAL_GPIO_Init()函数时需要传一个结构体地址到函数中，所以在调用之前需要定义一个结构体变量 GPIO_InitStruct，并且给该结构体变量成员赋值，最后将结构体传入 HAL_GPIO_Init()函数中。

```
//LED 的 GPIO 初始化函数
void LED_Init(void)
{
    GPIO_InitTypeDef GPIO_Initure;

    __HAL_RCC_GPIOF_CLK_ENABLE();                   //开始 GPIOF 时钟

    GPIO_Initure.Pin = GPIO_PIN_9 | GPIO_PIN_10;    //PF9,PF10 引脚
    GPIO_Initure.Mode = GPIO_MODE_OUTPUT_PP;        //推挽输出模式
    GPIO_Initure.Pull = GPIO_PULLUP;                //上拉
    GPIO_Initure.Speed = GPIO_SPEED_HIGH;           //高速
    HAL_GPIO_Init(GPIOF, &GPIO_Initure);            //GPIOF 初始化
}
```

（16）在 bsp_led.h 文件中，添加 stm32f4xx.h 头文件，引用库函数，定义 LED1_ON、LED2_ON、LED1_OFF 和 LED2_OFF 宏定义分别来控制 LED1 和 LED2 灯的亮灭，最后对 LED_Init()初始化函数进行声明。

```
# ifndef _BSP_LED_H_
# define _BSP_LED_H_

# include "stm32f4xx.h"

# define LED1_ON   HAL_GPIO_WritePin(GPIOF, GPIO_PIN_9,  GPIO_PIN_RESET);   //PF9 置 0
# define LED2_ON   HAL_GPIO_WritePin(GPIOF, GPIO_PIN_10, GPIO_PIN_RESET);   //PF10 置 0
# define LED1_OFF  HAL_GPIO_WritePin(GPIOF, GPIO_PIN_9,  GPIO_PIN_SET);     //PF9 置 1
# define LED2_OFF  HAL_GPIO_WritePin(GPIOF, GPIO_PIN_10, GPIO_PIN_SET);     //PF10 置 1

//LED 初始化
void LED_Init(void);

# endif
```

（17）在 main.c 文件中调用函数中实现 LED1 和 LED2 闪烁功能。

第一步，引用相关头文件。

第二步，在 main()函数中调用函数配置系统时钟和初始化 LED。

第三步，在主函数的 while 循环中调用函数控制 LED 灯的亮灭。

```
# include "bsp_led.h"
# include "bsp_clock.h"
```

```
int main(void)
{
    CLOCLK_Init();              //系统时钟配置为 168MHz
    LED_Init();                 //LED 灯初始化

    while(1)
    {
        LED1_ON;                //LED1 亮
        LED2_ON;                //LED2 亮
        HAL_Delay(500);         //延时 500ms
        LED1_OFF;               //LED1 灭
        LED2_OFF;               //LED2 灭
        HAL_Delay(500);         //延时 500ms
    }
}
```

2.1.3 运行结果

将程序下载到开发板后,可以看到开发板上的 LED1 和 LED2 灯不停闪烁。

练习

(1) STM32F4 的 GPIO 端口类型有哪些?

(2) 简述 I/O 口基本结构中各部分的功能。

(3) 根据 LED1 和 LED2 的亮灭,实现流水灯效果。

视频 3

2.2 蜂鸣器控制

学习目标

了解 ARM Cortex-M 系列芯片的 GPIO 的功能,通过配置 STM32F407 芯片 GPIO 相关寄存器控制蜂鸣器开、关。

2.2.1 开发原理

驱动蜂鸣器和驱动 LED 灯原理类似,同样都是控制 GPIO 引脚高低电平。首先查看 STM32F407 开发板蜂鸣器电路原理图,如图 2-18 所示,找到蜂鸣器所连接的芯片引脚,方便接下来配置相关 GPIO,通过图 2-19 可以看出蜂鸣器的驱动信号连接在 STM32F407 的 PF8 上,在图 2-19 中使用 NPN 三极管来驱动蜂鸣器,当 PF8 输出低电平的时候,三极管截止,蜂鸣器关闭;当 PF8 输出高电平的时候,三极管导通,蜂鸣器开启。

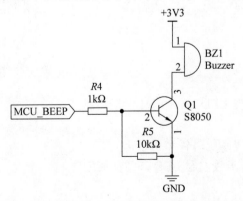

图 2-18 STM32F407 开发板蜂鸣器电路原理图

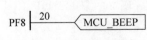

图 2-19 蜂鸣器引脚图

说明：本节中寄存器和时钟使用原理和方法请参考 2.1 节及 STM32F407 参考手册。

2.2.2　开发步骤

（1）创建工程，在工程文件夹 User\bsp_stm32f4xx\src 中新建一个文件，命名为 bsp_buzzer.c，如图 2-20 所示。

图 2-20　创建 bsp_buzzer.c 文件

（2）在工程文件夹 User\bsp_stm32f4xx\inc 中新建一个文件，命名为 bsp_buzzer.h，如图 2-21 所示。

图 2-21　创建 bsp_buzzer.h 文件

(3) 在工程中新建 BSP 分组并将 bsp_buzzer.c 文件添加到 BSP 分组中,如图 2-22 所示。

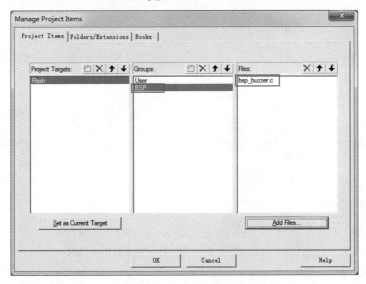

图 2-22　文件添加到 BSP 分组中

(4) 将 bsp_buzzer.h 头文件的路径添加到工程中,如图 2-23 所示。

图 2-23　头文件的路径添加

(5) 在 bsp_buzzer.c 文件中添加 bsp_buzzer.h 头文件。

```
# include "bsp_buzzer.h"        //调用自身头文件,可以使用 bsp_buzzer.h 文件里的宏定义、函数声
                                //明、头文件
```

(6) 在 bsp_buzzer.c 文件中定义 BUZZER_Init()函数。

```
//BUZZER 的 GPIO 初始化函数
void BUZZER_Init(void)
{
}
```

(7) 在 BUZZER_Init()函数中实现关于蜂鸣器的 GPIO 配置。

第一步,调用__HAL_RCC_GPIOF_CLK_ENABLE()函数使能 GPIOF 时钟。

第二步,定义结构体变量并初始化 GPIO。

```
//蜂鸣器的 GPIO 初始化
void BUZZER_Init(void)
{
    GPIO_InitTypeDef GPIO_Initure;              //定义结构体变量
    __HAL_RCC_GPIOF_CLK_ENABLE();               //使能 GPIOF 时钟

    GPIO_Initure.Pin = GPIO_PIN_8;              //PF8 引脚初始化
    GPIO_Initure.Mode = GPIO_MODE_OUTPUT_PP;    //推挽输出模式
    GPIO_Initure.Pull = GPIO_PULLUP;            //上拉
    GPIO_Initure.Speed = GPIO_SPEED_FREQ_HIGH;  //高速
    HAL_GPIO_Init(GPIOF, &GPIO_Initure);
}
```

(8) 在 bsp_buzzer.h 文件中,添加 stm32f4xx.h 头文件,引用库函数,定义 BUZZER_ON 和 BUZZER_OFF 宏定义,分别来控制蜂鸣器的开关,最后对 BUZZER_Init()初始化函数进行声明。

```
# ifndef _BSP_BUZZER_H_
# define _BSP_BUZZER_H_

# include "stm32f4xx.h"

# define BUZZER_ON    HAL_GPIO_WritePin(GPIOF, GPIO_PIN_8, GPIO_PIN_SET);
# define BUZZER_OFF   HAL_GPIO_WritePin(GPIOF, GPIO_PIN_8, GPIO_PIN_RESET);

void BUZZER_Init(void);

# endif
```

(9) 在 main.c 文件中的 main()函数中调用函数。

第一步,引用相关头文件。

第二步,在 main()函数中调用函数初始化时钟和蜂鸣器引脚。

第三步,在主函数的 while 循环中调用蜂鸣器的开、关指令。

```
# include "bsp_buzzer.h"
# include "bsp_clock.h"

int main()
{
    CLOCLK_Init();              //系统时钟初始化
    BUZZER_Init();             //初始化控制蜂鸣器引脚
    while(1)
    {
        BUZZER_OFF;            //蜂鸣器关
        HAL_Delay(500);       //延时 500ms
        BUZZER_ON;            //蜂鸣器开
        HAL_Delay(500);       //延时 500ms
    }
}
```

2.2.3　运行结果

将程序下载到开发板后,可以听到开发板上的蜂鸣器响起。

练习

(1) 通用 GPIO 初始化过程是什么？

(2) 根据蜂鸣器、LED 的控制原理,实现 LED 灯与蜂鸣器同时启动,同时停止。

视频 4

2.3　按键处理：轮询

学习目标

了解 ARM Cortex-M 系列芯片的 GPIO 引脚的输入模式,通过配置 STM32F407 开发板按键的相应 GPIO 引脚,来实现控制蜂鸣器和 LED 开、关的功能。

2.3.1　开发原理

STM32F407 开发板上的按键原理图如图 2-24 和图 2-25 所示。

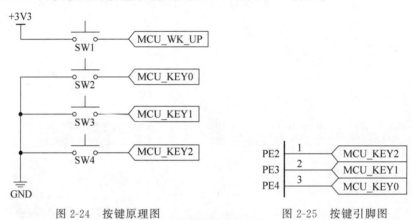

图 2-24　按键原理图　　　　　图 2-25　按键引脚图

由图 2-25 可知,在 STM32F407 开发板上按键 KEY0 连接在 PE4 引脚上,按键 KEY1 连接在 PE3 引脚上,按键 KEY2 连接在 PE2 引脚上(本节未使用 WK_UP 按钮),KEY0、KEY1、KEY2 是低电平有效,并且外部没有上拉电阻和下拉电阻,所以需要在 STM32F4 内部设置。

2.3.2　开发步骤

(1) 定义 KEY_Init()函数,在 KEY_Init()函数中实现关于按键的 GPIO 配置。

第一步,调用__HAL_RCC_GPIOE_CLK_ENABLE()函数使能 GPIOE 的时钟。

第二步,定义结构体变量并初始化 GPIO。

```
//按键初始化
void KEY_Init(void)
{
    //Key0  Key1  Key2
    GPIO_InitTypeDef GPIO_Initure;
    __HAL_RCC_GPIOE_CLK_ENABLE();                          //开始 GPIOE 时钟

    GPIO_Initure.Pin = GPIO_PIN_2 | GPIO_PIN_3 | GPIO_PIN_4; //PE2,PE3,PE4 引脚
    GPIO_Initure.Mode = GPIO_MODE_INPUT;                   //输入模式
    GPIO_Initure.Pull = GPIO_PULLUP;                       //上拉
    GPIO_Initure.Speed = GPIO_SPEED_HIGH;                  //高速
    HAL_GPIO_Init(GPIOE, &GPIO_Initure);                   //GPIOE 初始化
}
```

（2）将 KEY0、KEY1 和 KEY2 进行宏定义，用来读取 3 个按钮的 GPIO 引脚输入值。

```
#define KEY0        HAL_GPIO_ReadPin(GPIOE, GPIO_PIN_4)
#define KEY1        HAL_GPIO_ReadPin(GPIOE, GPIO_PIN_3)
#define KEY2        HAL_GPIO_ReadPin(GPIOE, GPIO_PIN_2)
```

（3）main.c 主函数完成的工作如下：

第一步，配置系统时钟为 168MHz。

第二步，初始化 LED、蜂鸣器和按键。

第三步，在主函数的 while 循环中判断按键 KEY0、KEY1 和 KEY2 状态，最后根据状态控制 LED 和蜂鸣器的翻转。

```
int main()
{
    CLOCLK_Init();            //配置系统时钟为 168MHz
    LED_Init();               //LED 初始化
    BUZZER_Init();            //蜂鸣器初始化
    KEY_Init();               //按键初始化

    while(1)
    {
        if(KEY2) { LED1_OFF;}
        else     { LED1_ON; }
        if(KEY1) { LED2_OFF;}
        else     { LED2_ON; }
        if(KEY0) { BUZZER_OFF;}
        else     { BUZZER_ON; }
    }
}
```

2.3.3　运行结果

将程序下载到开发板后，按下按键 KEY2 时，D1 灯亮；按下 KEY1 时，D2 灯亮；按下 KEY0 时，蜂鸣器响起。

练习

（1）实现按键轮询 I/O 的端口模式是什么？

（2）简述按键轮询实现的过程。

（3）实现按下一次按键 LED 灯亮或灭，再按下 LED 灯的当前状态取反。

2.4　按键处理：中断

视频 5

学习目标

了解 STM32 的中断管理系统，通过配置 STM32F407 开发板按键的相应 GPIO 引脚外部中断，来实现控制蜂鸣器和 LED 开、关的功能。

2.4.1　开发原理

中断是指当 CPU 执行程序时，由于发生了某种随机事件（外部或内部），引起 CPU 暂停正在运行的程序，转去执行一段特殊的服务程序（中断服务子程序或中断处理程序），以处理该事件，该事件处理完后又返回被中断的程序继续执行，这一过程就称为中断，我们把引起中断的原因，或者能够发出中断请求信号的来源统称为中断源。

Cortex-M4 内核支持 256 个中断,其中包含了 16 内核中断和 240 个外部中断,并且具有 256 级的可编程中断设置,但 STM32F4 并没有使用 Cortex-M4 内核的全部功能,而是只用了它的一部分。STM32F407 系统异常有 10 个,外部中断有 82 个,除了个别异常的优先级被定死外,其他异常的优先级都是可编程的。有关具体的系统异常和外部中断可在标准库文件 stm32f4xx.h 这个头文件查询到,在 IRQn_Type 这个结构体里面包含了 F4 系列全部的异常声明。

STM32F407 中断向量表如图 2-26 和图 2-27 所示。其中,图 2-26 为 STM32F407 系统异常,图 2-27 为按键的相应 GPIO 引脚外部中断。

优先级	优先级类型	名称	说明	地址
—	—	—	保留	0x0000 0000
−3	固定	Reset	复位	0x0000 0004
−2	固定	NMI	不可屏蔽中断。RCC时钟安全系统(CSS)连接到NMI向量	0x0000 0008
−1	固定	HardFault	所有类型的错误	0x0000 000C
0	可设置	MemManage	存储器管理	0x0000 0010
1	可设置	BusFault	预取指失败,存储器访问失败	0x0000 0014
2	可设置	UsageFault	未定义的指令或非法状态	0x0000 0018
—	—	—	保留	0x0000 001C~0x0000 002B
3	可设置	SVCall	通过SWI指令调用的系统服务	0x0000 002C
4	可设置	Debug Monitor	调试监控器	0x0000 0030
—	—	—	保留	0x0000 0034
5	可设置	PendSV	可挂起的系统服务	0x0000 0038
6	可设置	SysTick	系统滴答定时器	0x0000 003C

图 2-26　STM32F407 系统异常

位置	优先级	优先级类型	名称	说明	地址
40	47	可设置	EXTI15_10	EXTI线[15:10]中断	0x0000 00E0

图 2-27　按键的相应 GPIO 引脚外部中断

中断向量表分别介绍了 Cortex-M4 所有中断名称、说明以及中断的地址,以上只列出了中断向量表一部分,详细请参考 STM32F407 参考手册。

NVIC 的全称为 Nested Vectored Interrupt Controller,即嵌套向量中断控制器,控制着整个芯片中断相关的功能,它跟内核紧密耦合,是内核的一个外设。NVIC 寄存器概要如图 2-28 所示(详细寄存器说明请参考《Cortex-M4 Devices Generic User Guide》)。

NVIC_ISER[0~7]:ISER 的全称为 Interrupt Set-Enable Registers,即中断使能寄存器组。上面说了 Cortex-M4 内核支持 256 个中断,这里用 8 个 32 位寄存器来控制,每一位控制一个中断。但是 STM32F4 的可屏蔽中断最多只有 82 个,所以对我们来说,有用的就是 3 个(ISER[0~2]),总共可以表示 96 个中断。而 STM32F4 只用了其中的前 82 个。ISER[0] 的 bit0~31 分别对应中断 0~31;ISER[1] 的 bit0~32 对应中断 32~63;ISER[2] 的 bit0~17 对应中断 64~81;这样总共 82 个中断就分别对应上了。要使能某个中断,必须设置相应的 ISER 位为 1,使该中断被使能(这里仅仅是使能,还要配合中断分组、屏蔽、I/O 口映射等设置才算是一个完整的中断设置)。

地　　　址	名　　　称	类　型	所需的特权	重　置　值	描　　　述
0xE000E100～ 0xE000E11C	NVIC_ISER0～ NVIC_ISER7	RW	有特权	0x00000000	中断使能寄存器组
0xE000E180～ 0xE000E19C	NVIC_ICER0～ NVIC_ICER7	RW	有特权	0x00000000	中断除能寄存器组
0xE000E200～ 0xE000E21C	NVIC_ISPR0～ NVIC_ISPR7	RW	有特权	0x00000000	中断挂起控制寄存器组
0xE000E280～ 0xE000E29C	NVIC_ICPR0～ NVIC_ICPR7	RW	有特权	0x00000000	中断解挂控制寄存器组
0xE000E300～ 0xE000E31C	NVIC_IABR0～ NVIC_IABR7	RW	有特权	0x00000000	中断激活标志位寄存器组
0xE000E400～ 0xE000E4EF	NVIC_IPR0～ NVIC_IPR59	RW	有特权	0x00000000	中断优先级控制的寄存器组
0xE000EF00	STIR	WO	可配置	0x00000000	软件触发中断寄存器

图 2-28　NVIC 寄存器概要

ICER[0～7]：ICER 的全称为 Interrupt Clear-Enable Registers，即中断除能寄存器组。该寄存器组与 ISER 的作用恰好相反，是用来清除某个中断的使能的。这里要专门设置 ICER 相应的位为 1 来清除中断位，而不是向 ISER 写 0 来清除，是因为 NVIC 的这些寄存器都是写 1 有效的，写 0 是无效的。

ISPR[0～7]：ISPR 的全称为 Interrupt Set-Pending Registers，即中断挂起控制寄存器组。每一位对应的中断和 ISER 是一样的。通过置 1，可以将正在进行的中断挂起，而执行同级或更高级别的中断。写 0 是无效的。

ICPR[0～7]：ICPR 的全称为 Interrupt Clear-Pending Registers，即中断解挂控制寄存器组。其作用与 ISPR 相反，对应位也和 ISER 是一样的。通过设置 1，可以将挂起的中断解挂。写 0 无效。

IABR[0～7]：IABR 的全称为 Interrupt Active Bit Registers，即中断激活标志位寄存器组。对应位所代表的中断和 ISER 一样，如果为 1，则表示该位所对应的中断正在被执行。这是一个只读寄存器，通过它可以知道当前执行的是哪一个中断。在中断执行结束由硬件自动清零。

IP[0～240]：IP 的全称为 Interrupt Priority，它是一个中断优先级控制的寄存器组。STM32F4 的中断分组与这个寄存器组密切相关。IP 寄存器组由 240 个 8bit 的寄存器组成，每个可屏蔽中断占用 8bit，这样总共可以表示 240 个可屏蔽中断。而 STM32F4 用到了其中的 82 个。IP[81]～IP[0]分别对应中断 81～0。而每个可屏蔽中断占用的 8 位并没有全部使用，而是只用了高 4 位，如图 2-29 所示。

bit7	bit6	bit5	bit4	bit3	bit2	bit1	bit0
用于表示优先级				未使用，读回为 0			

图 2-29　中断优先级控制寄存器组

用于表示优先级的这 4 位，又被分组成抢占优先级和子优先级。如果有多个中断同时响应，抢占优先级高的就会抢占优先级低的优先得到执行，如果抢占优先级相同，则比较子优先级。如果抢占优先级和子优先级都相同，就比较其硬件中断编号，编号越小，优先级越高。

这两个优先级各占几个位根据 SCB→AIRCR 中 bit10～8 的中断分组设置来决定。SCB→

AIRCR 寄存器结构如图 2-30 所示(详细寄存器说明请参考《Cortex-M4 Devices Generic User Guide》)。

图 2-30　SCB→AIRCR 寄存器结构

STM32F407 分为了 5 组。具体的分组关系如图 2-31 所示。主优先级相当于抢占优先级。

PRIGROUP[2:0]	中断优先级值 PRI_N[7:4]			级数	
	二进制点	主优先级位	子优先级位	主优先级	子优先级
0b 011	0b xxxx	[7:4]	None	16	None
0b 100	0b xxx. y	[7:5]	[4]	8	2
0b 101	0b xx. yy	[7:6]	[5:4]	4	4
0b 110	0b x. yyy	[7]	[6:4]	2	9
0b 111	0b. yyyy	None	[7:4]	None	16

图 2-31　中断优先级

设置优先级分组可调用库函数 NVIC_PriorityGroupConfig()实现,有关 NVIC 中断相关的函数都在文件 stm32f4xx_hal_cortex. c 和 stm32f4xx_hal_cortex. h 中。

EXTI 的全称为 ExTernal Interrupt/event controller,即外部中断/事件控制器,管理了控制器的 23 个中断/事件线。每个中断/事件线都对应有一个边沿检测器,可以实现输入信号的上升沿检测和下降沿的检测。EXTI 可以实现对每个中断/事件线进行单独配置,可以单独配置为中断或者事件,以及触发事件的属性。

EXTI 的功能框图包含了 EXTI 最核心内容,掌握了功能框图,对 EXTI 就有一个整体的把握,在编程时思路就非常清晰。功能框图如图 2-32 所示。

图 2-32 中信号线上打一个斜杠并标注"23"字样,表示在控制器内部类似的信号线路有 23 条,这与 EXTI 总共有 23 个中断/时间线是吻合的。

EXTI 具有两大功能:一个是产生中断,另一个是产生事件,这两个功能从硬件上就有所不同。首先来看图 2-32 中虚线 A 指示的电路流程。它是一个产生中断的线路,最终信号流入到 NVIC 控制器内。

编号①指示输入线,EXTI 控制器有 23 条中断/事件输入线,这些输入线可以通过寄存器设置为任意一个 GPIO,也可以是一些外设的事件,输入线一般是存在电平变化的信号。

编号②指示一个边沿检测电路,它会根据上升沿触发选择寄存器(EXTI_RTSR)和下降沿触发选择寄存器(EXTI_FTSR)对应位的设置来控制信号触发。边沿检测电路以输入线作为信号输入端,如果检测到有边沿跳变就输出有效信号 1 给编号③电路,否则输出无效信号 0。而 EXTI_RTSR 和 EXTI_FTSR 两个寄存器可以控制需要检测哪些类型的电平跳变过程,可以是只有上升沿触发、只有下降沿触发或者上升沿和下降沿都触发。

编号③电路实际就是一个或门电路,它的一个输入来自编号②电路,另外一个输入来自软件中断事件寄存器(EXTI_SWIER)。EXTI_SWIER 允许我们通过程序控制启动中断/事件

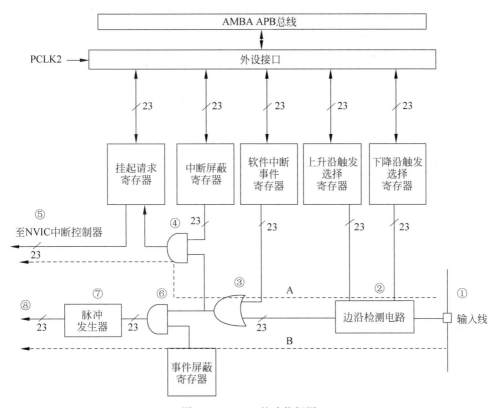

图 2-32 EXTI 的功能框图

线。我们知道或门的作用就是"有"就为1,所以这两个输入随便一个有效信号1就可以输出1给编号④和编号⑥电路。

编号④电路是一个与门电路,它的一个输入来自编号③电路,另外一个输入来自中断屏蔽寄存器(EXTI_IMR)。与门电路要求输入都为1才输出1,如果EXTI_IMR设置为1时,最终编号④电路输出的信号才由编号③电路的输出信号决定,这样就可以简单地控制EXTI_IMR来实现是否产生中断的目的。编号④电路输出的信号会被保存到挂起寄存器(EXTI_PR)内,如果确定编号④电路输出为1,则把EXTI_PR对应位置1。

编号⑤是将EXTI_PR寄存器内容输出到NVIC内,从而实现系统中断事件控制。

接下来我们来看看虚线B指示的电路流程。它是一个产生事件的线路,最终输出一个脉冲信号。

产生事件线路是在编号③电路之后与中断线路有所不同,之前电路都是共用的。编号⑥电路是一个与门,它一个输入来自编号③电路,另外一个输入来自事件屏蔽寄存器(EXTI_EMR)。如果EXTI_EMR设置为1,那么最终编号⑥电路输出的信号才由编号③电路的输出信号决定,这样就可以简单地控制EXTI_EMR来实现是否产生事件的目的。

编号⑦是一个脉冲发生器电路,当它的输入端,即编号⑥电路的输出端为一个有效信号1时就会产生一个脉冲;如果输入端是无效信号则不会输出脉冲。

编号⑧是一个脉冲信号,就是产生事件的线路最终的产物,这个脉冲信号可以给其他外设电路使用,比如定时器TIM、模拟数字转换器等。

中断和事件的区别:产生中断线路目的是把输入信号输入到NVIC,进一步会运行中断服务函数,实现功能,这是软件级的。而产生事件线路的目的就是传输一个脉冲信号给其他外设使用,并且是电路级别的信号传输,是属于硬件级的。

EXTI 有 23 条中断/事件线,每个 GPIO 都可以被设置为输入线,占用 EXT10~EXTI15,还有另外七根用于特定的外设事件,如图 2-33 所示。

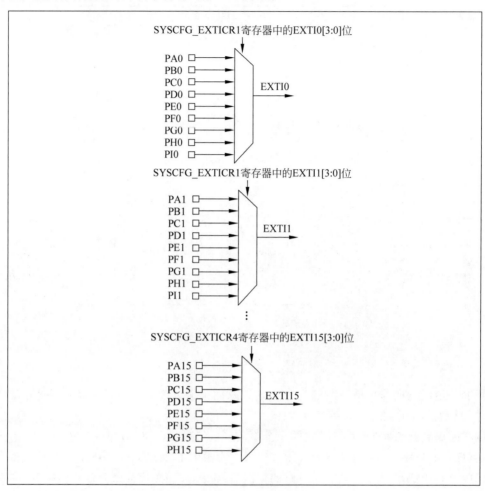

图 2-33　EXTI 中断/事件线

- EXTI 线 0~15:对应外部 I/O 口的输入中断。
- EXTI 线 16:连接到 PVD 输出。
- EXTI 线 17:连接到 RTC 闹钟事件。
- EXTI 线 18:连接到 USB OTG FS 唤醒事件。
- EXTI 线 19:连接到以太网唤醒事件。
- EXTI 线 20:连接到 USB OTG HS(在 FS 中配置)唤醒事件。
- EXTI 线 21:连接到 RTC 入侵和时间戳事件。
- EXTI 线 22:连接到 RTC 唤醒事件。

外部中断配置寄存器包括中断屏蔽寄存器(EXTI_IMR)、事件屏蔽寄存器(EXTI_EMR)、上升沿触发选择寄存器(EXTI_RTSR)、下降沿触发选择寄存器(EXTI_FTSR)、软件中断事件寄存器(EXTI_SWIER)、等待寄存器(EXTI_PR)。

我们在使用每一个中断的时候,都需要编写中断服务函数,在启动文件 startup_stm32f40xx.s 中我们预先为每个中断都编写了一个中断服务函数,只是这些中断函数都是空的,为的只是初始化中断向量表。实际的中断服务函数需要重新编写。

关于中断服务函数的函数名必须与启动文件里面预先设置的一样,如果写错,系统无法在中断向量表中找到中断服务函数的入口,直接跳转到启动文件里面预先写好的空函数,并且在里面无限循环,无法实现中断。

前面介绍了使用轮询方式判断按键按下的状态,轮询方式的主要特点是让 CPU 以一定的周期查询按键 GPIO 引脚的输入状态,它的缺点是当程序执行内容较多时实时性不高,不能够及时判断按键被按下的状态以进行相应的处理。针对这个问题,本节使用外部中断触发的方式来判断按键的状态,如果对应的 GPIO 引脚发生改变,则触发外部中断,并在相应的中断服务函数中调用命令进行 LED 灯和蜂鸣器的控制。

2.4.2　开发步骤

(1) 定义 KEY_Init()函数,在 KEY_Init()函数中实现关于按键的 GPIO 和中断配置。

第一步,调用__HAL_RCC_GPIOE_CLK_ENABLE ()函数使能 GPIOE 的时钟。

第二步,定义结构体变量并初始化 GPIO。

第三步,使用 HAL_NVIC_SetPriority()函数分别初始化按键 KEY0、KEY1 和 KEY2 引脚的外部中断及优先级。

第四步,使用 HAL_NVIC_EnableIRQ()函数分别使能相应的中断线(HAL_NVIC_SetPriority()和 HAL_NVIC_EnableIRQ()函数在 stm32f4xx_hal_cortex.c 文件中有定义)。

```
//按键初始化
void KEY_Init(void)
{
    //Key0  Key1  Key2
    GPIO_InitTypeDef GPIO_Initure;
    __HAL_RCC_GPIOE_CLK_ENABLE();                       //开始 GPIOE 时钟

    GPIO_Initure.Pin = GPIO_PIN_2 | GPIO_PIN_3 | GPIO_PIN_4;  //PE2,PE3,PE4 引脚
    GPIO_Initure.Mode = GPIO_MODE_IT_RISING_FALLING;    //双边沿触发模式
    GPIO_Initure.Pull = GPIO_PULLUP;                    //上拉
    GPIO_Initure.Speed = GPIO_SPEED_HIGH;               //高速
    HAL_GPIO_Init(GPIOE, &GPIO_Initure);                //GPIOE初始化

    //配置外部中断及优先级
    HAL_NVIC_SetPriority(EXTI2_IRQn, 2, 1);             //抢占优先级为 2,子优先级为 1
    HAL_NVIC_SetPriority(EXTI3_IRQn, 2, 2);             //抢占优先级为 2,子优先级为 2
    HAL_NVIC_SetPriority(EXTI4_IRQn, 2, 3);             //抢占优先级为 2,子优先级为 3

    //使能中断线
    HAL_NVIC_EnableIRQ(EXTI2_IRQn);                     //使能中断线 2
    HAL_NVIC_EnableIRQ(EXTI3_IRQn);                     //使能中断线 3
    HAL_NVIC_EnableIRQ(EXTI4_IRQn);                     //使能中断线 4
}
```

(2) 分别定义中断线的中断服务函数,在中断服务函数中调用中断通用入口函数 HAL_GPIO_EXTI_IRQHandler()。

```
//中断线 2 的中断服务函数
void EXTI2_IRQHandler(void)
{
    HAL_GPIO_EXTI_IRQHandler(GPIO_PIN_2);
}
```

```
//中断线 3 的中断服务函数
void EXTI3_IRQHandler(void)
{
    HAL_GPIO_EXTI_IRQHandler(GPIO_PIN_3);
}

//中断线 4 的中断服务函数
void EXTI4_IRQHandler(void)
{
    HAL_GPIO_EXTI_IRQHandler(GPIO_PIN_4);
}
```

(3) 定义中断回调函数。

在中断入口函数 HAL_GPIO_EXTI_IRQHandler() 中调用了回调函数 HAL_GPIO_EXTI_Callback(),该函数用来实现控制逻辑。我们重新定义该函数,函数中首先判断是哪个按键引脚发生了中断,然后判断按键 KEY0、KEY1 和 KEY2 的状态,最后根据状态控制 LED 和蜂鸣器的翻转。

```
//中断回调函数
void HAL_GPIO_EXTI_Callback(uint16_t GPIO_Pin)
{
    switch(GPIO_Pin)
    {
        case GPIO_PIN_2:
        if(KEY2){ LED1_OFF;}
        else    { LED1_ON; }
        break;
        case GPIO_PIN_3:
        if(KEY1){ LED2_OFF;}
        else    { LED2_ON; }
        break;
        case GPIO_PIN_4:
        if(KEY0){ BUZZER_OFF;}
        else    { BUZZER_ON; }
        break;
    }
}
```

(4) 将 KEY0、KEY1 和 KEY2 进行宏定义,用来读取 3 个按钮的 GPIO 引脚输入值。

```
#define KEY0        HAL_GPIO_ReadPin(GPIOE, GPIO_PIN_4)
#define KEY1        HAL_GPIO_ReadPin(GPIOE, GPIO_PIN_3)
#define KEY2        HAL_GPIO_ReadPin(GPIOE, GPIO_PIN_2)
```

(5) main.c 主函数完成的工作如下:

第一步,配置系统时钟为 168MHz。

第二步,初始化 LED、蜂鸣器和按键。

```
int main()
{
    CLOCLK_Init();          //配置系统时钟为 168MHz

    LED_Init();             //LED 初始化
    BUZZER_Init();          //蜂鸣器初始化
    KEY_Init();             //按键初始化
```

```
    while(1)
    {
    }
}
```

2.4.3　运行结果

将程序下载到开发板后,按下按键 KEY2 时,D1 灯亮;按下 KEY1 时,D2 灯亮;按下 KEY0 时,蜂鸣器响起。

练习

(1) Cortex-M4 内核支持 256 个中断,其中包含了多少个内核中断以及多少个外部中断?

(2) 简述 NVIC 寄存器的结构。

(3) 实现按下一次按键 LED 灯亮,再按下 LED 灯灭。

2.5　待机唤醒

视频 6

学习目标

了解 STM32 的电源管理系统,通过配置 STM32F407 开发板的电源时钟和 GPIO 引脚,实现待机唤醒。

2.5.1　开发原理

电源对电子设备的重要性不言而喻,它是保证系统稳定运行的基础,而保证系统能稳定运行的同时,又有低功耗的要求。在很多应用场合中对电子设备的功耗要求都非常苛刻,如某些传感器信息采集设备,仅靠小型的电池提供电源,要求工作长达数年之久,且期间不需要任何维护;由于智慧穿戴设备的小型化要求,电池体积不能太大导致容量也比较小,所以也很有必要从控制功耗入手,提高设备的持续运行时间。因此,STM32 有专门的电源管理外设监控电源并管理设备的运行模式,确保系统正常运行,并尽量降低器件的功耗。

为了便于进行电源管理,STM32 把它的外设、内核等模块根据功能划分了供电区域,其内部电源区域划分如图 2-34 所示。

从图 2-34 可以了解到,STM32 的电源系统主要分为备份域电路、调压器供电电路以及 ADC 电路 3 部分,介绍如下:

1. 编号①备份域电路

STM32 的 LSE 振荡器、RTC、备份寄存器及备份 SRAM 这些器件被包含进备份域电路中,这部分的电路可以通过 STM32 的 VBAT 引脚获取供电电源,在实际应用中,一般会使用 3V 的纽扣电池对该引脚供电。

在图 2-34 中备份域电路的左侧有一个电源开关结构,在它的上方连接了 VBAT 电源,下方连接了 VDD 主电源(一般为 3.3V),右侧引出到备份域电路中。当 VDD 主电源存在时,由于 VDD 电压较高,备份域电路通过 VDD 供电;当 VDD 掉电时,备份域电路由纽扣电池通过 VBAT 供电,保证电路能持续运行,从而可利用它保留关键数据。

2. 编号②调压器供电电路

在 STM32 的电源系统中,调压器供电的电路是最主要的部分,调压器为备份域及待机电路以外的所有数字电路供电,其中包括内核、数字外设以及 RAM,调压器的输出电压约为 1.2V,因而使用调压器供电的这些电路区域被称为 1.2V 域。

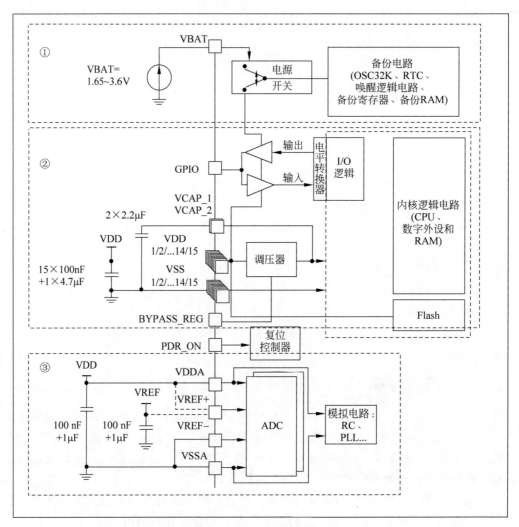

图 2-34   内部电源区域

调压器可以运行在运行模式、停止模式以及待机模式。在运行模式下，1.2V 域全功率运行；在停止模式下 1.2V 域运行在低功耗状态，1.2V 区域的所有时钟都被关闭，相应的外设都停止了工作，但它会保留内核寄存器以及 SRAM 的内容；在待机模式下，整个 1.2V 域都断电，该区域的内核寄存器及 SRAM 内容都会丢失(备份区域的寄存器及 SRAM 不受影响)。

3. 编号③ADC 电源及参考电压

为了提高转换精度，STM32 的 ADC 配有独立的电源接口，方便进行单独的滤波。ADC 的工作电源使用 VDDA 引脚输入，使用 VSSA 作为独立的地连接，VREF 引脚则为 ADC 提供测量使用的参考电压。用户可以在 VREF 上连接一个单独的外部参考电压 ADC 输入。VREF 的电压范围为 1.8V～VDDA。

STM32 芯片主要通过引脚 VDD 从外部获取电源，在它的内部具有电源监控器用于检测 VDD 的电压，以实现复位功能及掉电紧急处理功能，保证系统可靠地运行。

1) 上电复位与掉电复位(POR 与 PDR)

当检测到 VDD 的电压低于阈值 VPOR 及 VPDR 时，无须外部电路辅助，STM32 芯片会自动保持在复位状态，防止因电压不足强行工作而带来严重的后果。如图 2-35 所示，在刚开始电压低于 VPOR 时(约 1.72V)，STM32 保持在上电复位状态(Power On Reset，POR)，当

VDD 电压持续上升至大于 VPOR 时,芯片开始正常运行,而在芯片正常运行的时候,当检测到 VDD 电压下降至低于 VPDR 阈值(约 1.68V),会进入掉电复位状态(Power Down Reset, PDR)。

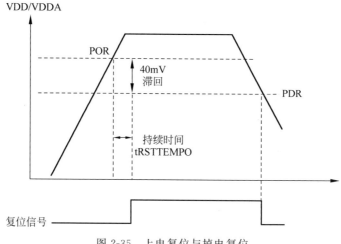

图 2-35　上电复位与掉电复位

2)断电复位(BOR)

POR 与 PDR 的复位电压阈值是固定的,如果用户想要自行设定复位阈值,可以使用 STM32 的 BOR 功能(Brownout Reset),如图 2-36 所示。VBOR 是通过设备选项字节配置的。默认情况下,BOR 是关闭的。可以选择 3 个可编程 VBOR 阈值水平。

- BOR 为 3(VBOR3),断电阈值为 3。
- BOR 为 2(VBOR2),断电阈值为 2。
- BOR 为 1(VBOR1),断电阈值为 1。

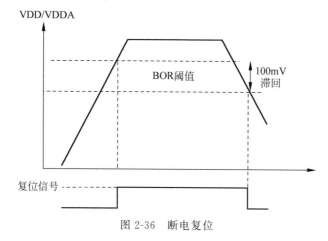

图 2-36　断电复位

3)可编程电压检测器(PVD)

上述 POR、PDR 以及 BOR 的功能都是使用其电压阈值与外部供电电压 VDD 比较,当低于工作阈值时,会直接进入复位状态,这可防止电压不足导致的误操作。除此之外,STM32 还提供了可编程电压检测器 PVD,它也是实时检测 VDD 的电压,当检测到电压低于 VPVD 阈值时,会向内核产生一个 PVD 中断(EXTI16 线中断)以使内核在复位前进行紧急处理。该电压阈值可通过电源控制寄存器 PWR_CSR 设置,如图 2-37 所示。

默认情况下,微控制器在系统或开机复位后处于运行模式。在运行模式下,CPU 由

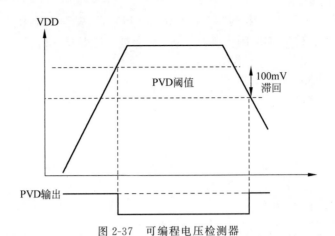

图 2-37　可编程电压检测器

HCLK 计时,程序代码执行。当 CPU 不需要继续运行时,例如在等待外部事件时,可以使用几种低功耗模式来节省电能。用户可以选择在低功耗、短启动时间和可用唤醒源之间做出最佳的模式。

STM32F4 具有 3 种低功耗模式:

- 睡眠模式。Cortex-M4 与 FPU 内核停止,外围设备继续运行如 NVIC、系统时钟等。
- 停止模式。在停止模式下,1.2V 域中所有时钟停止,锁相环、HSI 和 HSE RC 振荡器禁用。内部 SRAM 和寄存器内容被保存。电压调节器可以配置在正常或低功耗模式。
- 待机模式。待机模式可以实现最低的功耗,它基于 Cortex-M4 深睡眠模式,并禁用了电压调节器。因此 1.2V 域被关闭。锁相环、HSI 振荡器和 HSE 振荡器也被关闭。除 RTC 寄存器、RTC 备份寄存器、备份 SRAM 和备用电路外,SRAM 和寄存器内容都会丢失。

本节只配置 STM32F4 的待机模式。在待机模式下,它除了关闭所有的时钟,还把 1.2V 区域的电源也完全关闭了,也就是说,从待机模式唤醒后,由于没有之前代码的运行记录,只能对芯片复位,重新检测 boot 条件,从头开始执行程序。它有 4 种唤醒方式,分别是 PAO-WKUP 引脚的上升沿、RTC 闹钟时间、NRST 引脚的复位和 IWDG(独立看门狗)复位。

电源控制(PWR)寄存器包括 PWR 电源控制寄存器(PWR_CR)、PWR 电源控制/状态寄存器(PWR_CSR)。

2.5.2　开发步骤

(1) 定义 PWR_Enter_Standby()函数,在 PWR_Enter_Standby()函数中实现系统进入低功耗模式。

第一步,调用__HAL_RCC_PWR_CLK_ENABLE()宏定义使能电源控制的时钟。

第二步,调用__HAL_PWR_CLEAR_FLAG()宏定义来清除唤醒标志位。

第三步,调用 HAL_PWR_EnableWakeUpPin()函数来使能 PAO-WKUP 引脚用于唤醒。

第四步,调用 HAL_PWR_EnterSTANDBYMode()函数来进入待机模式。

```
//系统进入待机模式
static void PWR_Enter_Standby(void)
{
    __HAL_RCC_PWR_CLK_ENABLE();                          //使能 PWR 时钟
    __HAL_PWR_CLEAR_FLAG(PWR_FLAG_WU);                   //清除 Wake_UP 标志
```

```
HAL_PWR_EnableWakeUpPin(PWR_WAKEUP_PIN1);      //使能 PAO-WAKEUP 引脚用于唤醒
HAL_PWR_EnterSTANDBYMode();                      //进入待机模式
}
```

（2）定义 KEY_Init()函数用来初始化睡眠按键引脚，本节选择 KEY1 作为进入待机的按键，配置按键为下降沿触发中断，当按键按下时触发中断。

```
//睡眠按键初始化
void KEY_Init(void)
{
    GPIO_InitTypeDef GPIO_Initure;              //定义初始化 GPIO 结构体变量
    __HAL_RCC_GPIOE_CLK_ENABLE();               //开始 GPIOE 时钟

    GPIO_Initure.Pin = GPIO_PIN_3;              //PE3 引脚
    GPIO_Initure.Pull = GPIO_PULLUP;            //上拉
    GPIO_Initure.Mode = GPIO_MODE_IT_FALLING;   //下降沿触发
    GPIO_Initure.Speed = GPIO_SPEED_FREQ_HIGH;  //高速
    HAL_GPIO_Init(GPIOE, &GPIO_Initure);        //GPIOE 初始化

    HAL_NVIC_SetPriority(EXTI3_IRQn, 2, 2);
    HAL_NVIC_EnableIRQ(EXTI3_IRQn);
}
```

（3）定义中断服务函数，函数中调用 HAL_GPIO_EXTI_IRQHandler 处理中断请求。

```
//中断服务函数
void EXTI3_IRQHandler(void)
{
    HAL_GPIO_EXTI_IRQHandler(GPIO_PIN_3);
}
```

定义中断回调函数，当 KEY1 按键被按下时，调用 PWR_Enter_Standby()函数进入待机模式。

```
//中断回调函数
void HAL_GPIO_EXTI_Callback(uint16_t GPIO_Pin)
{
    if(GPIO_Pin == GPIO_PIN_3)
    {
        PWR_Enter_Standby(); //进入待机模式
    }
}
```

（4）main.c 主函数代码如下：

第一步，初始化系统时钟。

第二步，初始化 LED 和进入待机模式引脚。

第三步，在 while 循环中调用 LED 灯开关命令，每秒闪烁一次。

```
int main(void)
{
    CLOCLK_Init();          //配置系统时钟为 168MHz
    LED_Init();             //LED 初始化
    WAKEUP_Init();          //初始化进入待机模式引脚
    HAL_Delay(3000);
    while(1)
    {
        LED1_ON;
        LED2_ON;
```

```
            HAL_Delay(500);
            LED1_OFF;
            LED2_OFF;
            HAL_Delay(500);
        }
    }
```

2.5.3　运行结果

将程序下载到开发板后,可以看到 3 秒后 LED1 和 LED2 灯开始闪烁,当我们按下 KEY1 按键时,开发板进入待机模式,LED 灯停止闪烁,此时按下 KEY_UP 按键来唤醒待机模式,按下后可以看到 LED 灯 3 秒后又重新开始闪烁。

练习

(1) STM32 的电源系统主要有哪几部分?

(2) 简述 STM32F4 的 3 种低功耗模式。

(3) 利用 RTC 闹钟时间实现待机唤醒。

第3章

CHAPTER 3

串 口 开 发

作为 MCU 的重要外部接口,串口同时也是软件开发重要的调试手段。通用同步异步收发器(USART)能够灵活地与外部设备进行全双工数据交换,满足外部设备对工业标准 NRZ 异步串行数据格式的要求。USART 通过小数波特率发生器提供了多种波特率,通过配置多个缓冲区使用 DMA 可实现高速数据通信。

串口主要有轮询、中断、DMA 三种通信方式,本章逐一介绍其相关原理并通过实例帮助读者掌握串口开发能力。

3.1 串口通信:轮询

视频 7

学习目标

了解串口的工作原理、ARM Cortex-M 系列芯片的串口的分类,通过配置 STM32F407 芯片的串口外设来实现数据的收发。

3.1.1 开发原理

任何 USART 双向通信均需要至少两个引脚:接收数据输入引脚(RX)和发送数据输出引脚(TX)。在同步模式下,需要使用时钟输出引脚(CK),在硬件流控制模式下,需要使用清除发送引脚(CTS)和发送请求引脚(RTS)。

1. STM32 中串口通信数据包

串口通信的数据包由发送设备通过自身的 TXD 接口传输到接收设备的 RXD 接口,通信双方的数据包格式要一致才能正常收发数据,STM32 中串口通信数据包的内容有起始位、数据位、奇偶校验位、停止位。

1)起始位和停止位

串口通信的一个数据包从起始信号开始,直到停止信号结束。数据包的起始信号由一个逻辑 0 的数据位表示,而数据包的停止信号可由 0.5、1、1.5 或 2 个逻辑 1 的数据位表示,只要双方约定一致即可。

2)数据位

在数据包的起始位之后紧接着的就是要传输的主体数据内容,也称为有效数据,有效数据的长度常被约定为 8 或 9 位长。

3)奇偶校验位

在有效数据之后,有一个可选的数据校验位。由于数据通信相对更容易受到外部干扰导致传输数据出现偏差,可以在传输过程加上校验位来解决这个问题。有无奇偶校验位数据帧格式如表 3-1 所示。

表 3-1　奇偶校验位

数据长度	奇偶校验	数据帧格式
8	无	起始位＋8 位数据＋停止位
8	有	起始位＋7 位数据＋校验位＋停止位
9	无	起始位＋9 位数据＋停止位
9	有	起始位＋8 位数据＋校验位＋停止位

奇校验是指有效数据和校验位中 1 的个数为奇数,比如一个 8 位字长的有效数据为 00110101,此数据总共有 4 个 1,为达到奇校验效果,校验位为 1,最后传输的数据将是 8 位的有效数据加上 1 位的校验位总共 9 位。

偶校验与奇校验要求刚好相反,要求帧数据和校验位中 1 的个数为偶数,比如 00110101,此数据帧 1 的个数为 4 个,所以偶校验位为 0。

4) 波特率

本节主要讲解的是串口异步通信,异步通信中由于没有时钟信号,所以两个通信设备之间约定好波特率,即每个码元的长度,以便对信号进行解码,常见的波特率为 4800bps、9600bps、57600bps、115200bps 等。

USART 功能框图如图 3-1 所示。

5) 功能引脚

- TX:发送数据输出引脚。
- RX:接收数据输入引脚。
- SW_RX:数据接收引脚,只用于单线和智能卡模式,属于内部引脚没有具体外部引脚。
- nRTS:发送数据请求引脚,用于指示 UART 已经准备好接收数据。低电平有效,该引脚只适用于硬件流控制。
- nCTS:清除发送引脚,用于在当前传输结束时阻止数据发送。低电平有效,该引脚只适用于硬件流控制。

STM32F407ZGT6 芯片的 USART 引脚分布如图 3-2 所示。

STM32F407ZGT6 有 4 个 USART 和 2 个 UART,其中 USART1 和 USART6 的时钟来源于 APB2 总线时钟,其最大频率为 84MHz,其他 4 个的时钟来源于 APB1 总线时钟,其最大频率为 42MHz。

UART 只是异步传输功能,所以没有 SCLK、nCTS 和 nRTS 功能引脚。

6) 数据寄存器

USART_DR 包含了已发送的数据或者接收到的数据。USART_DR 实际上包含了两个寄存器:一个专门用于发送的可写 TDR,另一个专门用于接收的可读 RDR。当进行发送操作时,向 USART_DR 写入的数据会自动存储在 TDR 内;当进行读取操作时,从 USART_DR 读取数据时会自动提取 RDR 数据。

TDR 和 RDR 都是介于系统总线和移位寄存器之间。串行通信是一个位一个位传输的,发送时把 TDR 的内容转移到发送移位寄存器,然后把移位寄存器数据每一位发送出去,接收时把接收到的每一位数据保存在接收移位寄存器内,然后才转移到 RDR。

7) 控制器

USART 有专门控制发送的发送器、控制接收的接收器,还有唤醒单元、中断控制等。使用 USART 之前需要将 USART_CR1 寄存器的 UE 位置 1 使能 USART。发送或者接收数据

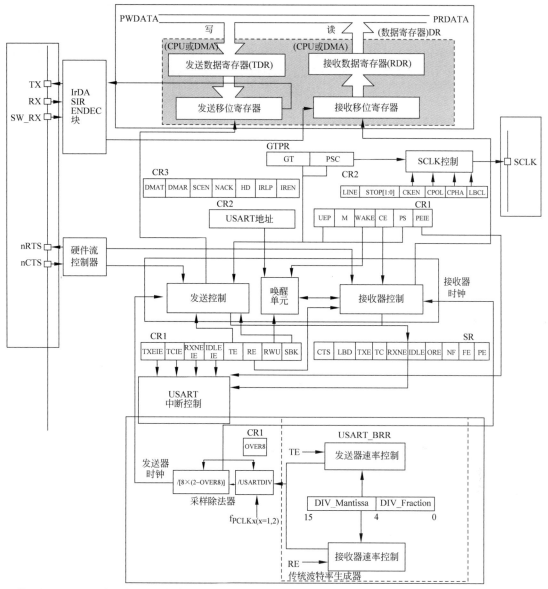

USARTDIV=DIV_Mantissa+(DIV_Fraction/8×(2−OVER8))

图 3-1　USART 功能框图

	APB2（最高 84MHz）		**APB1（最高 42MHz）**			
	USART1	**USART6**	**USART2**	**USART3**	**USART4**	**USART5**
TX	PA9/PB6	PC6/PG14	PA2/PD5	PB10/PD8/PC10	PA0/PC10	PC12
RX	PA10/PB7	PC7/PG9	PA3/PD6	PB11/PD9/PC11	PA1/PC11	PD2
SCLK	PA8	PG7/PC8	PA4/PD7	PB12/PD10/PC12	—	—
nCTS	PA11	PG13/PG15	PA0/PD3	PB13/PD11		
nRTS	PA12	PG8/PG12	PA1/PD4	PB14/PD12	—	—

图 3-2　USART 引脚分布

字长可选 8 位或 9 位,由 USART_CR1 的 M 位控制。

8) 波特率生成

波特率指数据信号对载波的调制速率,它用单位时间内载波调制状态改变次数来表示。比特率指单位时间内传输的比特数。对于 USART 波特率与比特率相等,波特率越大,传输速率越快。波特率的常用值有 2400bps、9600bps、19200bps、115200bps。

串口通信有 3 种方式用来处理数据,包括轮询方式、中断方式、DMA 方式。本节只介绍轮询方式。轮询方式是指程序中循环查询串口寄存器,如果寄存器接收到数据,则进行相应的数据处理。

2. 寄存器介绍

(1) 状态寄存器(USART_SR),如图 3-3 所示。

Address offset: 0x00

Reset value: 0x00C0 0000

31	30	29	28	27	26	25	24	23	22	21	20	19	18	17	16
Reserved																

15	14	13	12	11	10	9	8	7	6	5	4	3	2	1	0
Reserved						CTS	LBD	TXE	TC	RXNE	IDLE	ORE	NF	FE	PE
						rc_w0	rc_w0	r	rc_w0	rc_w0	r	r	r	r	r

图 3-3　状态寄存器

- 位 7:传输寄存器为空。当 TDR 寄存器内容被传输到移位寄存器时,硬件将设置此位。
- 位 6:传输完成。当包含数据帧传输完成,且设置了 TXE,硬件将设置此位。
- 位 5:读取数据寄存器非空。当 RDR 移位寄存器的内容转移到 USART_DR 寄存器时,硬件将设置此位。

(2) 数据寄存器(USART_DR)。

位 8:0:包含接收或传输的数据字符。

(3) 波特率寄存器(USART_BRR)。

位 15:0:用来配置波特率。

(4) 控制寄存器 1(USART_CR1),如图 3-4 所示。

Address offset: 0x0C

Reset value: 0x0000 0000

31	30	29	28	27	26	25	24	23	22	21	20	19	18	17	16
Reserved																

15	14	13	12	11	10	9	8	7	6	5	4	3	2	1	0
OVER8	Res.	UE	M	WAKE	PCE	PS	PEIE	TXEIE	TCIE	RXNEIE	IDLEIE	TE	RE	RWU	SBK
rw	Res.	rw	rw	rw	rw	rw	rw	rw	rw	rw	rw	rw	rw	rw	rw

图 3-4　控制寄存器 1

- 位 13:串口使能位。
- 位 12:用来配置数据长度。
- 位 10:使能奇偶校验。
- 位 9:配置奇偶校验。
- 位 3:发送使能。
- 位 2:接收使能。

（5）控制寄存器 2（USART_CR2），如图 3-5 所示。

Address offset: 0x10

Reset value: 0x0000 0000

31	30	29	28	27	26	25	24	23	22	21	20	19	18	17	16
							Reserved								
15	14	13	12	11	10	9	8	7	6	5	4	3	2	1	0
Res.	LINEN	STOP[1:0]		CLKEN	CPOL	CPHA	LBCL	Res.	LBDIE	LBDL	Res.	ADD[3:0]			
	rw	rw	rw	rw	rw	rw	rw		rw	rw	rw	rw	rw	rw	rw

图 3-5 控制寄存器 2

- 位 13:12：用来配置停止位。
- 位 3:0：用来配置串口地址。

3. 串口通信配置步骤

（1）初始化串口和 GPIO 时钟。

（2）初始化串口引脚 GPIO。

（3）初始化串口地址、数据长度、停止位、波特率等参数。

（4）使能串口。

（5）调用数据收发函数。

3.1.2 开发步骤

（1）定义结构体变量 UART1_Handler，用来传入串口参数，以便初始化串口。

（2）定义 UART_Init()函数。

在 UART_Init()函数中配置结构体变量 UART1_Handler 中的串口地址、波特率等参数，最后将结构体变量 UART1_Handler 传入 HAL_UART_Init，以便初始化串口。

```
//初始化串口函数
void UART_Init(void)
{
    UART1_Handler.Instance = USART1;                         //串口 1
    UART1_Handler.Init.BaudRate = 115200;                    //波特率
    UART1_Handler.Init.HwFlowCtl = UART_HWCONTROL_NONE;      //无硬件流控
    UART1_Handler.Init.Mode = UART_MODE_TX_RX;               //收发模式
    UART1_Handler.Init.Parity = UART_PARITY_NONE;            //无奇偶校验
    UART1_Handler.Init.StopBits = UART_STOPBITS_1;           //一个停止位
    UART1_Handler.Init.WordLength = UART_WORDLENGTH_8B;      //字长为 8 位格式

    HAL_UART_Init(&UART1_Handler); //初始化串口
}
```

（3）重定义 HAL_UART_MspInit()函数初始化，初始化串口硬件参数。

当调用 HAL_UART_Init()串口初始化函数时，该函数内部会调用 HAL_UART_MspInit()函数，用来初始化串口使用到的引脚。这实际是 HAL 库的一个优点，它通过开放一个回调函数 HAL_UART_MspInit()，让用户自己去编写与串口有关的硬件初始化，而与串口相关的参数配置则放在 HAL_UART_Init()函数中，这样在将程序移植到其他 STM32 平台时，只需要修改 HAL_UART_MspInit()函数中的配置即可。

```
//初始化硬件
void HAL_UART_MspInit(UART_HandleTypeDef * huart)
{
```

```
    if( huart -> Instance == USART1)
    {
        GPIO_InitTypeDef GPIO_Initure;

        __HAL_RCC_GPIOA_CLK_ENABLE();                    //使能 GPIO 引脚
        __HAL_RCC_USART1_CLK_ENABLE();                   //使能串口

        GPIO_Initure.Mode = GPIO_MODE_AF_PP;             //复用推挽模式
        GPIO_Initure.Pin = GPIO_PIN_9|GPIO_PIN_10;       //PA9、PA10
        GPIO_Initure.Pull = GPIO_PULLUP;                 //上拉
        GPIO_Initure.Speed = GPIO_SPEED_FAST;            //高速
        GPIO_Initure.Alternate = GPIO_AF7_USART1;        //复用为 USART1
        HAL_GPIO_Init(GPIOA, &GPIO_Initure);             //初始化 PA9、PA10
    }
}
```

(4) 定义发送数据函数。函数传入参数为发送数据缓冲区地址和发送数据量的大小。

```
//发送数据函数
void UART_Transmit(uint8_t * pData, uint16_t Size)
{
    HAL_UART_Transmit(&UART1_Handler, pData, Size, HAL_MAX_DELAY);
}
```

(5) 定义接收数据函数。函数传入参数为接收数据缓冲区地址和接收数据量的大小。

```
//接收数据函数
void UART_Receive(uint8_t * pData, uint16_t Size)
{
    HAL_UART_Receive(&UART1_Handler, pData, Size, HAL_MAX_DELAY);
}
```

(6) 添加 printf()的重定向函数,在工程中调用 printf()函数,将通过串口发送数据。

```
//标准库需要的支持函数
struct __FILE
{
    int handle;
};
FILE __stdout;
//重定义 fputc 函数
int fputc(int ch, FILE * f)
{
    while((USART1 -> SR&0X40) == 0);                     //循环发送,直到发送完毕
    USART1 -> DR = (uint8_t) ch;
    return ch;
}
```

(7) main.c 主函数代码如下:

第一步,定义存储数据变量。

第二步,初始化系统时钟和串口。

第三步,调用数据收发函数进行数据通信。

```
uint8_t buffer;

int main(void)
{
    CLOCLK_Init();                                       //配置系统时钟为 168MHz
    UART_Init();                                         //初始化
```

```
    while(1)
    {
        UART_Receive(&buffer, 1);
        UART_Transmit(&buffer, 1);
    }
}
```

(8) USB 转 TTL 模块连接方法：

- 模块 TX 连接开发板 U1_Rx 引脚；
- 模块 RX 连接开发板 U1_Tx 引脚；
- 模块 GND 连接开发板 GND。

3.1.3　运行结果

将程序下载到开发板中，找到 USART1 引脚通过 USB 转串口模块连接到计算机上，打开串口助手，配置好波特率、数据位、校验位、停止位等，单击打开串口。如果此刻发送一个 1，则会看到串口助手会打印 1，如图 3-6 所示。

图 3-6　输出结果

练习

（1）简述 STM32 中串口通信数据包的内容。

（2）简述串口通信配置步骤。

（3）将波特率更改为 9600bps，进行串口数据收发。

3.2　串口通信：中断

视频 8

学习目标

了解串口的工作原理、ARM Cortex-M 系列芯片串口的分类以及串口中断响应，通过配置 STM32F407 芯片的串口外设和中断，来实现数据的收发。

3.2.1 开发原理

3.1 节介绍了串口的轮询方式通信,轮询方式主要特点是让 CPU 以一定的周期查询串口外设,如果有数据输入则进行数据处理,否则进行循环判断。轮询方式缺点就是当程序执行内容较多时实时性不高,当数据输入比较频繁的时候,串口不能及时地进行数据处理。针对这个问题,我们引入串口中断通信。

串口中断请求如表 3-2 所示。

表 3-2 串口中断请求

中 断 事 件	事 件 标 志	使 能 控 制 位
发送寄存器为空	TXE	TXEIE
清除发送标志	CTS	CTSIE
发送完成	TC	TCIE
接收寄存器为空	RXNE	RXNEIE
溢出错误检测	ORE	
空闲总线检测	IDLE	IDLEIE
校验错误	PE	PEIE
中断标志	LBD	LBDIE
多缓冲区通信中的噪声标记、溢出错误和帧错误	NF 或 ORE 或 FE	EIE

串口中断事件连接在相同的中断向量,如果设置了相应的使能位,那么这些事件将生成一个中断,如图 3-7 所示。

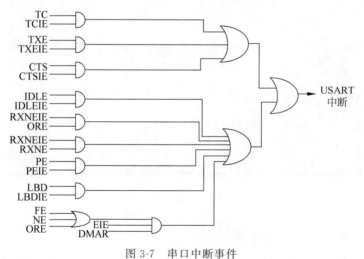

图 3-7 串口中断事件

3.2.2 开发步骤

(1) 定义结构体变量 UART1_Handler 和接收数据变量 buffer。

```
UART_HandleTypeDef UART1_Handler;        //UART 句柄
uint8_t buffer[50] = {0};                //串口接收数据
```

(2) 定义 UART_Init()函数,在 UART_Init()函数中配置结构体变量 UART1_Handler 中的串口地址、波特率等参数,然后将结构体变量 UART1_Handler 传入到 HAL_UART_Init,以便初始化串口。

```
//初始化串口函数
void UART_Init(void)
{
    UART1_Handler.Instance = USART1;                          //串口 1
    UART1_Handler.Init.BaudRate = 115200;                     //波特率
    UART1_Handler.Init.HwFlowCtl = UART_HWCONTROL_NONE;       //无硬件流控
    UART1_Handler.Init.Mode = UART_MODE_TX_RX;                //收发模式
    UART1_Handler.Init.Parity = UART_PARITY_NONE;             //无奇偶校验
    UART1_Handler.Init.StopBits = UART_STOPBITS_1;            //一个停止位
    UART1_Handler.Init.WordLength = UART_WORDLENGTH_8B;       //字长为 8 位格式
    HAL_UART_Init(&UART1_Handler);                            //初始化串口
}
```

（3）重定义 HAL_UART_MspInit()函数,初始化串口使用的 GPIO 参数,并使能串口中断。

```
//初始化串口 GPIO
void HAL_UART_MspInit(UART_HandleTypeDef * huart)
{
    if(huart -> Instance == USART1)
    {
        GPIO_InitTypeDef GPIO_Initure;

        __HAL_RCC_GPIOA_CLK_ENABLE();                        //使能 GPIO 引脚
        __HAL_RCC_USART1_CLK_ENABLE();                       //使能串口

        GPIO_Initure.Mode = GPIO_MODE_AF_PP;                 //复用推挽模式
        GPIO_Initure.Pin = GPIO_PIN_9|GPIO_PIN_10;           //PA9、PA10
        GPIO_Initure.Pull = GPIO_PULLUP;                     //上拉
        GPIO_Initure.Speed = GPIO_SPEED_FAST;                //高速
        GPIO_Initure.Alternate = GPIO_AF7_USART1;            //复用为 USART1
        HAL_GPIO_Init(GPIOA, &GPIO_Initure);                 //初始化 PA9、PA10

        __HAL_UART_ENABLE_IT(&UART1_Handler, UART_IT_IDLE);  //使能空闲中断
        __HAL_UART_ENABLE_IT(&UART1_Handler, UART_IT_RXNE);  //使能接收完成中断

        HAL_NVIC_SetPriority(USART1_IRQn, 2, 1);             //设置串口中断优先级
        HAL_NVIC_EnableIRQ(USART1_IRQn);                     //使能串口中断
    }
}
```

（4）定义串口中断服务函数。函数中分别获取接收寄存器非空、空闲中断的标志位,当检测接收寄存器非空标志时,将串口接收到的字节数据存储到接收缓冲区 buffer 中;当检测到空闲中断标志时,说明整个字符串已经接收完成,这时通过调用 UART_Transmit()发送函数,根据计算的数据长度变量 size,将整个接收的字符串发送出去。

```
uint16_t size;                                               //接收到的数据长度
//串口中断服务函数
void USART1_IRQHandler(void)
{
    //获取接收寄存器非空标志位
    if(__HAL_UART_GET_FLAG(&UART1_Handler, UART_FLAG_RXNE) != RESET)
    {
        buffer[size++] = (uint8_t)UART1_Handler.Instance -> DR;  //获取一个字节数据
        __HAL_UART_CLEAR_FLAG(&UART1_Handler, UART_FLAG_RXNE);   //清除标志位
    }

    //获取空闲中断标志位
    if(__HAL_UART_GET_FLAG(&UART1_Handler, UART_FLAG_IDLE) != RESET)
    {
```

```
    UART_Transmit(buffer, size);        //将接收到的数据发送出去
    size = 0;                           //下次接收重新开始计数
    }
}
```

（5）定义发送数据函数。函数传入参数为发送数据缓冲区地址和发送数据量的大小。

```
//发送数据函数
void UART_Transmit(uint8_t * pData, uint16_t Size)
{
    HAL_UART_Transmit(&UART1_Handler, pData, Size, HAL_MAX_DELAY);
}
```

（6）定义接收数据函数。函数传入参数为接收数据缓冲区地址和接收数据量的大小。

```
//接收数据函数
void UART_Receive(uint8_t * pData, uint16_t Size)
{
    HAL_UART_Receive(&UART1_Handler, pData, Size, HAL_MAX_DELAY);
}
```

（7）在 main.c 文件的主函数中,只需要初始化系统时钟和串口即可。

```
int main(void)
{
    CLOCK_Init();                       //配置系统时钟为 168MHz
    UART_Init();                        //串口初始化

    while(1)
    {
    }
}
```

3.2.3　运行结果

将程序下载到开发板中,打开串口。如果此刻发送一个字符串"123456",将会看到串口助手会返回字符串"123456",如图 3-8 所示。

图 3-8　运行结果

练习

（1）简述串口中断与串口轮询的异同。

（2）通过本节的学习实现串口发送完成中断。

3.3 串口通信：DMA

视频9

学习目标

了解 DMA 的工作原理，通过配置 STM32F407 芯片的 DMA，实现串口＋DMA 数据收发。

3.3.1 开发原理

基于 USART 的数据通信中采用中断方式可以在接收信息或发送数据时产生中断，在中断服务程序中完成数据的接收与发送，但是中断方式的 CPU 使用率更高。在简单的系统中，使用中断方式确实是一种好方法。但是在复杂的系统中，处理器需要处理串口通信，多个传感器数据的采集及处理，这涉及多个中断的优先级分配问题。为了保证数据发送与接收的可靠性，需要把 USART 的中断优先级设计得较高，但是系统可能还有其他的需要更高优先级的中断，必须保证其定时的准确，这样就有可能造成串行通信的中断不能及时响应，从而造成数据丢失。为了保证串行通信的数据及时可靠地接收，同时兼顾其他任务不受影响，采用了基于 DMA 和中断方式相结合的 USART 串行通信方式。

DMA 的全称为 Direct Memory Access，即直接存储器访问。DMA 传输将数据从一个地址空间复制到另一个地址空间。DMA 传输方式无须 CPU 直接控制传输，也没有中断处理方式那样的保留现场和恢复现场过程，通过硬件为 RAM 和 I/O 设备开辟一条直接传输数据的通道，使得 CPU 的效率大大提高。DMA 最主要的作用是为 CPU 减小负担。

STM32F4xx 系列的 DMA 功能齐全，工作模式众多，适合不同的编程环境要求。STM32F4xx 系列的 DMA 支持外设到存储器传输、存储器到外设传输和存储器到存储器传输3 种传输模式。这里的外设一般指外设的数据寄存器，比如 ADC、SPI、I^2C、DCMI 等外设的数据寄存器，存储器一般是指片内 SRAM、外部存储器、片内 Flash 等。

外设到存储器传输就是把外设数据寄存器的内容转移到指定的内存空间。比如进行 ADC 采集时可以利用 DMA 传输将 AD 转换数据转移到我们定义的存储区中，这对于多通道采集、采样频率高、连续输出数据的 AD 采集是非常高效的处理方法。

存储区到外设传输就是将特定存储区内容转移至外设的数据寄存器中，这种多用于外设的发送通信。

存储器到存储器传输就是将一个指定的存储区内容复制到另一个存储区空间。功能类似于 C 语言内存复制函数 memcpy，利用 DMA 传输可以达到更高的传输效率，特别是 DMA 传输是不占用 CPU 的，可以节省很多 CPU 资源。

STM32F4xx 系列的 DMA 可以实现外设与寄存器、存储器之间或者存储器与存储器之间传输 3 种模式，这主要得益于 DMA 控制器是采用 AHB 主总线，可以控制 AHB 总线矩阵来启动 AHB 事务 DMA 控制框图如图 3-9 所示。

1. 外设通道选择

STM32F4xx 系列资源丰富，具有两个 DMA 控制器，同时外设繁多，为实现正常传输，DMA 需要通道选择控制。每个 DMA 控制器具有 8 个数据流，每个数据流对应 8 个外设请求。在实现 DMA 传输之前，DMA 控制器会通过 DMA 数据流 x 配置寄存器 DMA_SxCR（x 为

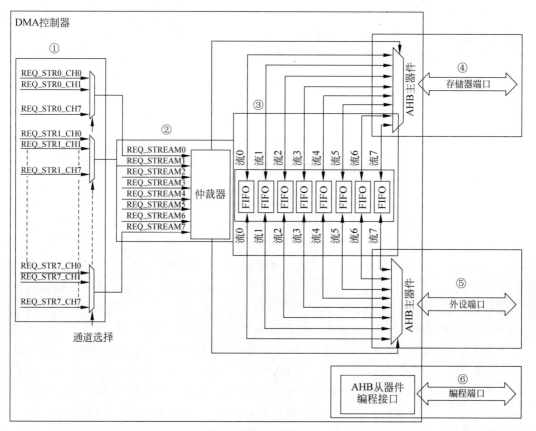

图 3-9   DMA 控制框图

0~7,对应 8 个 DMA 数据流)的 CHSEL[2:0]位选择对应的通道作为该数据流的目标外设。

外设通道选择要解决的主要问题是决定哪一个外设作为该数据流的源地址或者目标地址。

DMA1 请求映射如图 3-10 所示。

外设请求	数据流 0	数据流 1	数据流 2	数据流 3	数据流 4	数据流 5	数据流 6	数据流 7
通道 0	SPI3_PX		SPI3_RX	SPI2_RX	SPI2_TX	SPI3_TX		SPI3_TX
通道 1	I2C1_RX		TIM7_UP		TIM7_UP	I2C1_RX	I2C1_TX	I2C1_TX
通道 2	TIM4_CH1		I2S3_EXT_RX	TIM4_CH2	I2S2_EXT_TX	I2S3_EXT_TX	TIM4_UP	TIM4_CH3
通道 3	I2S3_EXT_RX	TIM2_UP TIM2_CH3	I2C3_RX	I2S2_EXT_RX	I2C3_TX	TIM2_CH1	TIM2_CH2 TIM2_CH4	TIM2_UP TIM2_CH4
通道 4	UART5_RX	USART3_RX	UART4_RX	USART3_TX	UART4_TX	USART2_RX	USART2_TX	UART5_TX
通道 5	UART8_TX[1]	UART7_TX[1]	TIM3_CH4 TIM3_UP	UART7_RX[1]	TIM3_CH1 TIM3_TRIG	TIM3_CH2	UARTB_RX[1]	TIM3_CH3
通道 6	TIM5_CH3 TIM5_UP	TIM5_CH4 TIM5_TRIG	TIM5_CH1	TIM5_CH4 TIM5_TRIG	TIM5_CH2		TIM5_UP	
通道 7		TIM6_UP	I2C2_RX	I2C2_RX	USART3_TX	DAC1	DAC2	I2C2_TX

(1) 这些请求仅在 STM32F42xxx 和 STM32F43xxx 上可用。

图 3-10   DMA1 请求映射

DMA2 请求映射如图 3-11 所示。

外设请求	数据流 0	数据流 1	数据流 2	数据流 3	数据流 4	数据流 5	数据流 6	数据流 7
通道 0	ADC1		TIM8_CH1 TIM8_CH2 TIM8_CH3		ADC1		TIM1_CH1 TIM1_CH2 TIM1_CH3	
通道 1		DCMI	ADC2	ADC2		SPI6_TX[1]	SPI6_RX[1]	DCMI
通道 2	ADC3	ADC3		SPI5_RX[1]	SPI5_TX[1]	CRYP_OUT	CRYP_IN	HASH_IN
通道 3	SPI1_RX		SPI1_RX	SPI1_TX		SPI1_TX		
通道 4	SPI4_RX[1]	SPI4_TX[1]	USART1_RX	SDIO		USART1_RX	SDIO	USART1_TX
通道 5		USART6_RX	USART6_RX	SPI4_RX[1]	SPI4_TX[1]		USART6_TX	USART6_TX
通道 6	TIM1_TRIG	TIM1_CH1	TIM1_CH2	TIM1_CH1	TIM1_CH4 TIM1_TRIG TIM1_COM	TIM1_UP	TIM1_CH3	
通道 7		TIM8_UP	TIM8_CH1	TIM8_CH2	TIM8_CH3	SPI5_RX[1]	SPI5_TX[1]	TIM8_CH4 TIM8_TRIG TIM8_COM

（1）这些请求在 STM32F42xxx 和 STM32F43xxx 上可用。

图 3-11　DMA2 请求映射

2. 仲裁器

一个 DMA 控制器对应 8 个数据流,数据流包含要传输数据的源地址、目标地址、数据等信息。如果需要同时使用同一个 DMA 控制器(DMA1 或 DMA2)处理多个外设请求,那么必然需要同时使用多个数据流,究竟哪一个数据流具有优先传输的权利呢?这就需要仲裁器来管理判断了。

仲裁器管理数据流方法分为两个阶段。第一阶段属于软件阶段,在配置数据流时可以通过寄存器设定它的优先级别,具体配置 DMA_SxCR 寄存器 PL[1:0]位,可以设置为非常高、高、中和低 4 个级别。第二阶段属于硬件阶段,如果两个或以上数据流软件设置优先级一样,则其优先级取决于数据流编号,编号越低越具有优先权,比如数据流 2 优先级高于数据流 3。

3. FIFO

每个数据流都独立拥有 4 级 32 位 FIFO(先进先出存储器缓冲区)。DMA 传输具有 FIFO 模式和直接模式。

直接模式就是每个外设请求都立即启动对存储器传输。在直接模式下,如果 DMA 配置为存储器和外设之间传输,那么 DMA 会将一个数据存放在 FIFO 内。如果外设启动 DMA 传输请求,则可以马上将数据传输过去。

在 FIFO 模式下,FIFO 用于在源数据传输到目标地址之前临时存放这些数据。可以通过 DMA 数据流 x FIFO 控制寄存器 DMA_SxFCR 的 FTH[1:0]位来控制 FIFO 的阈值,分别为 1/4、1/2、3/4 和 1。如果数据存储量达到阈值级别时,FIFO 内容将传输到目标中。

FIFO 对于要求源地址和目标地址数据宽度不同时非常有用,比如源数据是源源不断的字节数据,而目标地址要求输出字宽度的数据,即在实现数据传输时同时把原来 4 个 8 位字节的数据拼凑成一个 32 位数据。此时使用 FIFO 功能先把数据缓存起来,然后根据需要输出数据。

4. 存储器端口、外设端口

DMA 控制器实现双 AHB 主接口,更好利用总线矩阵和并行传输。DMA 控制器通过存储器端口和外设端口与存储器和外设进行数据传输,关系如图 3-12 所示。DMA 控制器的功能是快速转移内存数据,需要一个连接至源数据地址的端口和一个连接至目标地址的端口。

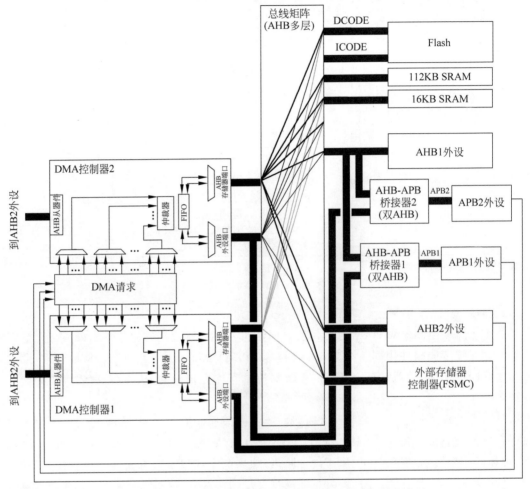

图 3-12　DMA 控制器和外设端口与存储器和外设进行数据传输

DMA2(DMA 控制器 2)的存储器端口和外设端口都是连接到 AHB 总线矩阵,可以使用 AHB 总线矩阵功能。DMA2 存储器和外设端口可以访问相关的内存地址,包括内部 Flash、内部 SRAM、AHB1 外设、AHB2 外设、APB2 外设和外部存储器空间。

DMA1 的存储器端口相比 DMA2 的减少了 AHB2 外设的访问权,同时 DMA1 外设端口是没有连接至总线矩阵的,只连接到 APB1 外设,所以 DMA1 不能实现存储器到存储器的数据传输。

5. 编程端口

AHB 从器件编程端口是连接至 AHB2 外设的。AHB2 外设在使用 DMA 传输时需要相关控制信号。

DMA 寄存器包括 DMA 低中断状态寄存器(DMA_LISR)、DMA 高中断状态寄存器(DMA_HISR)、DMA 低中断标志清除寄存器(DMA_LIFCR)、DMA 高中断标志清除寄存器(DMA_HIFCR)、DMA 流配置寄存器(DMA_SxCR)、DMA 流数据个数寄存器(DMA_

SxNDTR)、DMA 流外设地址寄存器(DMA_SxPAR)、DMA 流内存 0 地址寄存器(DMA_SxM0AR)、DMA 流内存 1 地址寄存器(DMA_SxM1AR)、DMA 流 FIFO 控制寄存器(DMA_SxM1AR)。

3.3.2 开发步骤

(1) 定义串口 DMA 发送和接收的结构体初始化变量。

```
DMA_HandleTypeDef UART1RxDMA_Handler;          //串口接收 DMA 句柄
DMA_HandleTypeDef UART1TxDMA_Handler;          //串口发送 DMA 句柄
```

(2) 定义 UART_DMA_Init()函数,在函数中实现串口 DMA 的初始化。

第一步,使能 DMA2 时钟。

第二步,分别配置 UART1RxDMA_Handler 和 UART1TxDMA_Handler 结构体变量中的参数,然后将两个结构体变量传入到 HAL_DMA_Init()函数中,以便初始化串口 DMA。

第三步,使能 DMA2 数据流 7(串口 DMA 发送)中断。

```
//串口 DMA 初始化
void UART_DMA_Init(void)
{
    __HAL_RCC_DMA2_CLK_ENABLE();                                    //使能 DMA2 时钟

    //接收 DMA 配置
    UART1RxDMA_Handler.Instance = DMA2_Stream5;                     //数据流选择
    UART1RxDMA_Handler.Init.Channel = DMA_CHANNEL_4;               //通道选择
    UART1RxDMA_Handler.Init.Direction = DMA_PERIPH_TO_MEMORY;      //外设到存储器
    UART1RxDMA_Handler.Init.FIFOMode = DMA_FIFOMODE_DISABLE;       //FIFO 不使能
    UART1RxDMA_Handler.Init.FIFOThreshold = DMA_FIFO_THRESHOLD_FULL; //FIFO 阈值
    UART1RxDMA_Handler.Init.MemBurst = DMA_MBURST_SINGLE;          //内存突发传输配置
    UART1RxDMA_Handler.Init.MemDataAlignment = DMA_MDATAALIGN_BYTE; //存储器数据长度
    UART1RxDMA_Handler.Init.MemInc = DMA_MINC_ENABLE;     //内存寄存器地址是否自增
    UART1RxDMA_Handler.Init.Mode = DMA_CIRCULAR;          //循环模式
    UART1RxDMA_Handler.Init.PeriphBurst = DMA_PBURST_SINGLE;       //外设突发传输配置
    UART1RxDMA_Handler.Init.PeriphDataAlignment = DMA_PDATAALIGN_BYTE; //外设数据长度
    UART1RxDMA_Handler.Init.PeriphInc = DMA_PINC_DISABLE;          //外设地址非自增
    UART1RxDMA_Handler.Init.Priority = DMA_PRIORITY_MEDIUM;        //中等优先级
    HAL_DMA_Init(&UART1RxDMA_Handler);

    //发送 DMA 配置
    UART1TxDMA_Handler.Instance = DMA2_Stream7;                     //数据流选择
    UART1TxDMA_Handler.Init.Channel = DMA_CHANNEL_4;               //通道选择
    UART1TxDMA_Handler.Init.Direction = DMA_MEMORY_TO_PERIPH;      //外设到存储器
    UART1TxDMA_Handler.Init.FIFOMode = DMA_FIFOMODE_DISABLE;       //FIFO 不使能
    UART1TxDMA_Handler.Init.FIFOThreshold = DMA_FIFO_THRESHOLD_FULL; //FIFO 阈值
    UART1TxDMA_Handler.Init.MemBurst = DMA_MBURST_SINGLE;          //内存突发传输配置
    UART1TxDMA_Handler.Init.MemDataAlignment = DMA_MDATAALIGN_BYTE; //存储器数据长度
    UART1TxDMA_Handler.Init.MemInc = DMA_MINC_ENABLE;     //内存寄存器地址是否自增
    UART1TxDMA_Handler.Init.Mode = DMA_NORMAL;            //正常模式
    UART1TxDMA_Handler.Init.PeriphBurst = DMA_PBURST_SINGLE;       //外设突发传输配置
    UART1TxDMA_Handler.Init.PeriphDataAlignment = DMA_PDATAALIGN_BYTE; //外设数据长度
    UART1TxDMA_Handler.Init.PeriphInc = DMA_PINC_DISABLE;          //外设地址非自增
    UART1TxDMA_Handler.Init.Priority = DMA_PRIORITY_MEDIUM;        //中等优先级
    HAL_DMA_Init(&UART1TxDMA_Handler);

    HAL_NVIC_SetPriority(DMA2_Stream7_IRQn, 0, 0);
```

```
    HAL_NVIC_EnableIRQ(DMA2_Stream7_IRQn);
}
```

（3）定义 DMA2 数据流7（串口 DMA 发送）中断服务函数,在函数中调用 HAL_DMA_IRQHandler()处理 DMA 中断请求。

```
//缓冲区 -> Tx 中断服务函数
void DMA2_Stream7_IRQHandler(void)
{
    HAL_DMA_IRQHandler(&UART1TxDMA_Handler);
}
```

（4）定义串口 DMA 接收数据函数。在函数中调用 HAL_UART_Receive_DMA()实现使用 DMA 从串口接收数据。

```
//串口 DMA 接收数据
void UART_DMA_Receive(uint8_t * pData, uint16_t Size)
{
    HAL_UART_Receive_DMA(&UART1_Handler, pData, Size);
}
```

（5）定义串口 DMA 发送数据函数。在函数中首先调用 HAL_DMA_Start_IT()开启串口 DMA 发送完成中断,并设置发送数据缓冲区地址、外设寄存器地址以及发送数据的个数,然后调用 SET_BIT 配置串口 DMA 发送标志位（DMAT）。

```
extern uint8_t Rx_buffer[RXBUFFERSIZE]; //发送数据缓冲区

//串口 DMA 发送数据
void UART_DMA_Transmit(UART_HandleTypeDef * huart)
{
    HAL_DMA_Start_IT(UART1_Handler.hdmatx, (uint32_t)Rx_buffer, (uint32_t)&UART1_Handler.
Instance->DR, RXBUFFERSIZE);
    SET_BIT(UART1_Handler.Instance->CR3, USART_CR3_DMAT);
}
```

（6）修改串口初始化函数,将串口 DMA 发送和接收初始化句柄传入串口初始化结构体变量中,具体实现如下:

```
//初始化串口函数
void UART_Init(void)
{
    UART1_Handler.Instance = USART1;                          //串口1
    UART1_Handler.Init.BaudRate = 115200;                    //波特率
    UART1_Handler.Init.HwFlowCtl = UART_HWCONTROL_NONE;      //无硬件流控制
    UART1_Handler.Init.Mode = UART_MODE_TX_RX;               //收发模式
    UART1_Handler.Init.Parity = UART_PARITY_NONE;            //无奇偶校验
    UART1_Handler.Init.StopBits = UART_STOPBITS_1;           //一个停止位
    UART1_Handler.Init.WordLength = UART_WORDLENGTH_8B;      //字长为8位格式
    UART1_Handler.hdmarx = &UART1RxDMA_Handler;              //传入接收 DMA 句柄
    UART1_Handler.hdmatx = &UART1TxDMA_Handler;              //传入发送 DMA 句柄
    HAL_UART_Init(&UART1_Handler);                           //初始化串口
}
```

（7）在 main.c 文件中调用函数实现串口 DMA 数据收发。

第一步,声明串口初始化句柄方便下面函数调用,并定义接收数据缓冲区。

第二步,初始化系统时钟、DMA 及串口。

第三步,在循环中调用 UART_DMA_Transmit 和 HAL_Delay()函数,实现每隔 1s 发送

一组收到的数据。

```
extern UART_HandleTypeDef UART1_Handler;          //UART 句柄
uint8_t Rx_buffer[RXBUFFERSIZE];                  //串口接收数据缓冲区

int main(void)
{
    CLOCLK_Init();                                //配置系统时钟为 168MHz
    UART_DMA_Init();                              //串口 DMA 初始化
    UART_Init();                                  //串口初始化

    UART_DMA_Receive(Rx_buffer, RXBUFFERSIZE);    //使用 DMA 接收数据

    while(1)
    {
        HAL_Delay(1000);                          //延时 1s
        UART_DMA_Transmit(&UART1_Handler);        //发送数据
    }
}
```

3.3.3 运行结果

将程序下载到开发板中，打开串口。将发送的数据添加到发送缓冲区，单击自动发送按钮，可以看到接收缓冲区每隔 1s 会接收到返回的数据，如图 3-13 所示。

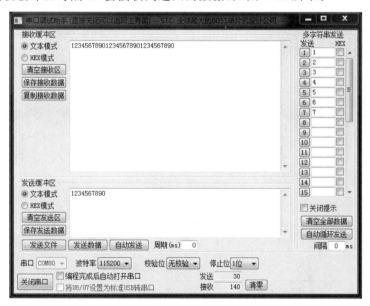

图 3-13 运行结果

练习

（1）什么是 DMA?

（2）以 DMA 的方式配置其他串口，实现数据接收与发送。

## 第 4 章

定时器开发

定时器是 STM32 众多外设中的一个。在 STM32 中,定时器一共有 3 种,分别是基本定时器、通用定时器和高级定时器。STM32F4 系列控制器有 2 个高级控制定时器、10 个通用定时器以及 2 个基本定时器,每个定时器都是彼此独立的,不共享任何资源。

本章对滴答定时器、定时器、PWM 输入、PWM 输出、PWM 输入捕获、电容触摸按键以及看门狗逐一展开叙述,介绍相关原理并通过实例帮助读者掌握定时器开发能力。

视频 10

4.1 滴答定时器

学习目标

掌握 ARM Cortex-M 系列芯片的内部时钟及定时器使用,通过配置 STM32F407 芯片的内部定时器,实现流水灯效果。

4.1.1 开发原理

SysTick 定时器也叫滴答定时器,是属于 Cortex-M4 内核中的一个外设,内嵌在 NVIC 中。滴答定时器是一个 24bit 的向下递减的计数器,计数器每计数一次的时间为 1/SYSCLK,一般设置系统时钟 SYSCLK 等于 168MHz。当重装载数值寄存器的值递减到 0 时,系统定时器就产生一次中断,以此循环往复。

SysTick 定时器有 4 个寄存器,在使用 SysTick 产生定时的时候,只需要配置 CTRL、LOAD、VAL 三个寄存器,CALIB 校准寄存器不需要配置(出厂时已校准好),寄存器介绍如表 4-1 所示。

表 4-1 SysTick 寄存器

寄存器名称	寄存器描述	寄存器名称	寄存器描述
SYST_CSR	SysTick 控制及状态寄存器	SYST_CVR	SysTick 当前数值寄存器
SYST_RVR	SysTick 重装载值寄存器	SYST_CALIB	SysTick 校准数值寄存器

(1) SYST_CSR 控制及状态寄存器,如图 4-1 所示。

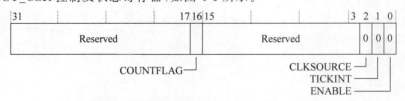

图 4-1 SYST_CSR 控制及状态寄存器

SYST_CSR 控制及状态寄存器各个位介绍如表 4-2 所示。

表 4-2 SYST_CSR 控制及状态寄存器各个位介绍

位 段	名 称	复 位 值	描 述
16	COUNTFLAG	0	如果计时器从上次读取后计数到 0,则该位返回 1
2	CLKSOURCE	0	时钟源选择位: 0＝AHB/8 1＝处理器时钟 AHB
1	TICKINT	0	启用 SysTick 异常请求: 0＝计时器数到 0 时没有异常请求 1＝计时器数到 0 时产生 SysTick 异常请求 通过读取 COUNTFLAG 位可以确定计数器是否递减到 0
0	ENABLE	0	SysTick 定时器的使能位

(2) SYST_RVR 重装载值寄存器,如图 4-2 所示。

图 4-2 SYST_RVR 重装载值寄存器

SYST_RVR 重装载值寄存器各个位介绍如表 4-3 所示。

表 4-3 SYST_RVR 重装载值寄存器各个位介绍

位 段	名 称	复 位 值	描 述
23::0	RELOAD	0	当倒数计数到 0 时,加载到 SYST_CVR 寄存器的值

RELOAD 值可以是 0x00000001～0x00FFFFFF 范围内的任何值。起始值可以为 0,但是没有效果,因为 SysTick 异常请求和 COUNTFLAG 在从 1 到 0 计数时才被激活。

重新装载值是根据其使用情况计算的。例如,要生成周期为 N 个处理器时钟周期的多次触发定时器,可以配置 RELOAD 值为 $N-1$。如果每 100 个时钟脉冲需要 SysTick 中断,则将 RELOAD 设置为 99。

(3) SYST_CVR 当前数值寄存器,如图 4-3 所示。

图 4-3 SYST_CVR 当前数值寄存器

SYST_CVR 当前数值寄存器各个位介绍,如表 4-4 所示。

表 4-4 SYST_CVR 当前数值寄存器各个位介绍

位 段	名 称	复 位 值	描 述
23::0	CURRENT	0	读取返回 SysTick 计数器的当前值。向寄存器写入任何值时都会将该字段清除为 0,并将 SYST_CSR 的 COUNTFLAG 位清除为 0

系统定时器的校准数值寄存器在定时器中不需要用到。寄存器详细介绍请参考 Cortex-M4 用户指南。

4.1.2 开发步骤

(1) HAL 库提供了滴答定时器初始化函数,位于 core_cm4.h 文件的第 2014 行,该函数

主要实现了初始化系统计时器的各个寄存器及其中断,并启动系统计时,函数内容如下:

```
__STATIC_INLINE uint32_t SysTick_Config(uint32_t ticks)
{
    if ((ticks - 1UL) > SysTick_LOAD_RELOAD_Msk)
        {
        return (1UL);
        }
    SysTick -> LOAD = (uint32_t)(ticks - 1UL);
    NVIC_SetPriority (SysTick_IRQn, (1UL << __NVIC_PRIO_BITS) - 1UL);
    SysTick -> CTRL = SysTick_CTRL_CLKSOURCE_Msk|SysTick_CTRL_TICKINT_Msk|SysTick_CTRL_ENABLE_Msk;
    return (0UL);
}
```

(2) stm32f4xx_hal.c 文件的第 269 行提供了一个滴答定时器配置函数 HAL_InitTick(),该函数根据系统时钟频率 SystemCoreClock 来重新配置滴答定时器的重装载值,以决定产生每个中断的时间(函数中配置为 1ms 产生一次中断),函数同时设置了定时器的中断优先级,函数内容如下:

```
__weak HAL_StatusTypeDef HAL_InitTick(uint32_t TickPriority)
{
    if (HAL_SYSTICK_Config(SystemCoreClock / (1000U / uwTickFreq)) > 0U)
    {
        return HAL_ERROR;
    }
    if (TickPriority < (1UL << __NVIC_PRIO_BITS))
    {
        HAL_NVIC_SetPriority(SysTick_IRQn, TickPriority, 0U);
        uwTickPrio = TickPriority;
    }
    else
    {
        return HAL_ERROR;
    }
    return HAL_OK;
}
```

(3) 在 stm32f4xx_hal.c 文件中,HAL 库还定义了 ms 延时函数 HAL_Delay(),函数中首先定义了 32 位全局变量 uwTick,在 Systick 中断服务函数 SysTick_Handler(位于 bsp_clock.c 文件)中通过调用 HAL_IncTick 实现 uwTick 值不断增加,也就是每隔 1ms 增加 1。而 HAL_Delay 函数在进入函数之后先记录当前 uwTick 的值,然后不断在循环中读取 uwTick 的当前值,进行减运算,得出的就是延时的毫秒数。

```
//下面的代码均在文件 stm32f4xx_hal.c 中
static __IO uint32_t uwTick;          //定义计数全局变量
__weak void HAL_IncTick(void)          //全局变量 uwTick 递增
{
    uwTick++;
}
__weak uint32_t HAL_GetTick(void)      //获取全局变量 uwTick 的值
{
    return uwTick;
}
//开放的 HAL 延时函数,延时 Delay 毫秒
__weak void HAL_Delay(__IO uint32_t Delay)
{
    uint32_t tickstart = 0;
    tickstart = HAL_GetTick();
```

```
    while((HAL_GetTick() - tickstart) < Delay)
    {
    }
}
```

4.1.3　运行结果

因前面已经使用过滴答定时器进行延时,所以本节只是详细介绍了滴答定时器原理,本节现象和 2.1 节一致。

练习

(1) 滴答定时器是多少位的向下递减的计数器?

(2) 简述 SysTick 定时器的 4 个寄存器。

(3) 根据定时器原理独立实现滴答定时器,并具有毫秒、秒函数。

4.2　定时器

视频 11

学习目标

掌握 ARM Cortex-M 系列芯片的定时器实现原理及方法,通过配置 STM32F407 芯片的定时器来定时输出滴答定时器的时间。

4.2.1　开发原理

定时器(Timer)最基本的功能就是定时,比如定时发送 USART 数据、定时采集 AD 数据等等。将把定时器与 GPIO 结合起来使用可以实现非常丰富的功能,比如可以测量输入信号的脉冲宽度,可以生产输出波形。定时器生成 PWM 控制电机状态是工业控制普遍方法,对于这方面的知识非常有必要深入了解。

STM32F4 系列控制器有 2 个高级控制定时器、10 个通用定时器和 2 个基本定时器,还有2 个看门狗定时器。看门狗定时器会在后面讲解。控制器上所有定时器都是彼此独立的,不共享任何资源。各个定时器特性请参考表 4-5。

表 4-5　定时器特性

定时器类型	定时器	计数器分辨率	计数器类型	预分频系数	DMA请求生成	捕获/比较通道	互补输出	最大接口时钟(MHz)	最大定时器时钟(MHz)
高级控制	TIM1,TIM8	16 位	递增、递减、递增/递减	1～65536(整数)	有	4	有	84(APB2)	168
通用	TIM2,TIM5	32 位	递增、递减、递增/递减	1～65536(整数)	有	4	无	42(APB1)	84/168
	TIM3,TIM4	16 位	递增、递减、递增/递减	1～65536(整数)	有	4	无	42(APB1)	84/168
	TIM9	16 位	递增	1～65536(整数)	无	2	无	84(APB2)	168
	TIM10,TIM11	16 位	递增	1～65536(整数)	无	1	无	84(APB2)	168
	TIM12	16 位	递增	1～65536(整数)	无	2	无	42(APB1)	84/168
	TIM13,TIM14	16 位	递增	1～65536(整数)	无	1	无	42(APB1)	84/168
基本	TIM6,TIM7	16 位	递增	1～65536(整数)	有	0	无	42(APB1)	84/168

实际上,从功能上说,通用定时器包含所有基本定时器功能,而高级控制定时器包含通用定时器所有功能。

高级控制定时器时基单元包括一个 16 位自动重载计数器 ARR、一个 16 位的计数器 CNT、可向上/下计数和一个 16 位可编程预分频器 PSC,预分频器时钟源有多种选择,有内部时钟和外部时钟,还有一个 8 位的重复计数器 RCR。

高级控制定时器功能框图包含了高级控制定时器最核心的内容,掌握了功能框图,对高级控制定时器就会有一个整体的把握,在编程时思路就会非常清晰,如图 4-4 所示。

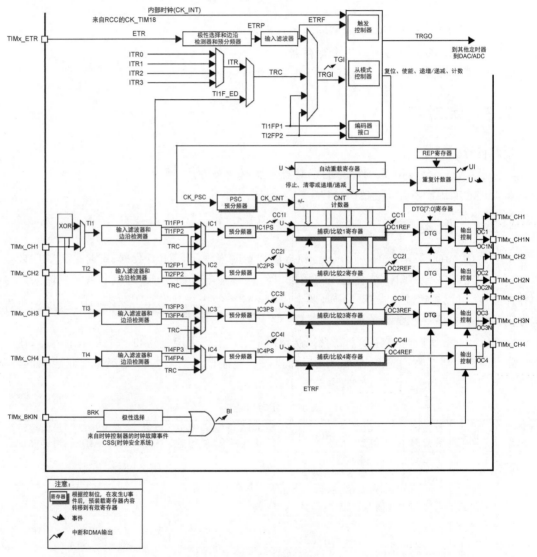

图 4-4 功能框图

1. 时钟源

高级控制定时器有 4 个时钟源可选:

(1) 内部时钟源 CK_INT。

(2) 外部时钟模式 1:外部输入引脚 TIx(x=1,2,3,4)。

(3) 外部时钟模式 2:外部触发输入 ETR。

(4) 内部触发输入。

1）内部时钟源

内部时钟 CK_INT 即来自于芯片内部,等于 168MHz,一般情况下,都是使用内部时钟。当从模式控制寄存器 TIMx_SMCR 的 SMS 位等于 000 时,则使用内部时钟。

2）外部时钟模式 1

外部时钟模式 1,如图 4-5 所示。

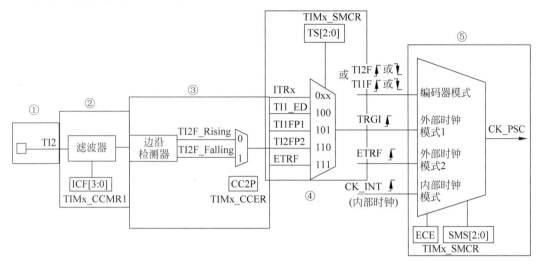

图 4-5 外部时钟模式 1

（1）编号①时钟信号输入引脚。

当使用外部时钟模式 1 的时候,时钟信号来自于定时器的输入通道,总共有 4 个,分别为 TI1/TI2/TI3/TI4,即 TIMx_CH1/TIMx_CH2/TIMx_CH3/TIMx_CH4。具体使用哪一路信号,由 TIM_CCMx 的位 CCxS[1:0] 配置,其中 CCM1 控制 TI1/TI2,CCM2 控制 TI3/TI4。

（2）编号②滤波器。

如果来自外部的时钟信号的频率过高或者混杂有高频干扰信号,则需要使用滤波器对 ETRP 信号重新采样,来达到降频或者去除高频干扰的目的,具体由 TIMx_CCMx 的位 ICxF[3:0]配置。

（3）编号③边沿检测。

边沿检测的信号来自于滤波器的输出,在成为触发信号之前,需要进行边沿检测,决定是上升沿有效还是下降沿有效,具体地由 TIMx_CCER 的位 CCxP 和 CCxNP 配置。

（4）编号④从模式选择。

选定了触发源信号后,需要将信号连接到 TRGI 引脚,让触发信号成为外部时钟模式 1 的输入,最终等于 CK_PSC,然后驱动计数器 CNT 计数。具体的配置 TIMx_SMCR 的位 SMS[2:0]为 000 即可选择外部时钟模式 1。

（5）编号⑤使能计数器。

经过上面的 5 个步骤之后,最后只需使能计数器开始计数,外部时钟模式 1 的配置就算完成。使能计数器由 TIMx_CR1 的位 CEN 配置。

3）外部时钟模式 2

外部时钟模式 2 如图 4-6 所示。

（1）编号①时钟信号输入引脚。

当使用外部时钟模式 2 的时候,时钟信号来自于定时器的特定输入通道 TIMx_ETR,只

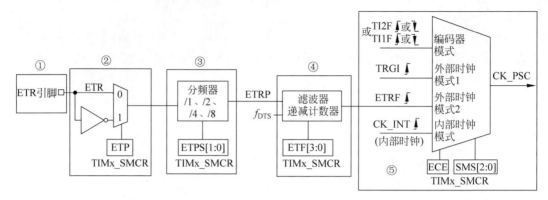

图 4-6　外部时钟模式 2

有 1 个。

（2）编号②外部触发极性。

来自 ETR 引脚输入的信号可以选择为上升沿或者下降沿有效，具体由 TIMx_SMCR 的位 ETP 配置。

（3）编号③外部触发预分频器。

由于 ETRP 的信号的频率不能超过 TIMx_CLK(180MHz)的 1/4，当触发信号的频率很高的情况下，就必须使用分频器来降频，具体由 TIMx_SMCR 的位 ETPS[1:0]配置。

（4）编号④滤波器。

如果 ETRP 的信号的频率过高或者混杂有高频干扰信号，则需要使用滤波器对 ETRP 信号重新采样，来达到降频或者去除高频干扰的目的。具体由 TIMx_SMCR 的位 ETF[3:0]配置，其中的 f_{DTS} 是由内部时钟 CK_INT 分频得到的，具体由 TIMx_CR1 的位 CKD[1:0]配置。

（5）编号⑤从模式选择。

经过滤波器滤波的信号连接到 ETRF 引脚后，触发信号成为外部时钟模式 2 的输入，最终等于 CK_PSC，然后驱动计数器 CNT 计数。具体的配置 TIMx_SMCR 的位 ECE 为 1 即可选择外部时钟模式 2。

经过上面的 5 个步骤之后，最后只需使能计数器开始计数，外部时钟模式 2 的配置就完成了。使能计数器由 TIMx_CR1 的位 CEN 配置。

4）内部触发输入

内部触发输入是使用一个定时器作为另一个定时器的预分频器。硬件上高级控制定时器和通用定时器在内部连接在一起，可以实现定时器同步或级联。主模式的定时器可以对从模式定时器执行复位、启动、停止或提供时钟。高级控制定时器和部分通用定时器(TIM2～TIM5)可以设置为主模式或从模式，TIM9 和 TIM10 可设置为从模式。

如图 4-7 所示为主模式定时器(TIM1)为从模式定时器(TIM2)提供时钟，即 TIM1 用作TIM2 的预分频器。

2. 控制器

高级控制定时器控制器部分包括触发控制器、从模式控制器以及编码器接口。触发控制器用来针对片内外设输出触发信号，比如为其他定时器提供时钟和触发 DAC/ADC 转换。编码器接口专门针对编码器计数而设计。从模式控制器可以控制计数器复位、启动、递增/递减、计数。

3. 时基单元

时基单元如图 4-8 所示。

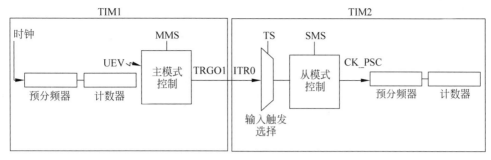

图 4-7 TIM1 为 TIM2 提供时钟

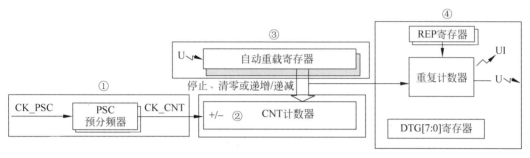

图 4-8 时基单元

1）编号①预分频器 PSC

预分频器 PSC 有一个输入时钟 CK_PSC 和一个输出时钟 CK_CNT。输入时钟 CK_PSC 就是上面时钟源的输出，输出时钟 CK_CNT 则用来驱动计数器 CNT 计数。通过设置预分频器 PSC 的值可以得到不同的 CK_CNT，实际计算为：f_{CK_CNT} 等于 $f_{CK\_PSC}/(PSC[15:0]+1)$，可以实现 1~65536 分频。

2）编号②计数器 CNT

高级控制定时器的计数器有 3 种计数模式，分别为递增计数模式、递减计数模式和递增/递减（中心对齐）计数模式。

（1）递增计数模式。

计数器从 0 开始计数，每来一个 CK_CNT 脉冲计数器就增加 1，直到计数器的值与自动重载寄存器 ARR 值相等，然后计数器又从 0 开始计数并生成计数器上溢事件，计数器总是如此循环计数。如果禁用重复计数器，那么在计数器生成上溢事件时马上生成更新事件（UEV）；如果使能重复计数器，那么每生成一次上溢事件重复计数器内容减 1，直到重复计数器内容为 0 时才会生成更新事件。

（2）递减计数模式。

计数器从自动重载寄存器 ARR 值开始计数，每来一个 CK_CNT 脉冲计数器就减 1，直到计数器值为 0，然后计数器又从自动重载寄存器 ARR 值开始递减计数并生成计数器下溢事件，计数器总是如此循环计数。如果禁用重复计数器，那么在计数器生成下溢事件时马上生成更新事件；如果使能重复计数器，那么每生成一次下溢事件重复计数器内容减 1，直到重复计数器内容为 0 时才会生成更新事件。

（3）中心对齐计数模式。

计数器从 0 开始递增计数，直到计数值等于 ARR−1 时生成计数器上溢事件，然后从 ARR 值开始递减计数直到 1 生成计数器下溢事件。然后又从 0 开始计数，如此循环。每次发生计数器上溢和下溢事件都会生成更新事件。

3）编号③自动重载寄存器 ARR

自动重载寄存器 ARR 用来存放与计数器 CNT 比较的值,如果两个值相等,则重复计数器递减操作。可通过 TIMx_CR1 寄存器的 ARPE 位控制自动重载影子寄存器功能,如果 ARPE 位置 1,自动重载影子寄存器有效,在事件更新时才把 TIMx_ARR 值赋给影子寄存器。如果 ARPE 位为 0,则将 TIMx_ARR 值永久地赋给影子寄存器。

4）编号④重复计数器 RCR

在基本/通用定时器发生上/下溢事件时直接就生成更新事件,但对于高级控制定时器却不是这样,高级控制定时器在硬件结构上多了重复计数器,在定时器发生上溢或下溢事件时递减重复计数器的值,只有当重复计数器为 0 时才会生成更新事件。在发生 $N+1$ 个上溢或下溢事件(N 为 RCR 的值)时产生更新事件。

4. 输入捕获

输入捕获可以对信号的上升沿、下降沿或者双边沿进行捕获,常用的有测量输入信号的脉宽及测量 PWM 输入信号的频率和占空比这两种。

输入捕获的原理是:当捕获到信号的跳边沿的时候,将计数器 CNT 的值锁存到捕获寄存器 CCR 中,前后两次捕获到的 CCR 寄存器中的值相减,就可以得出脉宽或者频率。如果捕获的脉宽的时间长度超过你的捕获定时器的周期,就会发生溢出,对此需要做额外的处理,如图 4-9 所示为输入捕获过程。

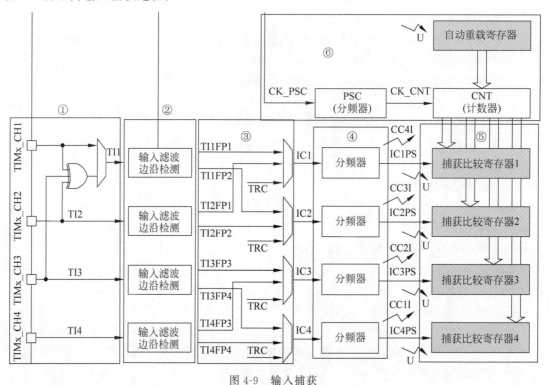

图 4-9 输入捕获

1）编号①输入通道

需要被测量的信号从定时器的外部引脚 TIMx_CH1/TIMx_CH2/TIMx_CH3/TIMx_CH4 进入,通常称为 TI1/TI2/TI3/TI4,在后面对于被测量的信号都以 TIx 为标准叫法。

2）编号②输入滤波器和边沿检测器

当输入的信号存在高频干扰的时候,需要对输入信号进行滤波,即进行重新采样,根据采样定律,采样的频率必须大于或等于 2 倍的输入信号。比如输入的信号频率为 1MHz,又存在高频的信号干扰,那么此时就很有必要进行滤波,我们可以设置采样频率为 2MHz,这样可以在保证采样到有效信号的基础上把高于 2MHz 的高频干扰信号过滤掉。

滤波器的配置由 CR1 寄存器的位 CKD[1:0] 和 CCMR1/CCMR2 的位 ICxF[3:0] 控制。从 ICxF 位的描述可知,采样频率 f_{SAMPLE} 可以由 $f_{\text{CK\_INT}}$ 和 f_{DTS} 分频后的时钟提供,其中是 $f_{\text{CK\_INT}}$ 内部时钟,f_{DTS} 是 $f_{\text{CK\_INT}}$ 经过分频后得到的频率,分频因子由 CKD[1:0] 决定,可以是不分频、2 分频或者是 4 分频。

边沿检测器用来设置信号在捕获的时候是什么边沿有效,可以是上升沿、下降沿或者是双边沿,具体由 CCER 寄存器的位 CCxP 和 CCxNP 决定。

3)编号③捕获通道

捕获通道就是图中的 IC1/IC2/IC3/IC4,每个捕获通道都有相对应的捕获寄存器 CCR1/CCR2/CCR3/CCR4,当发生捕获的时候,计数器 CNT 的值就会被锁存到捕获寄存器中。

这里我们要搞清楚输入通道和捕获通道的区别,输入通道是用来输入信号的,捕获通道是用来捕获输入信号的通道,一个输入通道的信号可以同时输入给两个捕获通道。比如输入通道 TI1 的信号经过滤波边沿检测器之后的 TI1FP1 和 TI1FP2 可以进入捕获通道 IC1 和 IC2,其实这就是后面要介绍的 PWM 输入捕获,只有一路输入信号(TI1)却占用了两个捕获通道(IC1 和 IC2)。当只需要测量输入信号的脉宽的时候,用一个捕获通道即可。输入通道和捕获通道的映射关系具体由寄存器 CCMRx 的位 CCxS[1:0] 配置。

4)编号④预分频器

ICx 的输出信号会经过一个预分频器,用于决定发生多少个事件时进行一次捕获。具体由寄存器 CCMRx 的位 ICxPSC 配置,如果希望捕获信号的每一个边沿,则不分频。

5)编号⑤捕获寄存器

经过预分频器的信号 ICxPS 是最终被捕获的信号,当发生捕获时(第一次),计数器 CNT 的值会被锁存到捕获寄存器 CCR 中,还会产生 CCxI 中断,相应的中断位 CCxIF(在 SR 寄存器中)会被置位,通过软件或者读取 CCR 中的值可以将 CCxIF 清零。如果发生第二次捕获(即重复捕获:CCR 寄存器中已捕获到计数器值且 CCxIF 标志已置 1),则捕获溢出标志位 CCxOF(在 SR 寄存器中)会被置位,CCxOF 只能通过软件清零。

5. 输出比较

此功能用于控制输出波形,或指示已经过某一时间段。

当捕获/比较寄存器与计数器之间相匹配时,输出比较功能:

- 将为相应的输出引脚分配一个可编程值,该值由输出比较模式(TIMx_CCMRx 寄存器中的 OCxM 位)和输出极性(TIMx_CCER 寄存器中的 CCxP 位)定义。匹配时,输出引脚既可保持其电平(OCXM=000),也可设置为有效电平(OCXM=001)、无效电平(OCXM=010)或进行翻转(OCxM=011)。
- 将中断状态寄存器中的标志置 1(TIMx_SR 寄存器中的 CCxIF 位)。
- 如果相应的中断使能位(TIMx_DIER 寄存器中的 CCXIE 位)置 1,则生成中断。
- 如果相应的 DMA 使能位(TIMx_DIER 寄存器的 CCxDE 位,TIMx_CR2 寄存器的 CCDS 位,用来选择 DMA 请求)置 1,则发送 DMA 请求。

使用 TIMx_CCMRx 寄存器中的 OCxPE 位,可将 TIMx_CCRx 寄存器配置为带预装载寄存器或不带预装载寄存器。

在输出比较模式下,更新事件 UEV 对 OCxREF 和 OCx 输出毫无影响。同步的精度可以达到计数器的一个计数周期。输出比较模式也可用于输出单脉冲(在单脉冲模式下)。

具体步骤如下:

(1) 选择计数器时钟(内部、外部、预分频器)。

(2) 在 TIMx_ARR 和 TIMx_CCRx 寄存器中写入所需数据。

(3) 如果要生成中断请求,则将 CCxIE 位置 1。

(4) 选择输出模式。例如,

- 当 CNT 与 CCRx 匹配时,写入 OCxM=011 以翻转 OCx 输出引脚。
- 写入 OCxPE=0 以禁止预装载寄存器。
- 写入 CCxP=0 以选择高电平有效极性。
- 写入 CCxE=1 以使能输出。

(5) 通过将 TIMx_CR1 寄存器中的 CEN 位置 1 来使能计数器。

可通过软件随时更新 TIMx_CCRx 寄存器以控制输出波形,前提是未使能预加载寄存器 (OCxPE=0,否则仅当发生下一个更新事件 UEV 时,才会更新 TIMx_CCRx 影子寄存器)。

将通道设置为匹配时输出无效电平、翻转、强制变为无效电平、强制变为有效电平、PWM1 和 PWM2 这 6 种模式,具体使用哪种模式由寄存器 CCMRx 的位 OCxM[2:0]配置。其中 PWM 模式是输出比较中的特例,用得也最多,如图 4-10 所示。

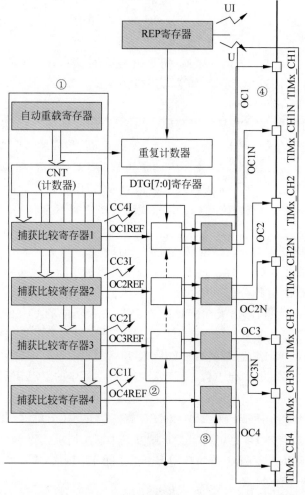

图 4-10　输出比较

1）编号①比较寄存器

当计数器 CNT 的值与比较寄存器 CCR 的值相等的时候，输出参考信号 OCxREF 的信号的极性就会改变，其中 OCxREF=1（高电平）称为有效电平，OCxREF=0（低电平）称为无效电平，并且会产生比较中断 CCxI，相应的标志位 CCxIF（SR 寄存器中）会置位。然后 OCxREF 再经过一系列的控制之后就成为真正的输出信号 OCx/OCxN。

2）编号②死区发生器

在生成的参考波形 OCxREF 的基础上，可以插入死区时间，用于生成两路互补的输出信号 OCx 和 OCxN，死区时间的大小具体由 BDTR 寄存器的位 DTG[7:0]配置。死区时间的大小必须根据与输出信号相连接的器件及其特性来调整。图 4-11 显示了死区时间的输出信号与参考信号 OCxREF 之间的关系。

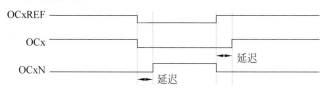

图 4-11 死区时间输出信号与参考信号 OCxREF 的关系

3）编号③输出控制

在输出比较的输出控制中，参考信号 OCxREF 在经过死区发生器之后会产生两路带死区的互补信号 OCx_DT 和 OCxN_DT（通道 1～3 才有互补信号，通道 4 没有，其余与通道 1～3 一样），然后这两路带死区的互补信号进入输出控制电路，如果没有加入死区控制，那么进入输出控制电路的信号就是 OCxREF。

进入输出控制电路的信号会被分成两路：一路是原始信号，另一路是被反向的信号，具体由寄存器 CCER 的位 CCxP 和 CCxNP 控制。经过极性选择的信号是否由 OCx 引脚输出到外部引脚 CHx/CHxN 则由寄存器 CCER 的位 CxE/CxNE 配置，如图 4-12 所示。

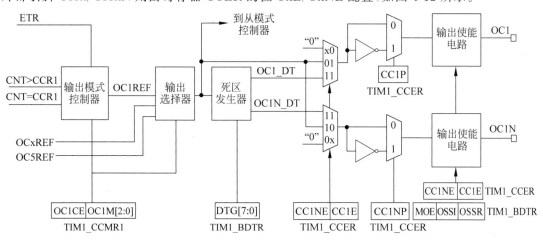

图 4-12 输出控制

4）编号④输出引脚

输出比较的输出信号最终是通过定时器的外部 I/O 来输出的，分别为 CH1/CH2/CH3/CH4，其中前面 3 个通道还有互补的输出通道 CH1N/CH2N/CH3N。更加详细的 I/O 说明还请查阅相关的数据手册。

6. 断路功能

断路功能就是电机控制的刹车功能,使能断路功能时,根据相关控制位状态修改输出信号电平。在任何情况下,OCx 和 OCxN 输出都不能同时为有效电平,这关系到电机控制常用的 H 桥电路结构原因。

断路源可以是时钟故障事件,由内部复位时钟控制器中的时钟安全系统(CSS)生成,也可以是外部断路输入 I/O,两者是或运算关系。

系统复位启动都默认关闭断路功能,将断路和死区寄存器(TIMx_BDTR)的 BKE 为置 1,使能断路功能。可通过 TIMx_BDTR 寄存器的 BKP 位设置断路输入引脚的有效电平,设置为 1 时输入 BRK 为高电平有效,否则低电平有效。

发送断路时,将产生以下效果:

(1) TIMx_BDTR 寄存器中主输出模式使能(MOE)位被清零,输出处于无效、空闲或复位状态。

(2) 根据相关控制位状态控制输出通道引脚电平;当使能通道互补输出时,会根据情况自动控制输出通道电平。

(3) 将 TIMx_SR 寄存器中的 BIF 位置 1,并可产生中断和 DMA 传输请求。

(4) 如果 TIMx_BDTR 寄存器中的自动输出使能(AOE)位置 1,则 MOE 位会在发生下一个 UEV 事件时再次自动置 1。

7. TIM 寄存器

寄存器详细描述请参考 STM32F407 参考手册。

(1) 控制寄存器 1(TIMx_CR1),如图 4-13 所示。

15	14	13	12	11	10	9	8	7	6	5	4	3	2	1	0
			Reserved			CKD[1:0]		ARPE	CMS[1:0]		DIR	OPM	URS	UDIS	CEN
						rw	rw	rw	rw	rw	rw	rw	rw	rw	rw

图 4-13　控制寄存器 1

bit 0: 该位为计数器使能位。该位必须置 1,才能让定时器开始计数。

(2) 预分频寄存器(TIMx_PSC),如图 4-14 所示。

15	14	13	12	11	10	9	8	7	6	5	4	3	2	1	0
							PSC[15:0]								
rw	rw	rw	rw	rw	rw	rw	rw	rw	rw	rw	rw	rw	rw	rw	rw

图 4-14　预分频寄存器

该寄存器用来设置对时钟进行分频,然后提供给计数器,作为计数器的时钟。

(3) 自动重装载寄存器(TIMx_ARR),如图 4-15 所示。

15	14	13	12	11	10	9	8	7	6	5	4	3	2	1	0
							ARR[15:0]								
rw	rw	rw	rw	rw	rw	rw	rw	rw	rw	rw	rw	rw	rw	rw	rw

图 4-15　自动重装载寄存器

该寄存器在物理上实际对应着两个寄存器: 一个是可以直接操作的;另一个是看不到的,这个看不到的寄存器在 STM32F4 参考手册中被称为影子寄存器,事实上真正起作用的是影子寄存器,根据 TIMx_CR1 寄存器中 APRE 位的设置: APRE=0 时,预装载寄存器的内容可以随时传送到影子寄存器,此时二者是连通的;而 APRE=1 时,在每一次更新事件(UEV)时,才把预装载寄存器(ARR)的内容传送到影子寄存器。

（4）状态寄存器（TIMx_SR），如图 4-16 所示。

15	14	13	12	11	10	9	8	7	6	5	4	3	2	1	0
Reserved			CC4OF	CC3OF	CC2OF	CC1OF	Res.	BIF	TIF	COMIF	CC4IF	CC3IF	CC2IF	CC1IF	UIF
			rc_w0	rc_w0	rc_w0	rc_w0	Res.	rc_w0	rc_w0	rc_w0	rc_w0	rc_w0	rc_w0	rc_w0	rc_w0

图 4-16 状态寄存器

该寄存器用来标记当前与定时器相关的各种事件/中断是否发生。

4.2.2 开发步骤

（1）定义 TIM1_Init()函数，初始化定时器参数并启动定时器及中断。定时器 1 的时钟为 168MHz，函数中设置定时器预分频为 16800，所以定时器的计数频率为 168MHz/16800＝10kHz；设置定时器自动重装载值为 10000，所以定时器的溢出时间为 1s，因此定时器 1s 产生一次中断。函数内容如下：

```
TIM_HandleTypeDef TIM1_Handler; //定义定时器初始化结构体参数
//定时器 1 初始化函数
void TIM1_Init(void)
{
    TIM1_Handler.Channel = HAL_TIM_ACTIVE_CHANNEL_1;          //选择定时器通道
    TIM1_Handler.Instance = TIM1;                            //选择定时器 1
    TIM1_Handler.Init.ClockDivision = TIM_CLOCKDIVISION_DIV1; //定时器时钟分频/不分频
    TIM1_Handler.Init.CounterMode = TIM_COUNTERMODE_CENTERALIGNED1; //中心对齐模式 向上/
                                                                    //向下计数
    TIM1_Handler.Init.Period = 10000 - 1;                    //自动重装载值
    TIM1_Handler.Init.Prescaler = 16800 - 1;                 //预分频
    TIM1_Handler.Init.RepetitionCounter = 0;                 //定义重复次数
    HAL_TIM_Base_Init(&TIM1_Handler);                        //初始化定时器

    HAL_TIM_Base_Start_IT(&TIM1_Handler);                    //启动定时器
}
```

（2）重定义 HAL_TIM_Base_MspInit()函数，函数中初始化定时器使用的引脚，并使能定时器的中断优先级及中断，函数内容如下：

```
//定时器硬件初始化
void HAL_TIM_Base_MspInit(TIM_HandleTypeDef * htim)
{
    if(htim -> Instance == TIM1)
    {
        GPIO_InitTypeDef GPIO_Handler;
        __HAL_RCC_GPIOF_CLK_ENABLE();                        //使能 GPIOF 时钟
        __TIM1_CLK_ENABLE();                                 //使能定时器 1 时钟

        GPIO_Handler.Pin = GPIO_PIN_7;                       //PF7
        GPIO_Handler.Mode = GPIO_MODE_AF_PP;                 //复用推挽模式
        GPIO_Handler.Pull = GPIO_PULLUP;                     //上拉电阻
        GPIO_Handler.Speed = GPIO_SPEED_FREQ_MEDIUM;         //中速
        GPIO_Handler.Alternate = GPIO_AF1_TIM1;              //复用为定时器
        HAL_GPIO_Init(GPIOF, &GPIO_Handler);                 //初始化 GPIO

        HAL_NVIC_SetPriority(TIM1_UP_TIM10_IRQn, 2, 1);      //设置定时器更新中断优先级
        HAL_NVIC_EnableIRQ(TIM1_UP_TIM10_IRQn);              //使能定时器更新
    }
}
```

(3) 配置定时器中断服务函数,定时器每秒产生一次中断,当产生中断时,将定时器状态变量 IT_status 置1。

```
//定时器中断服务函数
void TIM1_UP_TIM10_IRQHandler(void)
{
    HAL_TIM_IRQHandler(&TIM1_Handler);
}

uint8_t IT_status;          //中断状态

//定时器中断回调函数
void HAL_TIM_PeriodElapsedCallback(TIM_HandleTypeDef * htim)
{
    IT_status = 1;
}
```

(4) main. c 程序如下:

第一步,声明定时器中断状态变量。

第二步,在主函数中初始化系统时钟、定时器和串口。

第三步,在 while 循环中每隔 10ms 判断一次中断状态变量 IT_status,如果中断发生,则调用 SYSTICK_GetTime_Ms 获取滴答定时器时间,最后通过串口打印出来。

```
extern uint8_t IT_status;

int main(void)
{
    CLOCK_Init();                                          //初始化系统时钟
    TIM1_Init();                                           //初始化定时器1
    UART_Init();                                           //串口初始化

    while(1)
    {
        if(IT_status == 1)
        {
            IT_status = 0;
            printf("Tick timer is:%d ms\r\n", SYSTICK_GetTime_Ms());   //通过串口打印
        }
        HAL_Delay(10); //延时10ms
    }
}
```

4.2.3 运行结果

将程序下载到开发板,连接 USB 转 TTL 模块并打开串口调试助手,可以看到串口调试助手接收缓冲区中打印出了滴答定时器的时间值,如图 4-17 所示。

练习

(1) STM32F4xx 系列控制器有多少个高级控制定时器、通用定时器和基本定时器?

(2) 简述高级控制定时器的 4 个时钟源。

(3) 配置其他定时器,并实现打印出滴答定时器的时间值。

图 4-17   运行结果

4.3   PWM 输出

学习目标

掌握 ARM Cortex-M 系列芯片的定时器 PWM 输出模式实现原理,通过配置 STM32F407 定时器来实现呼吸灯。

4.3.1   开发原理

PWM 输出就是通过定时器通道对外输出脉宽(即占空比)可调的方波信号,信号频率由定时器自动重装寄存器 ARR 的值决定,占空比由定时器比较寄存器 CCR 的值决定。

PWM 模式分为两种:PWM1 和 PWM2,二者的具体区别如表 4-6 所示。

表 4-6   PWM 模式

模　　式	计数器 CNT 计算公式	说　　　明
PWM1	递增	CNT<CCR,则通道 CH 为有效,否则为无效
	递减	CNT>CCR,则通道 CH 为无效,否则为有效
PWM2	递增	CNT<CCR,则通道 CH 为无效,否则为有效
	递减	CNT>CCR,则通道 CH 为有效,否则为无效

下面以 PWM1 模式为例来讲解,根据计数器 CNT 计数的方向不同还分为边沿对齐模式和中心对齐模式。

1. PWM 边沿对齐模式

在递增模式下,计数器从 0 计数到自动重载值(TIMx_ARR 寄存器的内容),然后重新从 0 开始计数并生成计数器上溢事件,PWM1 模式的边沿对齐波形如图 4-18 所示(ARR=8)。

在边沿对齐模式下,计数器 CNT 只工作在一种模式下,要么是递增模式,要么是递减模式。这里以 CNT 工作在递增模式为例,在图 4-18 中,ARR=8,CCR=4,CNT 从 0 开始计数,当 CNT<CCR 时,OCxREF 为有效的高电平。当 CCR≤CNT≤ARR 时,OCxREF 为无效的

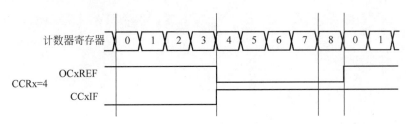

图 4-18　PWM1 模式的边沿对齐波形

低电平。然后 CNT 又从 0 开始计数并生成计数器上溢事件,以此循环往复。

2. PWM 中心对齐模式

在中心对齐模式下,计数器 CNT 是工作在递增/递减模式下。开始的时候,计数器 CNT 从 0 开始计数到自动重载值减 1(ARR−1),生成计数器上溢事件;然后从自动重载值开始向下计数到 1 并生成计数器下溢事件。之后从 0 开始重新计数,PWM1 模式的中心对齐波形如图 4-19 所示。

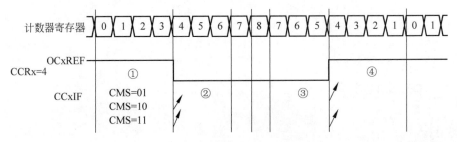

图 4-19　PWM1 模式的中心对齐波形

在图 4-19 中,ARR=8,CCR=4,第一阶段计数器 CNT 工作在递增模式下,从 0 开始计数,当 CNT<CCR 时,OCxREF 为有效的高电平,当 CCR≤CNT≪ARR 时,OCxREF 为无效的低电平。第二阶段计数器 CNT 工作在递减模式,从 ARR 的值开始递减,当 CNT>CCR 时,OCxREF 为无效的低电平,当 CCR≥CNT≥1 时,OCxREF 为有效的高电平。

中心对齐模式又分为 3 种,具体由寄存器 CR1 位 CMS[1:0]配置。具体的区别就是比较中断标志位 CCxIF 在何时置 1:中心对齐模式 1 在 CNT 递减计数的时候置 1,中心对齐模式 2 在 CNT 递增计数时置 1,中心对齐模式 3 在 CNT 递增和递减计数时都置 1。

呼吸灯是指灯光设备的亮度随着时间由暗到亮逐渐增强,再由亮到暗逐渐衰弱,很有节奏感地一起一伏,就像是在呼吸一样,因而被广泛应用于手机、计算机等电子设备的指示灯中,冰冷的电子设备应用呼吸灯后,顿时增添了几分温暖。

要使用 STM32 控制 LED 灯实现呼吸灯效果,可以通过输出脉冲的占空比来实现,如图 4-20 所示。

图 4-20 中列出了周期相同而占空比分别为 100%、80%、50% 和 20% 的脉冲波形,假如利用这样的脉冲控制 LED 灯,即可控制 LED 灯亮灭时间长度的比例。如果提高脉冲的频率,那么 LED 灯将会高频率进行开关切换,由于视觉暂留效应,人眼看不到 LED 灯的开关导致的闪烁现象,而是感觉到使用不同占空比的脉冲控制 LED 灯时的亮度差别。即在单个控制周期内,LED 灯亮的平均时间越长,亮度就越高;反之越暗。

3. PWM 输出寄存器

要想使用 STM32F4 的定时器产生 PWM 输出,需要使用下面 3 个寄存器(寄存器详细描述请参考 STM32F407 参考手册):

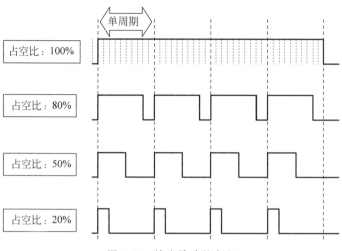

图 4-20　输出脉冲的占空

（1）捕获/比较模式寄存器（TIMx_CCMR1/TIMx_CCMR2），如图 4-21 所示。

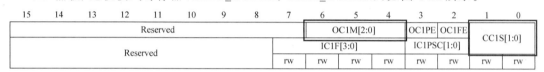

图 4-21　捕获/比较模式寄存器

- bit[6:4]：此部分为模式设置位，可以配置成 7 种模式，我们使用的是 PWM 模式，所以这 3 位必须设置为 110/111。
- bit[1:0]：此部分为通道方向选择位，用于设置通道的方向（输入/输出）默认设置为 0，就是设置通道作为输出使用。

（2）捕获/比较使能寄存器（TIMx_CCER），如图 4-22 所示。

图 4-22　捕获/比较使能寄存器

bit 0：该位是捕获/比较 1 输出使能位，要想 PWM 从 IO 口输出，需要设置该位为 1。

（3）捕获比较寄存器（TIMx_CCR1～TIMx_CCR4），如图 4-23 所示。

图 4-23　捕获比较寄存器

在输出模式下，该寄存器的值与 CNT 的值比较，根据比较结果产生相应动作。利用这一点，我们通过修改这个寄存器的值，就可以控制 PWM 的输出脉宽了。

4.3.2　开发步骤

（1）查找 STM32F407 数据手册，LED0 引脚 PF9 对应的定时器为 TIM14，通道 1，如图 4-24 所示。

（2）定义 TIM_PWM_Init() 函数，初始化定时器和 PWM 输出参数并开启 PWM 输出。

PF9	I/O	FT	(4)	TIM14 CH1 /FSMC_CD/ EVENTOUT	ADC3_IN7

图 4-24　定时器对应引脚图

定时器 14 的时钟为 84MHz,函数中设置定时器预分频为 84,所以定时器的计数频率为 84MHz/84 = 1MHz;设置定时器自动重装载值为 500,所以 PWM 频率为 1MHz/500 = 2kHz。

```
TIM_HandleTypeDef TIM_Handle;                                  //定时器初始化结构体变量
TIM_OC_InitTypeDef TIM_OC_Handle;                              //定时器输出初始化结构体变量

//定时器输出 PWM 初始化
void TIM_PWM_Init(void)
{
    //定时器初始化
    TIM_Handle.Channel = HAL_TIM_ACTIVE_CHANNEL_1;             //通道 1
    TIM_Handle.Instance = TIM14;                               //选择定时器 14
    TIM_Handle.Init.ClockDivision = TIM_CLOCKDIVISION_DIV1;    //时钟 1 分频
    TIM_Handle.Init.CounterMode = TIM_COUNTERMODE_UP;          //向上计数模式
    TIM_Handle.Init.Period = 500 - 1;                          //自动重装载值
    TIM_Handle.Init.Prescaler = 84 - 1;                        //预分频系数
    HAL_TIM_PWM_Init(&TIM_Handle);                             //初始化定时器

    //定时器输出 PWM 初始化
    TIM_OC_Handle.OCMode = TIM_OCMODE_PWM1;                    //模式选择 PWM1
    TIM_OC_Handle.OCPolarity = TIM_OCPOLARITY_LOW;             //输出比较极性为低
    TIM_OC_Handle.Pulse = 250;         //设置比较值,此值用来确定占空比,默认比较值为自动重装载
                                       //值的一半,即占空比为 50 %
    HAL_TIM_PWM_ConfigChannel(&TIM_Handle, &TIM_OC_Handle, TIM_CHANNEL_1);    //配置 PWM 输出

    HAL_TIM_PWM_Start(&TIM_Handle, TIM_CHANNEL_1);             //开始 PWM 输出
}
```

(3) 重定义 HAL_TIM_PWM_MspInit()函数,初始化 LED1 灯的 GPIO 引脚并使能定时器时钟。

```
//定时器使用引脚初始化
void HAL_TIM_PWM_MspInit(TIM_HandleTypeDef * htim)
{
    GPIO_InitTypeDef GPIO_Handle;                //GPIO 初始化结构变量

    if(htim -> Instance == TIM14)
    {
        __HAL_RCC_GPIOF_CLK_ENABLE();            //使能 GPIO
        __HAL_RCC_TIM14_CLK_ENABLE();            //使能定时器

        GPIO_Handle.Pin = GPIO_PIN_9;            //PF9
        GPIO_Handle.Mode = GPIO_MODE_AF_PP;      //复用推挽模式
        GPIO_Handle.Pull = GPIO_PULLUP;          //上拉电阻
        GPIO_Handle.Speed = GPIO_SPEED_HIGH;     //高速
        GPIO_Handle.Alternate = GPIO_AF9_TIM14;  //将 GPIO 复用为定时器 14
        HAL_GPIO_Init(GPIOF, &GPIO_Handle);      //初始化 GPIO
    }
}
```

(4) 定义 TIM_SetPulse()函数,设置定时器输出占空比。

```
//设置定时器输出占空比
```

```
void TIM_SetPulse(uint32_t pulse)
{
    TIM14 -> CCR1 = pulse;        //设置占空比
}
```

（5）main.c 程序如下：

第一步，定义占空比变量和占空比增长方向变量。

第二步，初始化系统时钟和定时器。

第三步，控制占空比变量从 0 变到 300，然后再从 300 变到 0，如此循环，因此 LED 灯的亮度也会从暗变亮，然后从亮变暗。因为 PWM 输出占空比达到 300 这个值的时候，LED 亮度变化就不大了，所以最大值设置为 300（最大值可以设置为 499）。

```
uint16_t pulse;                    //占空比
uint8_t dir = 1;                   //占空比增长的方向
int main(void)
{
    CLOCK_Init();                  //初始化系统时钟
    TIM_PWM_Init();                //定时器输出 PWM 初始化

    while(1)
    {
        pulse += dir;              //改变占空比

        if(pulse > 300) dir = -1;  //占空比到达 300 后,开始递减
        else if(pulse == 0) dir = 1;  //占空比到达 0 后,开始递增
        TIM_SetPulse(pulse);       //设置定时器占空比
        HAL_Delay(2);              //延时 2ms
    }
}
```

4.3.3　运行结果

将程序下载到开发板中，可以看到 LED1 灯由暗到亮，然后又从亮变到暗。

练习

（1）PWM 输出信号频率由什么决定？

（2）PWM 输出占空比由什么决定？

（3）利用 PWM 控制其他 LED 亮灭。

4.4　输入捕获

视频 13

学习目标

掌握 ARM Cortex-M 系列芯片的定时器输入捕获实现原理，通过配置 STM32F407 定时器来实现测量 PWM 占空比及周期。

4.4.1　开发原理

定时器的输入捕获一般应用在两方面：一方面是脉冲跳变沿时间测量；另一方面是 PWM 输入测量。

1. 测量频率

当捕获通道 TIx 上出现上升沿时，发生第一次捕获，计数器 CNT 的值会被锁存到捕获寄

存器 CCR 中,而且还会进入捕获中断,在中断服务程序中记录一次捕获,并将捕获寄存器中的值读取到 value1 中。当出现第二次上升沿时,发生第二次捕获,计数器 CNT 的值会再次被锁存到捕获寄存器 CCR 中,并再次进入捕获中断,在捕获中断中,将捕获寄存器的值读取到 value2 中。利用 value2 和 value1 的差值就可以算出信号的周期。

2. 测量脉宽

将定时器捕获边沿配置为双边沿捕获。当捕获通道 TIMx 上出现上升沿时,发生第一次捕获,计数器 CNT 的值会被锁存到捕获寄存器 CCR 中,而且还会进入捕获中断,在中断服务程序中记录一次捕获,并将捕获寄存器中的值读取到 value1 中。当下降沿到来的时候,发生第二次捕获,计数器 CNT 的值会再次被锁存到捕获寄存器 CCR 中,并再次进入捕获中断,在捕获中断中,将捕获寄存器的值读取到 value2 中。利用 value2 和 value1 的差值就可以算出信号的脉宽。

3. 输入捕获相关寄存器

下面介绍输入捕获使用到的寄存器,它们是 TIMx_ARR、TIMx_PSC、TIMx_CCMR1、TIMx_CCER、TIMx_DIER、TIMx_CR1、TIMx_CCR1(寄存器的详细描述请参考 STM32F407 参考手册)。

首先 TIMx_ARR 和 TIMx_PSC 这两个寄存器用来配置自动重装载值和 TIMx 的时钟分频,具体在前已有介绍,此处不再赘述。

(1) 捕获/比较寄存器 1(TIMx_CCMR1),如图 4-25 所示。

15	14	13	12	11	10	9	8	7	6	5	4	3	2	1	0
OC2 CE	OC2M[2:0]			OC2 PE	OC2 FE	CC2S[1:0]		OC1 CE	OC1M[2:0]			OC1 PE	OC1 FE	CC1S[1:0]	
IC2F[3:0]				IC2PSC[1:0]				IC1F[3:0]				IC1PSC[1:0]			
rw	rw	rw	rw	rw	rw	rw	rw	rw	rw	rw	rw	rw	rw	rw	rw

图 4-25　捕获/比较寄存器 1

- bit[7:4]:输入捕获 1 滤波器。这里不做滤波处理,所以设置 IC1F[3:0]=0000,只要采集到上升沿,就触发捕获。
- bit[3:2]:输入捕获 1 预分频器。这里是 1 次边沿就触发 1 次捕获,所以设置为 00。
- bit[1:0]:捕获/比较 1 选择。这两个位用于 CCR1 的通道配置,这里设置 IC1S[1:0]=01,也就是配置 IC1 映射在 TI1 上,即 CC1 对应 TIMx_CH1。

(2) 捕获/比较使能寄存器(TIMx_CCER),如图 4-26 所示。

15	14	13	12	11	10	9	8	7	6	5	4	3	2	1	0
Res.		CC4P	CC4E	CC3NP	CC3NE	CC3P	CC3E	CC2NP	CC2NE	CC2P	CC2E	CC1NP	CC1NE	CC1P	CC1E
		rw	rw	rw	rw	rw	rw	rw	rw	rw	rw	rw	rw	rw	rw

图 4-26　捕获/比较使能寄存器

- bit1:捕获/比较 1 输出极性。根据自己的需要来配置。
- bit0:捕获/比较 1 输出使能。要使能输入捕获,必须设置 CC1E=1。

(3) DMA/中断使能寄存器(TIMx_DIER),如图 4-27 所示

15	14	13	12	11	10	9	8	7	6	5	4	3	2	1	0
Res.	TDE	COMDE	CC4DE	CC3DE	CC2DE	CC1DE	UDE	BIE	TIE	COMIE	CC4IE	CC3IE	CC2IE	CC1IE	UIE
	rw	rw	rw	rw	rw	rw	rw	rw	rw	rw	rw	rw	rw	rw	rw

图 4-27　DMA/中断使能寄存器

- bit1：捕获/比较 1 中断使能。我们需要用到中断来处理捕获数据，所以必须开启通道 1 的捕获比较中断，即 CC1IE 设置为 1。

（4）控制寄存器 1(TIMx_CR1)，如图 4-28 所示。

15	14	13	12	11	10	9	8	7	6	5	4	3	2	1	0
			Reserved			CKD[1:0]		ARPE	CMS[1:0]		DIR	OPM	URS	UDIS	CEN
						rw	rw	rw	rw	rw	rw	rw	rw	rw	rw

图 4-28　控制寄存器 1

- bit0：计数器使能。

（5）捕获/比较寄存器 1(TIMx_CCR1)，如图 4-29 所示。

15	14	13	12	11	10	9	8	7	6	5	4	3	2	1	0
							CCR1[15:0]								
rw/ro	rw/ro	rw/ro	rw/ro	rw/ro	rw/ro	rw/ro	rw/ro	rw/ro	rw/ro	rw/ro	rw/ro	rw/ro	rw/ro	rw/ro	rw/ro

图 4-29　捕获/比较寄存器 1

该寄存器用来存储捕获发生时，TIMx_CNT 的值，我们从 TIMx_CCR1 就可以读出通道 1 捕获发生时刻的 TIMx_CNT 值，通过两次捕获（一次上升沿捕获，一次下降沿捕获）的差值，就可以计算出高电平脉冲的宽度。

4.4.2　开发步骤

（1）本节选取定时器 4 通道 1 作为 PWM 生成定时器，选取定时器 5 通道 1 作为 PWM 输入捕获定时器。定义两个定时器结构体变量，分别用来初始化 PWM 输出和输入捕获定时器参数。

```
TIM_HandleTypeDef TIM_PWM_Handle;        //定时器 PWM 输出配置结构体变量
TIM_HandleTypeDef TIM_Cap_Handle;        //定时器输入捕获配置结构体变量
```

（2）定义 TIM_PWM_Init() 函数，在 TIM_PWM_Init() 函数中配置定时器 PWM 输出结构体变量 TIM_PWM_Handle 中的参数，然后调用 HAL_TIM_PWM_ConfigChannel() 函数配置 PWM 输出通道，最后调用 HAL_TIM_PWM_Start() 函数开始生成 PWM 波形。定时器 4 的时钟为 84MHz，函数中设置定时器预分频为 84，所以定时器的计数频率为 84MHz/84＝1MHz；设置定时器自动重装载值为 10000，PWM 的输出比较值为 2000，所以该 PWM 波的占空比为 20%。

```
//定时器 PWM 输出初始化   TIM4_CH1
void TIM_PWM_Init(void)
{
    TIM_PWM_Handle.Instance = TIM4;                          //选择定时器 4
    TIM_PWM_Handle.Init.ClockDivision = TIM_CLOCKDIVISION_DIV1; //时钟 1 分频
    TIM_PWM_Handle.Init.CounterMode = TIM_COUNTERMODE_UP;    //向上计数模式
    TIM_PWM_Handle.Init.Period = 10000 - 1;                  //重装载值
    TIM_PWM_Handle.Init.Prescaler = 84 - 1;                  //预分频器
    HAL_TIM_PWM_Init(&TIM_PWM_Handle);

    TIM_OC_InitTypeDef TIM_OC_Handle;                        //定时器输出配置结构体变量

    TIM_OC_Handle.OCMode = TIM_OCMODE_PWM1;                  //模式选择 PWM1
    TIM_OC_Handle.OCPolarity = TIM_OCPOLARITY_LOW;           //输出比较极性
    TIM_OC_Handle.Pulse = 2000;                              //输出比较值
    HAL_TIM_PWM_ConfigChannel(&TIM_PWM_Handle, &TIM_OC_Handle, TIM_CHANNEL_1); //配置 PWM 输出通道
```

```
    HAL_TIM_PWM_Start(&TIM_PWM_Handle, TIM_CHANNEL_1);              //开始生成 PWM 波形
}
```

（3）重定义 HAL_TIM_PWM_MspInit()函数，初始化 PWM 输出定时器的引脚并使能定时器。

```
//PWM 波输出 定时器引脚初始化   PD12
void HAL_TIM_PWM_MspInit(TIM_HandleTypeDef * htim)
{
    GPIO_InitTypeDef GPIO_Handle;                    //GPIO 初始化结构变量
    if(htim -> Instance == TIM4)
    {
        __HAL_RCC_TIM4_CLK_ENABLE();                 //使能定时器
        __HAL_RCC_GPIOD_CLK_ENABLE();                //使能 GPIO

        GPIO_Handle.Pin = GPIO_PIN_12;               //PD12
        GPIO_Handle.Pull = GPIO_PULLUP;              //上拉电阻
        GPIO_Handle.Speed = GPIO_SPEED_MEDIUM;       //中速
        GPIO_Handle.Mode = GPIO_MODE_AF_PP;          //推挽复用
        GPIO_Handle.Alternate = GPIO_AF2_TIM4;       //复用定时器
        HAL_GPIO_Init(GPIOD, &GPIO_Handle);          //初始化 GPIO
    }
}
```

（4）定义 TIM_Cap_Init()函数。函数中配置输入捕获定时器结构体变量 TIM_Cap_Handle 的参数，然后调用 HAL_TIM_IC_ConfigChannel()函数配置输入捕获的通道，最后调用函数开启捕获并使能中断。定时器 5 的时钟为 84MHz，函数中设置定时器的分频为 84，所以定时器的计数频率为 84MHz/84＝1MHz。设置定时器的自动重装载值为 0xFFFF，定时器的周期为 65534。

```
//定时器捕获初始化 TIM5_CH1
void TIM_Cap_Init(void)
{
    //定时器初始化
    TIM_Cap_Handle.Instance = TIM5;                                //选择定时器 5
    TIM_Cap_Handle.Init.ClockDivision = TIM_CLOCKDIVISION_DIV1; //时钟 1 分频
    TIM_Cap_Handle.Init.CounterMode = TIM_COUNTERMODE_UP;          //向上计数模式
    TIM_Cap_Handle.Init.Period = 0xFFFF - 1;                       //自动重装载值
    TIM_Cap_Handle.Init.Prescaler = 84 - 1;                        //预分频系数
    HAL_TIM_IC_Init(&TIM_Cap_Handle);

    TIM_IC_InitTypeDef TIM_IC_Handle;                              //定时器输入配置结构体变量

    TIM_IC_Handle.ICPolarity = TIM_ICPOLARITY_BOTHEDGE;            //输入信号双边沿触发
    TIM_IC_Handle.ICPrescaler = TIM_ICPSC_DIV1;                    //预分频
    TIM_IC_Handle.ICFilter = 0;                                    //配置输入滤波器,不滤波
    TIM_IC_Handle.ICSelection = TIM_ICSELECTION_DIRECTTI;          //TC1 映射到 IC1 上
    HAL_TIM_IC_ConfigChannel(&TIM_Cap_Handle, &TIM_IC_Handle, TIM_CHANNEL_1); //配置输入通道

    HAL_TIM_IC_Start_IT(&TIM_Cap_Handle, TIM_CHANNEL_1);//开启定时器输入捕获和捕获中断使能
    __HAL_TIM_ENABLE_IT(&TIM_Cap_Handle, TIM_IT_CC1);   //使能通道 1 中断
}
```

（5）重定义 HAL_TIM_IC_MspInit()函数，初始化输入捕获定时器的引脚并使能定时器。

```
//定时器输入捕获引脚初始化    PA0
void HAL_TIM_IC_MspInit(TIM_HandleTypeDef * htim)
{
    GPIO_InitTypeDef GPIO_Handle;                   //GPIO初始化结构变量

    if(htim-> Instance == TIM5)
    {
        __HAL_RCC_GPIOA_CLK_ENABLE();               //GPIO使能
        __HAL_RCC_TIM5_CLK_ENABLE();                //定时器使能

        GPIO_Handle.Pin = GPIO_PIN_0;               //PA0
        GPIO_Handle.Mode = GPIO_MODE_AF_PP;         //复用推挽模式
        GPIO_Handle.Pull = GPIO_PULLUP;             //上拉电阻
        GPIO_Handle.Speed = GPIO_SPEED_MEDIUM;      //中速
        GPIO_Handle.Alternate = GPIO_AF2_TIM5;      //复用定时器
        HAL_GPIO_Init(GPIOA, &GPIO_Handle);         //初始化GPIO
    }

    HAL_NVIC_SetPriority(TIM5_IRQn, 0, 1);          //设置定时器5中断优先级
    HAL_NVIC_EnableIRQ(TIM5_IRQn);                  //使能定时器
}
```

（6）定义 TIM5_IRQHandler()中断服务函数，函数中调用 HAL_TIM_IRQHandler()处理中断服务请求。

```
//定时器5中断服务函数
void TIM5_IRQHandler(void)
{
    HAL_TIM_IRQHandler(&TIM_Cap_Handle);
}
```

（7）定义存储 PWM 数据变量的结构体 PWM_Data，结构体如下：

```
typedef struct
{
    uint16_t pulse;                     //占空比
    uint16_t period;                    //周期
    uint16_t last_riseCNT;              //上一次上升沿计数器值
    uint16_t riseCNT;                   //上升沿计数器值
    uint16_t fallCNT;                   //下降沿计数器值
}PWM_Data;
```

（8）在定时器中断回调函数中计算捕获到 PWM 波的高电平脉冲持续时间及周期。

```
PWM_Data pwm_data;

//定义定时器中断回调函数
void HAL_TIM_IC_CaptureCallback(TIM_HandleTypeDef * htim)
{
    if(__HAL_TIM_GET_IT_SOURCE(htim, TIM_IT_CC1))           //获取中断
    {
        if(HAL_GPIO_ReadPin(GPIOA, GPIO_PIN_0))             //如果为高电平,读取端口状态
        {
            pwm_data.riseCNT = __HAL_TIM_GET_COUNTER(htim); //保留上升沿到来时计数器值

            if(pwm_data.last_riseCNT < pwm_data.riseCNT)
            { pwm_data.period = pwm_data.riseCNT - pwm_data.last_riseCNT; } //计算PWM周期
            else
            { pwm_data.period = 0xFFFF - pwm_data.last_riseCNT + pwm_data.riseCNT + 1; }
```

```
                                               //计算 PWM 周期
    }
    else                                       //否则为低电平
    {
    pwm_data.fallCNT = __HAL_TIM_GET_COUNTER(htim); //保留下降沿到来时计数器值

    if(pwm_data.riseCNT > pwm_data.fallCNT)
    { pwm_data.pulse = 0xFFFF - pwm_data.riseCNT + pwm_data.fallCNT + 1; }
                                               //计算 PWM 占空比
    else
    { pwm_data.pulse = pwm_data.fallCNT - pwm_data.riseCNT; }
                                               //计算高电平持续时间,即占空比
    }

    pwm_data.last_riseCNT = pwm_data.riseCNT; //记录上升沿到来计数器值,用来计算周期
    }
}
```

(9) 主函数 main()程序如下:

第一步,初始化系统时钟。

第二步,初始化 PWM 输出定时器。

第三步,初始化输入捕获定时器和串口。

第四步,在 while()循环中计算 PWM 占空比值及周期时间,使用 printf 通过串口每隔 100ms 打印出来(占空比＝高电平脉冲持续时间/周期,周期时间＝1s×周期/定时器计数频率)。

```
extern PWM_Data pwm_data;

int main(void)
{
    CLOCK_Init();                  //初始化系统时钟
    TIM_PWM_Init();                //定时器 PWM 输出初始化
    TIM_Cap_Init();                //定时器输入捕获初始化
    UART_Init();                   //串口初始化

    while(1)
    {
        printf("Duty cycle is:%d%% Period is %d us\r\n", pwm_data.pulse * 100/pwm_data.
period,pwm_data.period );        //通过串口输出 PWM 占空比及一个周期时间
        HAL_Delay(100);            //延时 100ms
    }
}
```

4.4.3 运行结果

将程序下载到开发板中,打开串口。取一根杜邦线将 PD12 引脚与 PA0 引脚相连。可以看到接收缓冲区打印出占空比的值为 20%,周期时间为 10ms,和 PWM 输出定时器配置一致,如图 4-30 所示。

练习

(1) 定时器的输入捕获一般应用在哪几方面?

(2) 输入捕获使用到的寄存器有哪些?

(3) 配置其他定时器实现 PWM 输入捕获功能。

图 4-30　运行结果

4.5　PWM 输入

视频 14

学习目标

掌握 ARM Cortex-M 系列芯片的定时器 PWM 输入模式原理,通过配置 STM32F407 定时器来实现测量输入 PWM 波形周期和占空比。

4.5.1　开发原理

与前面输入捕获相比,PWM 输入模式需要占用两个捕获寄存器,这两个寄存器可分别测出输入 PWM 波形周期和占空比,原理如图 4-31 所示。

PWM 信号由输入通道 TI1 进入,因为是 PWM 输入模式的缘故,信号会被分为两路:一路是 TI1FP1,另外一路是 TI2FP1。其中一路是周期,另一路是占空比,具体对应周期还是占空比,得从程序上设置哪一路信号作为触发输入,作为触发输入的那一路信号对应的就是周期,另一路就是对应占空比。

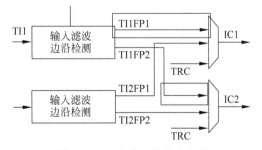

图 4-31　两个输入捕获寄存器

当使用 PWM 输入模式的时候必须将从模式控制器配置为复位模式(配置寄存器 SMCR 的位 SMS[2:0] 来实现),即当我们启动触发信号开始进行捕获的时候,同时把计数器 CNT 复位清零。

下面以一个更加具体的时序图来分析 PWM 输入模式,如图 4-32 所示。

PWM 信号由输入通道 TI1 进入,配置 TI1FP1 为触发信号,上升沿捕获。当上升沿的时候 IC1 和 IC2 同时捕获,计数器 CNT 清零,到了下降沿的时候,IC2 捕获,此时计数器 CNT 的

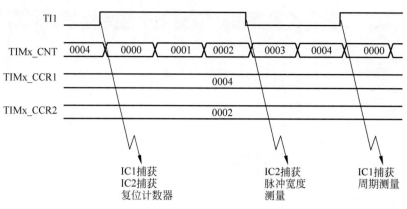

图 4-32　PWM 输入模式时序

值被锁存到捕获寄存器 CCR2 中，到了下一个上升沿的时候，IC1 捕获，计数器 CNT 的值被锁存到捕获寄存器 CCR1 中。其中 CCR1 测量的就是周期，CCR2 测量的就是占空比。

从软件的角度来说，用 PWM 输入模式测量周期和占空比更容易，付出的代价是需要占用两个捕获寄存器。

4.5.2　开发步骤

（1）本节同样选取定时器 4 通道 1 作为 PWM 生成定时器，选取定时器 5 通道 1 作为 PWM 输入捕获定时器。

（2）首先定义两个定时器结构体变量，分别用来初始化 PWM 输出和输入捕获定时器参数，其中 PWM 生成定时器初始化步骤请参考 4.4 节，此处不再赘述。

```
TIM_HandleTypeDef TIM_PWM_Handle;        //定时器 PWM 输出配置结构体变量
TIM_HandleTypeDef TIM_Cap_Handle;        //定时器输入捕获配置结构体变量
```

（3）定义 TIM_Cap_Init()函数，该函数主要实现以下功能：

第一步，初始化输入捕获定时器基本参数，如预分频系数、重装载值等。

第二步，初始化定时器作为从模式的参数。

第三步，分别配置输入捕获通道 1 和通道 2 的参数。

第四步，开启定时器输入捕获通道及中断。

```
//定时器捕获初始化 TIM5_CH1 CH2
void TIM_Cap_Init(void)
{
    //定时器初始化
    TIM_Cap_Handle.Instance = TIM5;                              //选择定时器 5
    TIM_Cap_Handle.Init.ClockDivision = TIM_CLOCKDIVISION_DIV1;  //时钟 1 分频
    TIM_Cap_Handle.Init.CounterMode = TIM_COUNTERMODE_UP;        //向上计数模式
    TIM_Cap_Handle.Init.Period = 0xFFFF - 1;                     //自动重装载值
    TIM_Cap_Handle.Init.Prescaler = 84 - 1;                      //预分频系数
    HAL_TIM_IC_Init(&TIM_Cap_Handle);

    TIM_SlaveConfigTypeDef  sSlaveConfig;           //定时器作为从模式配置结构体变量
    //初始化定时器作为从模式的参数
    sSlaveConfig.SlaveMode = TIM_SLAVEMODE_RESET;   //从设备模式复位
    sSlaveConfig.InputTrigger = TIM_TS_TI1FP1;      //选择 TI1FP1 作为触发输入
    sSlaveConfig.TriggerPolarity = TIM_INPUTCHANNELPOLARITY_RISING;       //定时器触发极性
```

```
sSlaveConfig.TriggerPrescaler = TIM_ICPSC_DIV1;                          //分频
HAL_TIM_SlaveConfigSynchronization(&TIM_Cap_Handle, &sSlaveConfig);

TIM_IC_InitTypeDef TIM_IC_Handle;                        //定时器输入通道配置结构体变量

//通道 1 配置
TIM_IC_Handle.ICPolarity = TIM_ICPOLARITY_RISING;        //输入信号上升沿触发
TIM_IC_Handle.ICPrescaler = TIM_ICPSC_DIV1;              //预分频
TIM_IC_Handle.ICFilter = 0;                              //配置输入滤波器,不滤波
TIM_IC_Handle.ICSelection = TIM_ICSELECTION_DIRECTTI;   //TC1 映射到 IC1 上
HAL_TIM_IC_ConfigChannel(&TIM_Cap_Handle, &TIM_IC_Handle, TIM_CHANNEL_1);//配置输入通道

//通道 2 配置
TIM_IC_Handle.ICPolarity = TIM_ICPOLARITY_FALLING;               //输入信号下降沿触发
TIM_IC_Handle.ICSelection = TIM_ICSELECTION_INDIRECTTI;          //TC1 映射到 IC2 上
HAL_TIM_IC_ConfigChannel(&TIM_Cap_Handle, &TIM_IC_Handle, TIM_CHANNEL_2); //配置输入通道

HAL_TIM_IC_Start_IT(&TIM_Cap_Handle, TIM_CHANNEL_1);     //开启定时器输入捕获通道 1
HAL_TIM_IC_Start_IT(&TIM_Cap_Handle, TIM_CHANNEL_2);     //开启定时器输入捕获通道 2
}
```

（4）重定义 HAL_TIM_IC_MspInit()函数,初始化输入捕获定时器引脚并使能中断。

```
//定时器输入捕获引脚初始化    PA0
void HAL_TIM_IC_MspInit(TIM_HandleTypeDef * htim)
{
    GPIO_InitTypeDef GPIO_Handle;                      //GPIO 初始化结构变量

    if(htim -> Instance == TIM5)
    {
        __HAL_RCC_GPIOA_CLK_ENABLE();                 //GPIO 使能
        __HAL_RCC_TIM5_CLK_ENABLE();                  //定时器使能

        GPIO_Handle.Pin = GPIO_PIN_0;                 //PA0
        GPIO_Handle.Mode = GPIO_MODE_AF_PP;           //复用推挽模式
        GPIO_Handle.Pull = GPIO_PULLUP;               //上拉电阻
        GPIO_Handle.Speed = GPIO_SPEED_MEDIUM;        //中速
        GPIO_Handle.Alternate = GPIO_AF2_TIM5;        //复用定时器
        HAL_GPIO_Init(GPIOA, &GPIO_Handle);           //初始化 GPIO
    }
        HAL_NVIC_SetPriority(TIM5_IRQn, 0, 1);        //设置定时器 5 中断优先级
        HAL_NVIC_EnableIRQ(TIM5_IRQn);                //使能定时器
}
```

（5）定义定时器中断服务函数,函数中调用 HAL_TIM_IRQHandler()函数处理中断请求。

```
//定时器 5 中断服务函数
void TIM5_IRQHandler(void)
{
    HAL_TIM_IRQHandler(&TIM_Cap_Handle);
}
```

（6）重定义定时器中断回调函数。在函数中分别调用 HAL_TIM_ReadCapturedValue() 函数获取 PWM 周期和占空比值,并分别赋给变量 period 和 pulse。

```
uint32_t period;                //周期
uint32_t pulse;                 //占空比

//定义定时器中断回调函数
void HAL_TIM_IC_CaptureCallback(TIM_HandleTypeDef * htim)
{
    if(htim-> Channel == HAL_TIM_ACTIVE_CHANNEL_1)
    {
        period =   HAL_TIM_ReadCapturedValue(htim, TIM_CHANNEL_1) + 1;   //周期
    }
    else if(htim-> Channel == HAL_TIM_ACTIVE_CHANNEL_2)
    {
        pulse =   HAL_TIM_ReadCapturedValue(htim, TIM_CHANNEL_2) + 1;   //占空比
    }
}
```

(7) 主函数 main()程序如下：

第一步，初始化系统时钟。

第二步，初始化 PWM 输出定时器。

第三步，初始化输入捕获定时器和串口。

第四步，在 while()循环中计算占空比值，使用 printf 将占空比和周期通过串口每隔 100ms 打印出来。

```
extern uint32_t period;                 //周期
extern uint32_t pulse;                  //占空比比值
uint16_t duty;                          //占空比

int main(void)
{
    CLOCK_Init();                       //初始化系统时钟
    TIM_PWM_Init();                     //定时器 PWM 输出初始化
    TIM_Cap_Init();                     //定时器输入捕获初始化
    UART_Init();                        //串口初始化

    while(1)
    {
    duty = pulse * 100.0f / period;
    printf("Period is % d,Duty cycle is:% d%% \r\n", period, duty); //通过串口输出周期和占空比
    HAL_Delay(100);                     //延时 100ms
    }
}
```

4.5.3 运行结果

将程序下载到开发板中，打开串口。取一根杜邦线将 PD12 引脚与 PA0 引脚相连。可以看到接收缓冲区打印出周期和占空比的值，分别为 10000 和 20%，和 PWM 输出定时器的配置一致，如图 4-33 所示。

练习

(1) 简述 PWM 输入模式的实现过程。

(2) 配置其他定时器实现 PWM 输入。

图 4-33　运行结果

4.6　电容触摸按键

学习目标

了解电容按键的检测原理,通过定时器的输入捕获实现电容按键的检测。

4.6.1　开发原理

电容器(简称电容)就是可以容纳电荷的器件,两个金属块中间隔一层绝缘体就可以构成一个最简单的电容。实际电路板设计时情况如图 4-34 所示。

电路板最上层是绝缘材料,下面一层是导电铜箔,我们根据电路走线情况设计决定铜箔的形状,再下面一层一般是 FR-4 板材。金属感应片与地信号之间由绝缘材料隔着,整个可以等效为一个电容 C_x。一般在设计的时候,把金属感应片设计成方便手指触摸其大小。

在电路板未上电时,可以认为电容 C_x 是没有电荷的,在上电时,在电阻作用下,电容 C_x 就会有一个充电过程,直

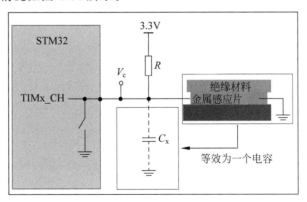

图 4-34　电容器电路原理图

到电容充满,即 V_c 电压值为 3.3V,这个充电过程的时间长短受到电阻 R 阻值和电容 C_x 容值的直接影响。但是在我们选择合适的电阻 R 并焊接固定到电路板上后,这个充电时间就基本上不会变了,因为此时电阻 R 已经是固定的,电容 C_x 在无外界明显干扰情况下基本上也是保持不变的。

现在来看看当我们用手指触摸时会是怎样的情况? 如图 4-35 所示,当我们用手指触摸时,金属感应片除了与地信号形成一个等效电容 C_x 外,还会与手指形成一个 C_s 等效电容。此

时整个电容按键可以容纳的电荷数量就比没有手指触摸时要多了,可以看成是 C_x 和 C_s 叠加的效果。在相同的电阻 R 情况下,因为电容容值增大了,导致需要更长的充电时间。也就是这个充电时间变长使得我们可以区分有无手指触摸,从而判定电容按键是否被按下。

现在最主要的任务就是测量充电时间。充电过程可以看作是一个信号从低电平变成高电平的过程,现在就是要求出这个变化过程的时间,这个问题与之前讲解定时器的输入捕获功能非常吻合。我们可以利用定时器输入捕获功能计算充电时间,即设置 TIMx_CH 为定时器输入捕获模式通道。这样先测量得到无触摸时的充电时间作为比较基准,然后再定时循环测量充电时间并将之与无触摸时的充电时间进行比较,如果超过一定的阈值就认为是有手指触摸。

图 4-36 为 V_c 跟随时间变化的情况,可以看出,在无触摸情况下,电压变化较快;而在有触摸时,总的电容量增大了,电压变化缓慢一些。

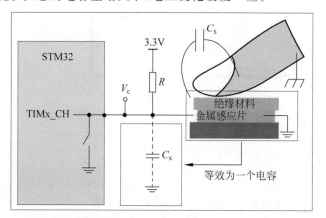

图 4-35 手指触摸的情况

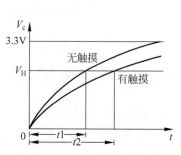

图 4-36 V_c 随时间变化情况

为测量充电时间,我们需要设置定时器输入捕获功能为上升沿触发,图 4-36 中的 V_H 就是被触发上升沿的电压值,也是 STM32 认为是高电平的最低电压值,大约为 1.8V。$t1$ 和 $t2$ 可以通过定时器捕获/比较寄存器获取得到。

不过在测量充电时间之前,我们必须想办法重现这个充电过程。之前的分析是在电路板上电时会有充电过程,现在要求在程序运行中循环检测按键,所以必须可以控制充电过程的生成。我们可以将 TIMx_CH 引脚作为普通的 GPIO 使用,使其输出一小段时间的低电平,为电容 C_x 放电,即 V_c 为 0V。当重新配置 TIMx_CH 为输入捕获时,电容 C_x 在电阻 R 的作用下就可以产生充电过程。

4.6.2 开发步骤

(1) 查看开发板原理图,我们需要通过 TIM2_CH1(PA5)采集 TPAD 的信号,如图 4-37 所示,所以本节需要用跳线帽短接多功能(PA12)的 TPAD 和 ADC,以便将 TPAD 连接到 PA5,如图 4-38 所示。

21	G8	30	41	P4	51	PA5	I/O	TTa	—	SPI1_SCK/ OTG_HS_ULPI_CK/ TIM2_CH1_ETR/ TIM8_CH1N/EVENTOUT	ADC12_IN5/DAC_OUT2

图 4-37 引脚映射图

```
TPAD ⟩   41   | PA5
```

图 4-38 硬件原理图(部分)

(2) 首先初始化定时器 2 通道 1 的输入捕获。

```
TIM_HandleTypeDef TIM2_HandleTypeDef;                          //定时器 2 的句柄

//定时器 2 通道 1 输入捕获配置
void TIM2_CH1_Cap_Init(void)
{
    TIM2_HandleTypeDef.Instance = TIM2;                        //定时器 2 基地址
    TIM2_HandleTypeDef.Init.Prescaler = 84 - 1;               //预分频系数
    TIM2_HandleTypeDef.Init.CounterMode = TIM_COUNTERMODE_UP;  //定时器计数模式为向上计数
    TIM2_HandleTypeDef.Init.Period = 0XFFFF - 1;              //预装载值
    TIM2_HandleTypeDef.Init.ClockDivision = TIM_CLOCKDIVISION_DIV1; //时钟 1 分频
    HAL_TIM_IC_Init(&TIM2_HandleTypeDef);                     //定时器输入初始化

    TIM_IC_InitTypeDef TIM_IC_InitTypeDef;                    //TIM 输入捕获配置结构体

    TIM_IC_InitTypeDef.ICPolarity = TIM_ICPOLARITY_RISING;    //捕获上升沿触发
    TIM_IC_InitTypeDef.ICFilter = 0x00;                       //配置输入滤波器,不滤波
    TIM_IC_InitTypeDef.ICPrescaler = TIM_ICPSC_DIV1;          //预分频
    TIM_IC_InitTypeDef.ICSelection = TIM_ICSELECTION_DIRECTTI; //TC1 映射到 IC1 上
    HAL_TIM_IC_ConfigChannel(&TIM2_HandleTypeDef, &TIM_IC_InitTypeDef, TIM_CHANNEL_1);
                                                               //配置输入通道
    HAL_TIM_IC_Start(&TIM2_HandleTypeDef, TIM_CHANNEL_1);     //启动 TIM 输入捕获
}
//定时器硬件初始化
void HAL_TIM_IC_MspInit(TIM_HandleTypeDef * htim)
{
    if(htim -> Instance == TIM2)
    {
        GPIO_InitTypeDef GPIO_InitTypeDef;                    //引脚初始化结构体

        __HAL_RCC_GPIOA_CLK_ENABLE();                         //时钟使能
        __HAL_RCC_TIM2_CLK_ENABLE();                          //定时器时钟使能

        GPIO_InitTypeDef.Alternate = GPIO_AF1_TIM2;           //引脚复用为定时器 2
        GPIO_InitTypeDef.Mode = GPIO_MODE_AF_PP;              //引脚模式推挽复用
        GPIO_InitTypeDef.Pin = GPIO_PIN_5;                    //5 号引脚
        GPIO_InitTypeDef.Pull = GPIO_NOPULL;                  //引脚浮空
        GPIO_InitTypeDef.Speed = GPIO_SPEED_FREQ_HIGH;        //高速率
        HAL_GPIO_Init(GPIOA, &GPIO_InitTypeDef);              //引脚结构体初始化
    }
}
```

(3) 定义 TPAD_Reset() 函数,用来复位电容按键,释放电容电量。

```
//复位一次,释放电容电量
void TPAD_Reset(void)
{
    //初始化 A5 引脚为输出模式
    GPIO_InitTypeDef GPIO_InitTypeDef;
    GPIO_InitTypeDef.Mode = GPIO_MODE_OUTPUT_PP;
    GPIO_InitTypeDef.Pin = GPIO_PIN_5;
    GPIO_InitTypeDef.Pull = GPIO_PULLDOWN;
    GPIO_InitTypeDef.Speed = GPIO_SPEED_FREQ_HIGH;
    HAL_GPIO_Init(GPIOA, &GPIO_InitTypeDef);

    HAL_GPIO_WritePin(GPIOA, GPIO_PIN_5, GPIO_PIN_RESET); //A5 引脚输出低电平,达到电容放电的效果
```

```
        //放电完成,将 A5 引脚配置为复用模式,用于定时器 2 的输入捕获
        GPIO_InitTypeDef.Mode = GPIO_MODE_AF_PP;
        GPIO_InitTypeDef.Pull = GPIO_NOPULL;
        GPIO_InitTypeDef.Alternate = GPIO_AF1_TIM2;
        HAL_GPIO_Init(GPIOA,&GPIO_InitTypeDef);
    }
```

(4) 定义 TPAD_GetValue()函数,获取定时器的输入捕获值。通过这个函数,可以测出电容按键的空载充电时间 $t1$ 和有手触摸情况下的充电时间 $t2$。

```
    //获取定时器捕获值
    uint32_t TPAD_GetValue(void)
    {
        TPAD_Reset();                                          //先将电容按键中电容放电

        __HAL_TIM_SET_COUNTER(&TIM2_HandleTypeDef, 0);        //计数器清 0 开始计数
        __HAL_TIM_CLEAR_FLAG(&TIM2_HandleTypeDef, TIM_FLAG_CC1|TIM_FLAG_UPDATE);
                                                //清除定时器的溢出中断与通道 1 中断

        while(__HAL_TIM_GET_FLAG(&TIM2_HandleTypeDef, TIM_FLAG_CC1) == RESET)   //等待捕获上升沿
        {
            if(__HAL_TIM_GET_COUNTER(&TIM2_HandleTypeDef) > 0xFFFF - 500)
            return __HAL_TIM_GET_COUNTER(&TIM2_HandleTypeDef);   //超时了,直接返回 CNT 的值
        };

        return HAL_TIM_ReadCapturedValue(&TIM2_HandleTypeDef, TIM_CHANNEL_1);
                                                    //读取定时器 2 中计数器 CNT 的值
    }
```

(5) 定义 TPAD_Init()函数,函数中首先调用 TIM2_CH1_Cap_Init()初始化定时器输入捕获,然后调用 TPAD_GetValue()函数获取 10 次电容按键充电时间并取平均值,获取后将值保存在 tpad_default_val 全局变量中。

```
    uint32_t tpad_default_val = 0;         //没有手按下时,电容充满时间
    //初始化定时器并获取电容按键充电时间
    uint8_t TPAD_Init(void)
    {
        uint32_t temp = 0;
        uint32_t buf[10] = {0};

        TIM2_CH1_Cap_Init();                //定时器输入捕获配置

        for(uint8_t i = 0; i < 10; i++)
        {
            buf[i] = TPAD_GetValue();       //连续获取 10 次电容按键充电时间
            temp += buf[i];
            HAL_Delay(10);
        }

        tpad_default_val = temp / 10;       //获取 10 次充电时间平均数

        if(tpad_default_val > (uint32_t)65535/2)
            return 1;                       //初始化遇到超过 TPAD_ARR_MAX_VAL/2 的数值,不正常!
        return 0;
    }
```

(6) 定义 TPAD_Get_MaxValue()函数,获取最大输入捕获值。当我们用手指触摸电容

按键的时候,常常会有干扰或者是误触发,所以一般选取最大的值为有效值。

```
//读取 n 次,取最大值返回读到的最大读数值
uint32_t TPAD_Get_MaxValue(uint8_t n)
{
    uint32_t temp = 0, time = 0;

    while(n -- )
    {
        temp = TPAD_GetValue();      //得到一次值
        if(temp > time)
        time = temp;
    }
    return time;
}
```

(7) 定义 TPAD_Scan()函数,用来扫描触摸按键。按键扫描函数不断地检测充电时间,当充电时间大于 tpad_default_val 的 4/3 且小于 10 倍的 tpad_default_val 时有效。在按键扫描函数中,我们引入了一个按键检测标志 keyen,其由关键字 static 修饰,相当于一个全局变量,每次修改这个变量的时候其保留的都是上一次的值。引入一个按键检测标志是为了消除按键是否一直按下的情况,如果按键一直被按下,那么 keyen 的值会一直在 keyen 的初始值和keyen-1 之间循环,永远不会等于 0,则永远都不会被认为按键按下,需要等待释放。

```
//扫描触摸按键
uint32_t TPAD_Scan(void)
{
    static uint8_t keyen = 0;        //按键检测使能 0:开始检测;>0:表示按键一直被按下
    uint32_t scan_val;               //按键按下时的充电时间
    uint8_t key_status = 0;          //按键按下状态

    scan_val = TPAD_Get_MaxValue(3);  //采集 3 次取最大值

    if(scan_val > (tpad_default_val * 4/3) && scan_val <(10 * tpad_default_val))
    {
        if(keyen == 0)key_status = 1; //有效的按键
        keyen = 2;                    //至少要再过 2 次之后才能判断按键有效
    }

    if(keyen)keyen -- ;
    return key_status;
}
```

(8) 在主函数 main()中,首先初始化系统时钟、LED 灯及电容按键,然后调用扫描按键触摸函数循环判断按键是否按下,如果按键按下,则开启 LED1;否则关闭。

```
int main()
{
    CLOCK_Init();            //时钟初始化
    LED_Init();              //LED 灯初始化
    TPAD_Init();             //电容按键初始化

    while(1)
    {
        if(TPAD_Scan())      //电容按键被按下
            { LED1_ON; }
        else
```

```
        { LED1_OFF;}
    }
}
```

4.6.3 运行结果

跳线帽短接 TPAD 和 ADC。将程序下载到开发板,手按电容触摸按键,LED1 会亮。

练习

(1) 简述电容按键的物理原理。

(2) 电容按键的充电过程是如何实现的?

(3) 配置电容触摸按键实现设备唤醒功能。

视频 16

4.7 独立看门狗

学习目标

了解独立看门狗的工作原理及其使用场景,使用电容按键触发喂狗事件。

4.7.1 开发原理

STM32 有两个看门狗:一个是独立看门狗,另一个是窗口看门狗。独立看门狗号称宠物狗,窗口看门狗号称警犬,本章主要分析独立看门狗的功能框图及其应用。独立看门狗用通俗一点的话来解释就是一个 12 位的递减计数器,当计数器的值从某个值一直减到 0 的时候,系统就会产生一个复位信号,即 IWDG_RESET。如果在计数没减到 0 之前刷新了计数器的值,那么就不会产生复位信号,这个动作就是我们经常说的喂狗。独立看门狗由 VDD 电压域供电,在停止模式和待机模式下仍能工作。

IWDG 功能框图如图 4-39 所示。

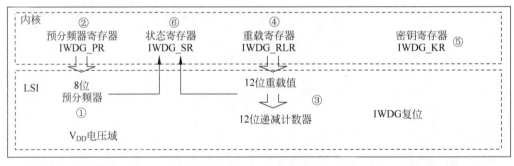

图 4-39 IWDG 功能框图

(1) 编号①8 位预分频器。

独立看门狗的时钟由独立的 RC 振荡器 LSI 提供,即使主时钟发生故障它仍然有效,非常独立。LSI 的频率一般为 30~60kHz,根据温度和工作场合会有一定的漂移,一般取 40kHz,所以独立看门狗的定时时间并不一定非常精确,只适用于对时间精度要求比较低的场合。

(2) 编号②预分频器寄存器 IWDG_PR。

递减计数器的时钟由 LSI 经过一个 8 位的预分频器得到,我们可以操作预分频器寄存器 IWDG_PR 来设置分频因子,分频因子可以是 4、8、16、32、64、128、256,计数器时钟 CK_CNT = $40/4 \times 2^{\text{prv}}$,一个计数器时钟计数器实现减 1。

（3）编号③计数器。

独立看门狗的计数器是一个 12 位的递减计数器，最大值为 0xFFF，当计数器减到 0 时，会产生一个复位信号 IWDG_RESET，让程序重新启动运行，如果在计数器减到 0 之前刷新了计数器的值，那么就不会产生复位信号。

（4）编号④重装载寄存器 IWDG_RLR。

重装载寄存器是一个 12 位寄存器，里面装着要刷新到计数器的值，这个值的大小决定着独立看门狗的溢出时间。超时时间 $Tout=(4\times 2^{prv})/40\times rlv$，prv 是预分频器寄存器的值，rlv 是重装载寄存器的值。

（5）编号⑤密钥寄存器 IWDG_KR。

密钥寄存器 IWDG_KR 可以说是独立看门狗的一个控制寄存器，主要有 3 种控制方式，向这个寄存器写入 3 个不同的值有不同的效果，如表 4-7 所示。

表 4-7　3 个不同的值有不同的效果

键　　值	键　值　作　用
0xAAAA	把 RLR 的值重装载到 CNT
0x5555	PR 和 RLR 这两个寄存器可写
0xCCCC	启动 IWDG

通过向密钥寄存器写 0xCCCC 来启动看门狗属于软件启动的方式，一旦独立看门狗启动，它就关不掉了，只有复位才能关掉它。

（6）编号⑥状态寄存器 IWDG_SR。

状态寄存器 SR 只有位 0（PVU）和位 1（RVU）有效，这两位只能由硬件操作，软件无法操作。RVU：看门狗计数器重装载值更新，硬件置 1 表示重装载值的更新正在进行中，更新完毕之后由硬件清零。PVU：看门狗预分频值更新，硬件置 1 指示预分频值的更新正在进行中，当更新完成后，由硬件清零。所以只有当 RVU/PVU 等于 0 的时候才可以更新重装载寄存器/预分频寄存器。

独立看门狗一般用来检测和处理由程序引起的故障，比如一个程序正常运行的时间是 50ms，在运行完这段程序之后紧接着进行喂狗，我们设置独立看门狗的定时溢出时间为 60ms，比被监控的程序运行需要的 50ms 多一点，如果超过 60ms 还没有喂狗，则说明所监控的程序出故障了，那么就会产生系统复位，让程序重新运行。

4.7.2　开发步骤

（1）首先创建 IWDG_Init() 函数，初始化独立看门狗。初始化独立看门狗 32 分频且自动重装载为 1000，所以看门狗的超时时间为（32kHz/32）×1000＝1s（配置方法请参考 STM32F4 参考手册）。

```
IWDG_HandleTypeDef IWDG_Handle; //定义独立看门狗初始化句柄
/*
 *  设置 IWDG 的超时时间
 *  Tout = (32kHz / Prescaler) * Reload
 *       (32kHz / 32) * 1000 = 1s
 */
//独立看门狗初始化
void IWDG_Init(void)
{
    IWDG_Handle.Instance = IWDG;                    //独立看门狗地址
```

```
    IWDG_Handle.Init.Prescaler = IWDG_PRESCALER_32;        //采用 64 分频
    IWDG_Handle.Init.Reload = 1000 - 1;                     //设置自动重装载值

    HAL_IWDG_Init(&IWDG_Handle);                            //初始化独立看门狗
}
```

（2）创建 IWDG_ReFresh()函数，实现喂狗功能。

```
//喂狗事件
void IWDG_ReFresh(void)
{
    HAL_IWDG_Refresh(&IWDG_Handle);
}
```

（3）主函数 main()程序如下：

第一步，初始化系统时钟和蜂鸣器。

第二步，开启蜂鸣器。

第三步，初始化电容按键及独立看门狗。

第四步，在 while()循环中首先关闭蜂鸣器，然后循环调用 TPAD_Scan()判断电容按键是否被按下，如果被按下，则调用函数 IWDG_ReFresh()产生喂狗事件。

```
int main()
{
    CLOCK_Init();                          //时钟初始化
    BUZZER_Init();                         //蜂鸣器初始化

    BUZZER_ON;                             //开启蜂鸣器

    TPAD_Init();                           //电容按键初始化
    IWDG_Init();                           //独立看门狗初始化
    while(1)
    {
        BUZZER_OFF;                        //关闭蜂鸣器
        if(TPAD_Scan())                    //如果按键按下,产生喂狗事件
        {
            IWDG_ReFresh();
        }
    }
}
```

4.7.3 运行结果

将程序下载到开发板中，在 1s 内通过电容按键来不断地喂狗，如果喂狗失败，则蜂鸣器不停响起。

练习

（1）什么是独立看门狗？

（2）根据看独立门狗的原理实现中断喂狗。

视频 17

4.8 窗口看门狗

学习目标

了解窗口看门狗的工作原理及其使用场景，通过喂狗事件使窗口看门狗不产生复位。

4.8.1　开发原理

STM32 有两个看门狗：一个是独立看门狗；另一个是窗口看门狗。我们知道独立看门狗的工作原理就是一个递减计数器在 LSI 时钟的驱动下不断地往下递减计数，当减到 0 之前如果没有刷新递减计数器的值（即俗称的喂狗），则产生复位。窗口看门狗与独立看门狗一样，也是一个递减计数器不断地往下递减计数，如果减到一个固定值 0x40 时还不喂狗，则产生复位，这个值叫窗口的下限，是固定的值，不能改变。这个是与独立看门狗类似的地方，不同的地方是窗口看门狗的计数器的值在减到某一个数之前喂狗也会产生复位，这个值叫窗口的上限，上限值由用户独立设置。窗口看门狗计数器的值必须在上窗口和下窗口之间才可以喂狗，这就是窗口看门狗中窗口两个字的含义。独立看门狗和窗口看门狗的区别如图 4-40 所示。

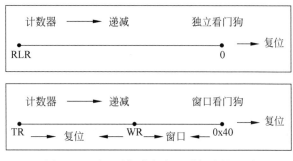

图 4-40　独立看门狗与窗口看门狗的区别

RLR 是重装载寄存器，用来设置独立看门狗的计数器的值。TR 是窗口看门狗的计数器的值，由用户独立设置，WR 是窗口看门狗的上窗口值，由用户独立设置。

1．窗口看门狗功能

窗口看门狗功能框图如图 4-41 所示。

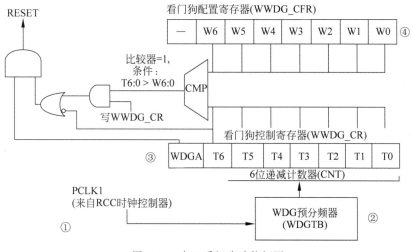

图 4-41　窗口看门狗功能框图

1）编号①窗口看门狗时钟

窗口看门狗时钟来自 PCLK1，PCLK1 最大是 42MHz，由 RCC 时钟控制器开启。

2）编号②计数器时钟

计数器时钟由 CK 计时器时钟经过预分频器分频得到，分频系数由配置寄存器 CFR 的位 8:7 WDGTB[1:0]配置，可以是 0、1、2、3，其中 CK 计时器时钟＝PCLK1/4096，除以 4096 是手册规定的。所以计数器的时钟 CNT_CK＝PCLK1/4096/(2^{WDGTB})，这就可以算出计数器减一个数的时间 $T＝1/CNT\_CK＝Tpclk1×4096×(2^{WDGTB})$。

3) 编号③计数器

窗口看门狗的计数器是一个递减计数器,共有 7 位,其值存在控制寄存器 CR 的位 6:0,即 T[6:0],当 7 个位全部为 1 时是 0x7F,这个是最大值,当递减到 T6 位变成 0 时,即从 0x40 变为 0x3F 时,会产生看门狗复位。这个值 0x40 是看门狗能够递减到的最小值,所以计数器的值只能为 0x40~0x7F,实际上用来计数的是 T[5:0]。当递减计数器递减到 0x40 的时候,还不会马上产生复位,如果使能了提前唤醒中断(CFR 的位 9EWI 置 1),则产生提前唤醒中断;如果真进入了这个中断,则说明程序肯定是出问题了,那么在中断服务程序中就需要做最重要的工作,比如保存重要数据或者报警等,这个中断也称为死前中断。

4) 编号④窗口值

我们知道,窗口看门狗必须在计数器的值处于某个范围内时才可以喂狗,其中下窗口的值是固定的 0x40,上窗口的值可以改变,具体由配置寄存器 CFR 的位 W[6:0]设置。其值必须大于 0x40,如果小于或等于 0x40 就失去了窗口的价值,而且不能大于计数器的值,也就是必须小于 0x7F。那么窗口值具体要设置成多大? 这个应根据我们需要监控的程序的运行时间来决定。如果要监控的程序段 A 运行的时间为 Ta,当执行完这段程序之后就要进行喂狗,如果在窗口时间内没有喂狗,那么程序肯定会出问题。一般计数器的值 TR 设置成最大 0x7F,窗口值为 WR,计数器减一个数的时间为 T,那么时间(TR−WR)∗T 只要稍微大于 Ta 即可,这样就能做到刚执行完程序段 A 之后喂狗,起到监控的作用,这样也就可以算出 WR 的值是多少。

2. 计算看门狗超时时间

如图 4-42 所示,我们知道看门狗超时时间为 $t_{WWDG}=t_{PCLK1}\times4096\times2^{WDGTB}\times(t[5:0]+1)$(ms)。当 PCLK1=30MHz 时,如表 4-8 所示,WDGTB 取不同的值时有最小和最大的超时时间。下面分析一下最大 WDGTB=0 是怎么算的。递减计数器有 7 位(T[6:0]),当位 6 变为 0 时就会产生复位,实际上有效的计数位是 T[5:0],而且 T[6]必须先设置为 1。如果

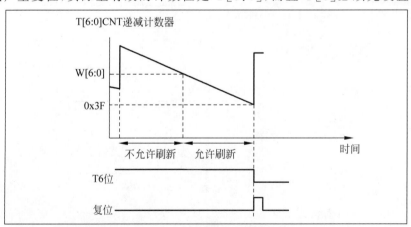

超时值的计算公式如下:

$$t_{WWDG}=t_{PCLK1}\times4096\times2^{WDGTB}\times(t[5:0]+1)\ (ms)$$

其中:

t_{WWDG}: WWDG超时

t_{PCLK1}: APB1时钟周期,以ms为测量单位

有关t_{WWDG}的最小值和最大值,请参见表4-8。

图 4-42　计算超时时间

T[5:0]=0 时，递减计数器再减一次，就产生复位了，那这减一的时间就等于计数器的周期 = $1/CNT\_CK = Tpclk1 \times 4096 \times 2^{WDGTB} = 1/30 \times 4096 \times 2^0 \approx 136.53 \mu s$，这个就是最短的超时时间。如果 T[5:0] 全部装满为 1，即 63，当它减到 0x40 变成 0x3F 时，所需的时间就是最大的超时时间 = $136.53 \times 2^6 = 8737.92 \mu s (8737.92 \mu s \approx 8.74 ms)$。同理，当 WDGTB 等于 1/2/3 时，代入公式即可。

表 4-8　WDGTB 的最小和最大超时时间

预 分 频 器	WDGTB	最小超时(μs)T[5:0]=0x00	最大超时(ms)T[5:0]=0x3F
1	0	136.53	8.74
2	1	273.07	17.48
4	2	546.13	34.95
8	3	1092.27	69.91

WWDG 一般用于监测由外部干扰或不可预见的逻辑条件造成的应用程序背离正常的运行序列而产生的软件故障。比如一个程序段正常运行的时间是 50ms，在运行完这个程序段之后紧接着进行喂狗，如果在规定的时间窗口内没有喂狗，则说明我们监控的程序出故障了，此时会产生系统复位，让程序重新运行。

4.8.2　开发步骤

（1）首先创建 WWDG_Init()函数，初始化窗口看门狗并使能中断及优先级。配置计数器值为 0x7F(127，最大值)，配置窗口值为 0x50(80，0x40 为最小值)，计数器分频为 8 分频，则计数器频率为（PCLK（42MHz）/4096）/8 约等于 1281Hz，则计数器记一次时间为 $780 \mu s$，则有 $780 \times (127-80)=36.6ms <$ 刷新窗口 $< ~780 \times 64(0x40)=49.9ms$。

```
WWDG_HandleTypeDef WWDG_Handle; //窗口看门狗初始化句柄

/ *
 * 窗口看门狗配置函数
 * 递减计时器值: Counter = 0x7F(127, 最大值)
 * 窗口值: Window = 0x50(80, 0x40 为最小值)
 * 计数器频率: WWDG counter clock = (PCLK(42MHz)/4096)/8 = 约等于 1281Hz
 * 则计数器记一次时间为: 780us
 * 则有: 780 * (127 - 80) = 36.6ms < 刷新窗口 < ~780 * 64 = 49.9ms
 * /
void WWDG_Init(void)
{
        __HAL_RCC_WWDG_CLK_ENABLE();                    //窗口看门狗时钟使能

        WWDG_Handle.Instance = WWDG;                    //窗口看门狗基地址
        WWDG_Handle.Init.Counter = 0x7F;                //计时器值初始化为最大 127
        WWDG_Handle.Init.Prescaler = WWDG_PRESCALER_8;  //预分频值 8 分频
        WWDG_Handle.Init.Window = 0x50;                 //窗口值 80
        WWDG_Handle.Init.EWIMode = WWDG_EWI_ENABLE;     //看门狗使能
        HAL_WWDG_Init(&WWDG_Handle);                    //窗口看门狗初始化

        HAL_NVIC_SetPriority(WWDG_IRQn, 2, 3);          //配置窗口看门狗中断优先级
        HAL_NVIC_EnableIRQ(WWDG_IRQn);                  //使能窗口看门狗
}
```

（2）配置窗口看门狗中断服务函数。当递减计数器减到 0x40 的时候，会产生一个中断，这个中断称为死前中断或者遗嘱中断。本节的中断服务函数中开启了蜂鸣器。

```
//窗口看门狗遗嘱中断,当计数器的值减到 0x40 后,产生的中断
void WWDG_IRQHandler(void)
{
    HAL_WWDG_IRQHandler(&WWDG_Handle);
}

//中断回调函数
void HAL_WWDG_EarlyWakeupCallback(WWDG_HandleTypeDef * hwwdg)
{
    BUZZER_ON;
}
```

(3) 定义喂狗函数。喂狗就是重新刷新递减计数器的值防止系统复位,喂狗一般是在主函数中进行的。

```
//喂狗函数
void WWDG_Refresh(void)
{
    HAL_WWDG_Refresh(&WWDG_Handle);
}
```

(4) 主函数 main()程序如下:

第一步,定义存储计数器当前值和窗口上限值变量。

第二步,初始化系统时钟、蜂鸣器,开启蜂鸣器并延时 1s。

第三步,初始化窗口看门狗并读取窗口上限值。

第四步,在 while()循环中首先关闭蜂鸣器,然后不断读取计数器的值,当计数器的值减小到小于上窗口值的时候进行喂狗,让计数器重新计数。

```
uint16_t wwdg_tr;                       //读取计数器当前值
uint16_t wwdg_wr;                       //读取窗口上限值

int main()
{
    CLOCK_Init();                       //时钟初始化
    BUZZER_Init();                      //蜂鸣器初始化
    WWDG_Init();                        //窗口看门狗初始化

    BUZZER_ON;                          //开启蜂鸣器

    //读取窗口上限值
    wwdg_wr = WWDG -> CFR & 0x7F;

    while(1)
    {
        BUZZER_OFF;                     //关闭蜂鸣器
        //读取计数器当前值
        wwdg_tr = WWDG -> CR & 0x7F;
        //当计数器的值小于窗口上限值时,触发喂狗事件
        if(wwdg_tr < wwdg_wr)
        {
            WWDG_Refresh();
        }
    }
}
```

4.8.3 运行结果

将程序下载到开发板中,蜂鸣器响起,一段时间后关闭,之后蜂鸣器将不再响起,说明系统没有产生复位。

练习

(1)简述独立看门狗和窗口看门狗的异同。

(2)根据窗口看门狗原理实现用其他方式喂狗。

第 5 章

CHAPTER 5

ADC 开发

ADC(Analog To Digital Converter,模数转换器)指将连续变化的模拟信号转换为离散的数字信号的器件。STM32F4 系列一般有 3 个 ADC,每个 ADC 有 12 位、10 位、8 位和 6 位精度可选,每个 ADC 有 16 个外部通道、19 个复用通道、两个用于内部源和 VBAT 通道的信号。这些通道的 AD 转换可在单次、连续、扫描或不连续采样模式下进行。ADC 的结果存储在一个左对齐或右对齐的 16 位数据寄存器中。ADC 具有独立模式、双重模式和三重模式,对于不同的 AD 转换要求几乎都有合适的模式可选。

本章从采集光照强度、单 ADC 扫描、ADC 的 DMA 模式、双 ADC 交叉、ADC 定时器触发,逐一展开,介绍相关原理并通过实例帮助读者掌握 ADC 开发能力。

5.1 ADC:采集光照强度

视频 18

学习目标

掌握 ARM Cortex-M 系列芯片外设 ADC 的工作原理,通过配置 STM32F407 的 ADC 来完成光敏传感器电压采集。

5.1.1 开发原理

1. ADC 介绍

STM32F407ZGT6 有 3 个 ADC,每个 ADC 有 12 位、10 位、8 位和 6 位精度可选,每个 ADC 有 16 个外部通道。另外还有用于内部 ADC 源和 VBAT 的通道。ADC 具有独立模式、双重模式和三重模式。ADC 功能非常强大。

ADC 功能框图如图 5-1 所示(详情请参考 STM32F4 参考手册)。

1) 编号①电压输入范围

ADC 输入范围为 VREF−≤VIN≤VREF+。由 VREF−、VREF+、VDDA、VSSA 这 4 个外部引脚决定。我们在设计原理图的时候一般把 VSSA 和 VREF−接地,把 VREF+和 VDDA 接 3V3,得到 ADC 的输入电压范围为 0~3.3V。

如果想让输入的电压范围变宽,可以测试负电压或者更高的正电压,那么可以在外部加一个电压调理电路,把需要转换的电压抬升或者降压到 0~3.3V,这样 ADC 就可以测量了。

2) 编号②输入通道

在确定好 ADC 输入电压之后,电压怎么输入到 ADC? 这里引入通道的概念。STM32 的 ADC 有多达 19 个通道,其中外部的 16 个通道就是图 5-1 中的 ADCx_IN0、ADCx_IN1、……、ADCx_IN5。这 16 个通道对应着不同的 I/O 口,具体是哪一个 I/O 口可以从手册查询到。其

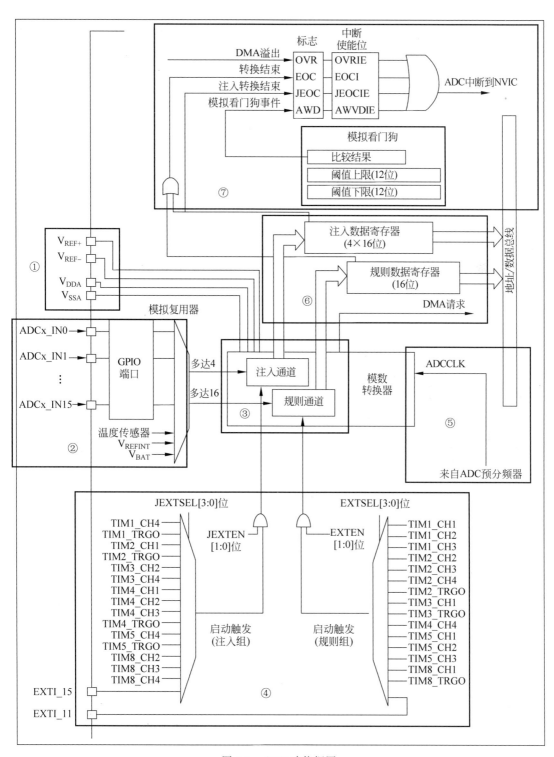

图 5-1 ADC 功能框图

中 ADC1/ADC2/ADC3 还有内部通道：ADC1 的通道 ADC1_IN16 连接到内部的 VSS,通道 ADC1_IN17 连接到了内部参考电压 VREFINT,通道 ADC1_IN18 连接到了芯片内部的温度传感器或者备用电源 VBAT。ADC2 和 ADC3 的通道 16、17、18 全部连接到了内部的 VSS,如图 5-2 所示。

STM32F407ZGT6 ADC I/O 分配					
ADC1	IO	ADC2	IO	ADC3	IO
通道0	PA0	通道0	PA0	通道0	PA0
通道1	PA1	通道1	PA1	通道1	PA1
通道2	PA2	通道2	PA2	通道2	PA2
通道3	PA3	通道3	PA3	通道3	PA3
通道4	PA4	通道4	PA4	通道4	PF6
通道5	PA5	通道5	PA5	通道5	PF7
通道6	PA6	通道6	PA6	通道6	PF8
通道7	PA7	通道7	PA7	通道7	PF9
通道8	PB0	通道8	PB0	通道8	PF10
通道9	PB1	通道9	PB1	通道9	PF3
通道10	PC0	通道10	PC0	通道10	PC0
通道11	PC1	通道11	PC1	通道11	PC1
通道12	PC2	通道12	PC2	通道12	PC2
通道13	PC3	通道13	PC3	通道13	PC3
通道14	PC4	通道14	PC4	通道14	PF4
通道15	PC5	通道15	PC5	通道15	PF5
通道16	连接内部温度传感器	通道16	连接内部VSS	通道16	连接内部VSS
通道17	连接内部VREFINT	通道17	连接内部VSS	通道17	连接内部VSS

图 5-2　ADC 输入通道

外部的 16 个通道在转换的时候又分为规则通道和注入通道,其中规则通道最多有 16 路,注入通道最多有 4 路。这两个通道的区别如下：

(1) 规则通道。

顾名思义,规则通道就是遵守规则的通道,我们平时一般使用的就是这个通道。

(2) 注入通道。

注入,可以理解为插入、插队的意思,这是一种不安分的通道。它是一种在规则通道转换的时候可强行插入转换的一种通道。如果在规则通道转换过程中,有注入通道插队,那么要先转换完注入通道,等注入通道转换完成后,再回到规则通道的转换流程。这一点与中断程序处理很像。所以,注入通道只有在规则通道存在时才会出现。

3) 编号③转换顺序

(1) 规则序列。

规则序列寄存器有 3 个,分别为 SQR3、SQR2、SQR1。SQR3 控制着规则序列中的第 1 个到第 6 个转换,对应的位为 SQ1[4:0]～SQ6[4:0],第一次转换的是位 SQ1[4:0],如果通道 16 想第一次转换,那么在 SQ1[4:0]写 16 即可。SQR2 控制着规则序列中的第 7 到第 12 个转换,对应的位为 SQ7[4:0]～SQ12[4:0],如果通道 1 向第 8 个转换,则 SQ8[4:0]写 1 即可。SQR1 控制着规则序列中的第 13 到第 16 个转换,对应位为 SQ13[4:0]～SQ16[4:0]；如果通道 6 向第 10 个转换,则 SQ10[4:0]写 6 即可。具体使用多少个通道,由 SQR1 的位 L[3:0]决定,最多 16 个通道,如图 5-3 所示。

规则序列寄存器SQRx(x为1,2,3)			
寄存器	寄存器位	功能	取值
SQR3	SQ1[4:0]	设置第1个转换的通道	1~16
	SQ2[4:0]	设置第2个转换的通道	1~16
	SQ3[4:0]	设置第3个转换的通道	1~16
	SQ4[4:0]	设置第4个转换的通道	1~16
	SQ5[4:0]	设置第5个转换的通道	1~16
	SQ6[4:0]	设置第6个转换的通道	1~16
SQR2	SQ7[4:0]	设置第7个转换的通道	1~16
	SQ8[4:0]	设置第8个转换的通道	1~16
	SQ9[4:0]	设置第9个转换的通道	1~16
	SQ10[4:0]	设置第10个转换的通道	1~16
	SQ11[4:0]	设置第11个转换的通道	1~16
	SQ12[4:0]	设置第12个转换的通道	1~16
SQR1	SQ13[4:0]	设置第13个转换的通道	1~16
	SQ14[4:0]	设置第14个转换的通道	1~16
	SQ15[4:0]	设置第15个转换的通道	1~16
	SQ16[4:0]	设置第16个转换的通道	1~16
	SQL[3:0]	需要转换多少个通道	1~16

图 5-3 规则序列寄存器

（2）注入序列。

注入序列寄存器 JSQR 只有一个,最多支持 4 个通道,具体多少个由 JSQR 的 JL[2:0]决定。如果 JL 的值小于 4,则 JSQR 与 SQR 决定转换顺序的设置不一样,第一次转换的不是 JSQR1[4:0],而是 JSQRx[4:0],x=(4-JL),与 SQR 刚好相反。如果 JL=00(1 个转换),那么转换的顺序是从 JSQR4[4:0]开始,而不是从 JSQR1[4:0]开始,这个要注意,编程的时候不要搞错。当 JL 等于 4 时,与 SQR 一样,如图 5-4 所示。

注入序列寄存器JSQR			
寄存器	寄存器位	功能	取值
JSQR	JSQ1[4:0]	设置第1个转换的通道	1~4
	JSQ2[4:0]	设置第2个转换的通道	1~4
	JSQ3[4:0]	设置第3个转换的通道	1~4
	JSQ4[4:0]	设置第4个转换的通道	1~4
	JL[1:0]	需要转换多少个通道	1~4

图 5-4 注入序列寄存器

4）触发源

通道选好了,转换的顺序也设置好了,接下来就该开始转换了。ADC 转换可以由 ADC 控制寄存器 ADC_CR2 的 ADON 这个位来控制,写 1 的时候开始转换,写 0 的时候停止转换,这是最简单、最好理解的开启 ADC 转换的控制方式。

除了上面的控制方法,ADC 还支持外部事件触发转换,这个触发包括内部定时器触发和外部 I/O 触发。触发源有很多,具体选择哪一种触发源,由 ADC 控制寄存器 ADC_CR2 的 EXTSEL[2:0]和 JEXTSEL[2:0]位来控制。EXTSEL[2:0]用于选择规则通道的触发源, JEXTSEL[2:0]用于选择注入通道的触发源。选定好触发源之后,触发源是否需要被触发,则由 ADC 控制寄存器 ADC_CR2 的 EXTTRIG 和 JEXTTRIG 这两位来决定。

如果使能了外部触发事件,则可以通过设置 ADC 控制寄存器 ADC_CR2 的 EXTEN[1:0]和 JEXTEN[1:0]来控制触发极性,可以有 4 种状态,分别是禁止触发检测、上升沿检测、下降沿检测以及上升沿和下降沿均检测。

5）转换时间

（1）ADC 时钟。

ADC 输入时钟 ADC_CLK 由 PCLK2 经过分频产生,最大值为 36MHz,典型值为 30MHz,分频因子由 ADC 通用控制寄存器 ADC_CCR 的 ADCPRE[1:0]设置,可设置的分频系数有 2、4、6 和 8。注意,这里没有 1 分频。

（2）采样时间。

ADC 需要若干个 ADC_CLK 周期完成对输入的电压进行采样,采样的周期数可通过 ADC 采样时间寄存器 ADC_SMPR1 和 ADC_SMPR2 中的 SMP[2:0]位设置,ADC_SMPR2 控制的是通道 0～9,ADC_SMPR1 控制的是通道 10～17。每个通道可以分别用不同的时间采样。其中采样周期最小是 3 个,即如果要以最快速度采样,那么应该设置采样周期为 3 个周期,这里说的周期就是 1/ADC_CLK。

ADC 的总转换时间跟 ADC 的输入时钟和采样时间有关,公式为：

$$Tconv = 采样时间 + 12 \ 个周期$$

当 ADC_CLK＝30MHz,即 PCLK2 为 60MHz,ADC 时钟为 2 分频,采样周期设置为 3 个周期,那么总的转换时为 Tconv＝3＋12＝15 个周期＝0.5μs。

一般设置 PCLK2＝84MHz,经过 ADC 预分频器能分频到最大的时钟只能是 21MHz,采样周期设置为 3 个周期,算出最短的转换时间为 0.7142μs,这个才是最常用的。

6）数据寄存器

一切准备就绪后,ADC 转换后的数据根据转换组的不同存放位置不同,规则组的数据放在 ADC_DR 寄存器,注入组的数据放在 JDRx。如果是使用双重或者三重模式,那么规则组的数据是存放在通用规则寄存器 ADC_CDR 内的。

（1）规则数据寄存器 ADC_DR。

ADC 规则组数据寄存器 ADC_DR 只有一个,是一个 32 位的寄存器,只有低 16 位有效并且只是用于以独立模式存放转换完成的数据。因为 ADC 的最大精度是 12 位,ADC_DR 是 16 位有效,所以允许 ADC 存放数据时候选择左对齐或者右对齐,具体是以哪一种方式存放,由 ADC_CR2 的 11 位 ALIGN 设置。假如设置 ADC 精度为 12 位,如果设置数据为左对齐,那么 AD 转换完成的数据存放在 ADC_DR 寄存器的位[4:15]内；如果为右对齐,则存放在 ADC_DR 寄存器的位[0:11]内。

规则通道可以有 16 个,可规则数据寄存器只有一个,如果使用多通道转换,那么转换的数据就全部都挤在了 DR 里面,前一个时间点转换的通道数据,就会被下一个时间点的另外一个通道转换的数据覆盖掉,所以通道转换完成后就应该把数据取走,或者开启 DMA 模式,把数据传输到内存里面,否则就会造成数据的覆盖。最常用的做法就是开启 DMA 传输。

如果没有使用 DMA 传输,那么一般需要使用 ADC 状态寄存器 ADC_SR 获取当前 ADC 转换的进度状态,进而进行程序控制。

（2）注入数据寄存器 ADC_JDRx。

ADC 注入组最多有 4 个通道,刚好注入数据寄存器也有 4 个,每个通道对应着自己的寄存器,不会像规则寄存器那样产生数据覆盖的问题。ADC_JDRx 是 32 位的,低 16 位有效,高 16 位保留,数据同样分为左对齐和右对齐,具体以哪一种方式存放,由 ADC_CR2 的 11 位 ALIGN 设置。

（3）通用规则数据寄存器 ADC_CDR。

规则数据寄存器 ADC_DR 是仅适用于独立模式的，而通用规则数据寄存器 ADC_CDR 是适用于双重模式和三重模式的。独立模式就是仅使用3个 ADC 的其中一个，双重模式就是同时使用 ADC1 和 ADC2，而三重模式就是同时使用3个 ADC。在双重或者三重模式下一般需要配合 DMA 数据传输使用。

7）中断

（1）转换结束中断。

数据转换结束后，可以产生中断，中断分为4种：规则通道转换结束中断、注入转换通道转换结束中断、模拟看门狗中断和溢出中断。其中转换结束中断很好理解，跟我们平时接触的中断一样，有相应的中断标志位和中断使能位，还可以根据中断类型编写与之配套的中断服务程序。

（2）模拟看门狗中断。

当被 ADC 转换的模拟电压低于低阈值或者高于高阈值时，就会产生中断，前提是开启了模拟看门狗中断，其中低阈值和高阈值由 ADC_LTR 和 ADC_HTR 设置。例如，设置高阈值是 2.5V，那么模拟电压超过 2.5V 的时候，就会产生模拟看门狗中断；低阈值时也一样。

（3）溢出中断。

如果发生 DMA 传输数据丢失，则会对 ADC 状态寄存器 ADC_SR 的 OVR 位置位；如果同时使能了溢出中断，那么在转换结束后会产生一个溢出中断。

（4）DMA 请求。

规则和注入通道转换结束后，除了产生中断外，还可以产生 DMA 请求，把转换好的数据直接存储在内存里面。对于3种模式的 AD 转换使用 DMA 传输非常有必要，程序编程简化了很多。

8）电压转换

模拟电压经过模数转换后，得到的是一个相对精度的数字值，如果通过串口以十六进制数据输出，可读性比较差，那么有时候就需要把数字电压转换成模拟电压，这样也可以与实际的模拟电压（用万用表测）对比，看看转换是否准确。

我们一般在设计原理图的时候会把 ADC 的输入电压范围设定为 0～3.3V，如果设置 ADC 为12位的，那么12位满量程对应的就是 3.3V，12位满量程对应的数字值是 2^{12}。数值 0 对应的就是 0V。如果转换后的数值为 X，X 对应的模拟电压为 Y，那么会有如下等式成立：

$$2^{12}/3.3 = X/Y, => Y = (3.3 \times X)/2^{12}$$

2. 光敏传感器简介

光敏传感器是利用光敏元件将光信号转换为电信号的传感器，它的敏感波长在可见光波长附近，包括红外线波长和紫外线波长。光传感器不只局限于对光的探测，它还可以作为探测元件组成其他传感器，对许多非电量进行检测，只要将这些非电量转换为光信号的变化即可。

STM32F4 开发板板载了一个光敏二极管（光敏电阻），作为光敏传感器，它对光的变化非常敏感。光敏二极管也称为光电二极管。光敏二极管与半导体二极管在结构上是类似的，其管芯是一个具有光敏特征的 PN 结，具有单向导电性，因此工作时需加上反向电压。无光照时，有很小的饱和反向漏电流，即暗电流，此时光敏二极管截止。当受到光照时，饱和反向漏电流大大增加，形成光电流，它随入射光强度的变化而变化。当光线照射 PN 结时，可以使 PN 结中产生电子-空穴对，使少数载流子的密度增加。这些载流子在反向电压下漂移，使反向电流增加。因此可以利用光照强弱来改变电路中的电流。

利用这个电流变化,我们串接一个电阻,就可以转换成电压的变化,从而通过 ADC 读取电压值,判断外部光线的强弱。

5.1.2 开发步骤

(1) 查找开发板电路原理图可知,光敏二极管连接在 PF7 引脚上,如图 5-5 所示。

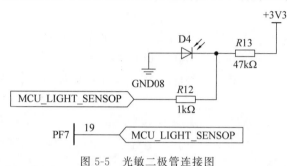

图 5-5 光敏二极管连接图

(2) 查找 STM32F4 数据手册可知,PF7 引脚需使用 ADC3 的通道 5,如图 5-6 所示。

—	—	—	19	K1	25	PF7	I/O	FT	—	TIM11_CH1/FSMC_NREG/EVENTOUT	ADC3_IN5

图 5-6 ADC 引脚映射

(3) 定义 ADC3 初始化结构体句柄 ADC3_Handler,并创建 ADC3_Init()函数,初始化 ADC3。首先调用函数 HAL_ADC_Init()初始化 ADC3,此处配置 ADC 为 4 分频,ADC 时钟为 21MHz,并配置 ADC 为软件触发,且为 12 位数据模式。然后调用 HAL_ADC_ConfigChannel()函数,初始化 ADC3 的通道 5。

```
ADC_HandleTypeDef ADC3_Handler;
//ADC 初始化函数
void ADC3_Init(void)
{
    ADC3_Handler.Instance = ADC3;
    ADC3_Handler.Init.ClockPrescaler = ADC_CLOCK_SYNC_PCLK_DIV4;  //4 分频,ADCCLK = PCLK2/4
= 84/4 = 21MHz
    ADC3_Handler.Init.Resolution = ADC_RESOLUTION_12B;           //12 位模式
    ADC3_Handler.Init.DataAlign = ADC_DATAALIGN_RIGHT;           //右对齐
    ADC3_Handler.Init.ScanConvMode = DISABLE;                    //扫描模式
    ADC3_Handler.Init.EOCSelection = ADC_EOC_SINGLE_CONV;        //开启 EOC 转换一次中断
    ADC3_Handler.Init.ContinuousConvMode = DISABLE;              //开启连续转换
    ADC3_Handler.Init.NbrOfConversion = 1;                       //1 个转换在规则序列
    ADC3_Handler.Init.ExternalTrigConv = ADC_SOFTWARE_START;     //软件触发
    ADC3_Handler.Init.ExternalTrigConvEdge = ADC_EXTERNALTRIGCONVEDGE_NONE; //关闭外部触发器
    ADC3_Handler.Init.DMAContinuousRequests = DISABLE;           //关闭 DMA 请求
    HAL_ADC_Init(&ADC3_Handler);                                 //初始化

    ADC_ChannelConfTypeDef ADC_ChanneConf;
    //电压采集通道初始化
    ADC_ChanneConf.Channel = ADC_CHANNEL_5;                      //通道 5
    ADC_ChanneConf.Rank = 1;                                     //第一个采样
```

```
    ADC_ChanneConf.SamplingTime = ADC_SAMPLETIME_480CYCLES;        //周期采样时间
    HAL_ADC_ConfigChannel(&ADC3_Handler, &ADC_ChanneConf);
}
```

（4）重定义 HAL_ADC_MspInit()函数，用来初始化 PF7 引脚，此处设置引脚为模拟模式，然后使能 ADC 时钟。

```
//定义 ADC 底层驱动
void HAL_ADC_MspInit(ADC_HandleTypeDef * hadc)
{
    GPIO_InitTypeDef GPIO_Initure;

    __HAL_RCC_ADC3_CLK_ENABLE();              //使能 ADC3 时钟
    __HAL_RCC_GPIOF_CLK_ENABLE();             //开启 GPIOF 时钟

    GPIO_Initure.Pin = GPIO_PIN_7;            //PF7
    GPIO_Initure.Mode = GPIO_MODE_ANALOG;     //模拟
    GPIO_Initure.Pull = GPIO_NOPULL;          //浮空
    HAL_GPIO_Init(GPIOF, &GPIO_Initure);
}
```

（5）创建 Light_Value()函数，用来获取传感器测量电压值。函数首先调用 HAL_ADC_Start()开启模数转换，然后调用 HAL_ADC_GetValue()函数，读取 ADC 测量值。

```
//获取 ADC 电压值
uint16_t Light_Value(void)
{
    HAL_ADC_Start(&ADC3_Handler);                  //开始 ADC3

    return (uint16_t)HAL_ADC_GetValue(&ADC3_Handler);  //获取 ADC 电压值
}
```

（6）主函数 main()程序如下：

第一步，初始化系统时钟和串口。

第二步，初始化 ADC。

第三步，在 while()循环中调用 Light_Value()函数获取光照电压，并使用 printf()将电压通过串口每隔 100ms 打印出来。

```
int main()
{
    CLOCK_Init();                            //时钟初始化
    UART_Init();                             //串口初始化
    ADC3_Init();                             //ADC3 初始化

    while(1)
    {
        printf("Light: % d\r\n", Light_Value());  //获取光照电压并通过串口打印
        HAL_Delay(100);                      //延时 100ms
    }
}
```

5.1.3 运行结果

将程序下载到开发板中，打开串口，可以看到串口调试助手打印出的电压值，光照越强，该值越小；光照越弱，该值越大，如图 5-7 所示。

图 5-7　运行结果

练习

(1) 什么是 ADC?

(2) ADC 具有哪些模式?

(3) 配置其他 ADC 实现 ADC 数值转换。

视频 19

5.2　ADC:单 ADC 扫描转换

学习目标

掌握 ARM Cortex-M 系列芯片外设 ADC 多通道扫描转换的工作原理,通过配置 STM32F407 的 ADC 多通道来分别测量 ADC 内部参考电压、引脚电压以及内部温度传感器电压并计算温度值。

5.2.1　开发原理

STM32F407 的 ADC 内部框图原理请参考 5.1 节,此处不再赘述。

对于 STM32F407,温度传感器在内部和 ADC1_IN16 连接,内部测量电压引脚与 ADC1_IN17 连接,以此来分别转换传感器和内部电压为数字值。在不使用的情况下,温度传感器将处于断电模式。

温度传感器和参考电压通道框图如图 5-8 所示。

利用以下公式得出温度:

$$温度(℃) = \frac{V_{\text{SENSE}} - V_{25}}{\text{Avg\_Slope}} + 25$$

其中,

- $V_{25} = V_{\text{SENSE}}$ 在 25℃时的数值。
- Avg_Slope= 温度与 V_{SENSE} 曲线的平均斜率(单位为 mV/℃或 μV/℃)。

STM32F4 数据手册中的温度传感器参数如表 5-1 所示。

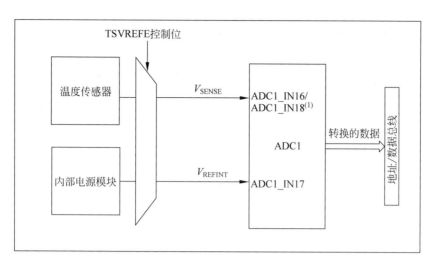

注：(1) V_{SENSE} 是至ADC1_IN16的输入(对于STM32F40x和STM32F41x器件)，也是ADC1_IN18
的输入(对于STM32F42x和STM32F43x器件)。

图 5-8　温度传感器和参考电压通道框图

表 5-1　温度传感器特点

符　号	参　数	最　小　值	典　型　值	最　大　值	单　位
T_{L}(1)	V_{SENSE} 与温度的线性关系	—	±1	±2	℃
Avg_Slope(1)	平均斜率	—	2.5		mV/℃
V_{25}(1)	25℃ 的电压	—	0.76		V
t_{START}(2)	启动时间	—	6	10	μs
$T_{\text{S\_temp}}$(2)	ADC 读取温度时的采样时间	10	—	—	μs

注：(1) 由特性保证。

　　(2) 由设计保证。

　　该温度传感器的输出电压随温度线性变化。这个偏移线性函数取决于每个芯片上工艺变化。内部温度传感器更适合于检测温度的应用变化而不是绝对温度。如果必须有准确的温度读数，那么应该使用外部温度传感器。

　　内部参考电压校准参数如表 5-2 所示。

表 5-2　内部参考电压校准参数

符　号	参　数	内 存 地 址
$V_{\text{REFIN\_CAL}}$	原始数据在 30℃ 时获得，$V_{\text{DDA}}=3.3\text{V}$	0x1FFF 7A2A～0x1FFF 7A2B

　　地址 0x1FFF 7A2A～0x1FFF 7A2B 中的数据为器件电压 VDDA 为 3.3V，温度为 30℃ 时的电压校准值。

　　内部参考电压计算公式如下：

$$\text{VREF} = \frac{3.3 \times \text{VREFINT\_CAL}}{\text{VREFINT\_DATA}}$$

其中，3.3 为 VDDA 的电压，VREFINT_DATA 为 ADC 测出的电压值。

　　通道电压计算公式如下：

$$\text{Vchannelx} = \frac{\text{VREF}}{\text{FULL\_SCALE} \times \text{ADC\_DATAx}}$$

其中，VREF 为 ADC 参考电压，ADC_DATAx 为 ADC 测出的通道电压值，FULL_SCALE 为 ADC 输出的最大数字值。

5.2.2 开发步骤

(1) 本节选取 ADC1_IN4 为电压测量通道。

首先定义 ADC 初始化句柄,创建 ADC 初始化函数 ADC_Init()。函数中调用 HAL_ADC_Init()初始化 ADC,此处初始化 ADC 为扫描模式,并设置规则序列为 3 个通道,使用软件触发。然后调用 HAL_ADC_ConfigChannel()函数分别配置 ADC 的通道 4、通道 17、通道 16,并依次配置采样顺序为 1、2、3。

```
ADC_HandleTypeDef ADC1_Handler; //ADC 句柄

//ADC 初始化函数
void ADC_Init(void)
{
ADC1_Handler.Instance = ADC1;
ADC1_Handler.Init.ClockPrescaler = ADC_CLOCK_SYNC_PCLK_DIV4; //4 分频,ADCCLK = PCLK2/4 = 84/4 = 21MHz
ADC1_Handler.Init.Resolution = ADC_RESOLUTION_12B;              //12 位模式
ADC1_Handler.Init.DataAlign = ADC_DATAALIGN_RIGHT;             //右对齐
ADC1_Handler.Init.ScanConvMode = ENABLE;                      //扫描模式
ADC1_Handler.Init.EOCSelection = ADC_EOC_SINGLE_CONV;         //开启 EOC 转换一次中断
ADC1_Handler.Init.ContinuousConvMode = DISABLE;              //不开启连续转换
ADC1_Handler.Init.NbrOfConversion = 3;                       //3 个转换在规则序列
ADC1_Handler.Init.ExternalTrigConv = ADC_SOFTWARE_START;     //软件触发
ADC1_Handler.Init.ExternalTrigConvEdge = ADC_EXTERNALTRIGCONVEDGE_NONE;   //使用软件触发
ADC1_Handler.Init.DMAContinuousRequests = DISABLE;          //关闭 DMA 请求
HAL_ADC_Init(&ADC1_Handler);                                //初始化

ADC_ChannelConfTypeDef ADC_ChanneConf;

//电压采集通道初始化
ADC_ChanneConf.Channel = ADC_CHANNEL_4;                    //通道 4
ADC_ChanneConf.Rank = 1;                                   //第一个采样
ADC_ChanneConf.SamplingTime = ADC_SAMPLETIME_480CYCLES;   //周期采样时间
HAL_ADC_ConfigChannel(&ADC1_Handler, &ADC_ChanneConf);

//参考电压采集通道初始化
ADC_ChanneConf.Channel = ADC_CHANNEL_VREFINT;             //参考电压通道
ADC_ChanneConf.Rank = 2;                                  //第二个采样
ADC_ChanneConf.SamplingTime = ADC_SAMPLETIME_480CYCLES;  //周期采样时间
HAL_ADC_ConfigChannel(&ADC1_Handler, &ADC_ChanneConf);
//温度传感器采集通道初始化
ADC_ChanneConf.Channel = ADC_CHANNEL_16;                 //读取温度通道
ADC_ChanneConf.Rank = 3;                                 //第三个采样
ADC_ChanneConf.SamplingTime = ADC_SAMPLETIME_480CYCLES; //周期采样时间
HAL_ADC_ConfigChannel(&ADC1_Handler, &ADC_ChanneConf);
}
```

(2) 由 STM32F4 数据手册可知,ADC1_IN4 通道对应引脚 PA4(通道 16 和 17 为内部通道,不需要外部初始化引脚),如图 5-9 所示。

20	J9	29	40	N4	50	PA4	I/O	TTa	—	SPI1_NSS/SPI3_NSS/ USART2_CK/ DCMI_HSYNC/ OTG_HS_SOF/I2S3_WS/ EVENTOUT	ADC12_IN4/ DAC_OUT1

图 5-9　引脚映射

（3）重定义 HAL_ADC_MspInit() 函数，初始化 PA4 引脚并使能 ADC1。

```
//定义 ADC 底层驱动
void HAL_ADC_MspInit(ADC_HandleTypeDef * hadc)
{
    GPIO_InitTypeDef GPIO_Initure;

    __HAL_RCC_ADC1_CLK_ENABLE();              //使能 ADC1 时钟
    __HAL_RCC_GPIOA_CLK_ENABLE();             //开启 GPIOA 时钟

    GPIO_Initure.Pin = GPIO_PIN_4;            //PA4
    GPIO_Initure.Mode = GPIO_MODE_ANALOG;     //模拟
    GPIO_Initure.Pull = GPIO_NOPULL;          //浮空
    HAL_GPIO_Init(GPIOA, &GPIO_Initure);
}
```

（4）定义结构体 ADC_DATA，分别存储通道电压、参考电压和温度的值。

```
typedef struct
{
    float Vchannel4;
    float VREF;
    float temperature;
}ADC_DATA;
```

（5）创建 ADC_GetData() 函数，用来处理电压数据。函数中首先调用 HAL_ADC_Start()，然后调用函数 HAL_ADC_GetValue() 循环获取 3 个通道电压，最后根据公式计算出参考电压、通道电压和温度的值。

```
ADC_DATA adc_data;
void ADC_GetData(void)
{
    uint16_t adc_value[3];                                  //存储 ADC 测量的电压值

    HAL_ADC_Start(&ADC1_Handler);                          //开始 ADC

    for(uint8_t i = 0;i < 3;i++)
    {
        while(!__HAL_ADC_GET_FLAG(&ADC1_Handler, ADC_FLAG_EOC));   //等待转换完成标志位
        adc_value[i] = (uint16_t)HAL_ADC_GetValue(&ADC1_Handler); //获取 ADC 电压值
    }

    adc_data.VREF = 3.3 * VREFINT_CAL /adc_value[1];        //计算参考电压
    adc_data.Vchannel4 = adc_data.VREF /4095 * adc_value[0];  //计算通道电压
    adc_data.temperature = (((adc_data.VREF /4095 * adc_value[2]) - 0.76f) / 2.5f) + 25;
                                                           //计算内部温度
}
```

（6）主函数 main() 程序如下：

第一步，初始化系统时钟、串口和 ADC。

第二步，调用 ADC_GetData() 函数获取 ADC 电压并计算。

第三步，在 while 循环中分别将参考电压、通道电压和温度的值通过串口打印出来。

```
extern ADC_DATA adc_data;

int main()
{
```

```
        CLOCK_Init();           //时钟初始化
        UART_Init();            //串口初始化
        ADC_Init();             //ADC 初始化

        while(1)
        {
            ADC_GetData();          //ADC 获取数据
            printf("Vref: %.2f Vch4: %.2f Temp: %.2f\r\n", adc_data.VREF, adc_data.Vchannel4,
adc_data.temperature);
            HAL_Delay(100);
        }
    }
```

5.2.3 运行结果

将程序下载到开发板中,将 USART1 引脚通过 USB 转串口模块连接到计算机上,打开串口助手,配置好波特率、数据位、校验位、停止位等,单击打开串口。可以看到串口分别打印出参考电压、通道电压和温度传感器的值,可以取一根杜邦线将 PA4 引脚分别连接到 3.3V 电源和 GND 引脚,再观察一下数值,如图 5-10 所示。

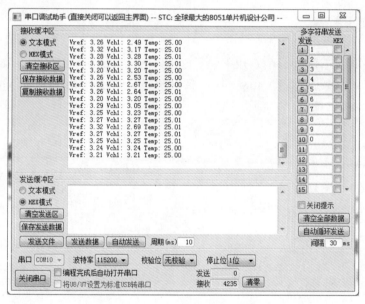

图 5-10　运行结果

练习

(1) 简述单 ADC 实现过程。

(2) 在计算芯片内部温度的公式中各参数代表什么?

(3) 配置其他 ADC 实现 ADC 数据转换。

5.3 ADC：ADC 的 DMA 模式

视频 20

学习目标

掌握 ARM Cortex-M 系列芯片外设 ADC 的 DMA 工作原理,通过配置 STM32F407 的 ADC 和 DMA 来分别测量 ADC 内部参考电压、引脚电压以及内部温度传感器电压并计算温度值。

5.3.1　开发原理

本节同 5.2 节类似,同样是测量 ADC 内部参考电压、引脚电压以及内部温度传感器电压值,区别是本节使用 DMA 传输的方式将 ADC 测得的 3 个通道电压直接传输到接收数据缓冲区中,从而直接计算数据缓冲区的数值即可,无须再调用函数读取 ADC 数据寄存器。

5.3.2　开发步骤

(1) 首先创建 ADC 初始化结构体句柄 ADC1_Handler,然后创建 ADC 数据接收缓冲区数组 adc_value[3]。

(2) 查找 DMA 通道映射表,可知 ADC1 需使用 DMA2,数据流 0、通道 0(见 STM32F407参考手册),如图 5-11 所示。

外设请求	数据流0	数据流1	数据流2	数据流3	数据流4	数据流5	数据流6	数据流7
通道0	ADC1		TIM8_CH1 TIM8_CH2 TIM8_CH3		ADC1		TIM1_CH1 TIM1_CH2 TIM1_CH3	
通道1		DCMI	ADC2	ADC2		SPI6_TX[1]	SPI6_RX[1]	DCMI
通道2	ADC3	ADC3		SPI5_RX[1]	SPI5_TX[1]	CRYP_OUT	CRYP_IN	HASH_IN
通道3	SPI1_RX		SPI1_RX	SPI1_TX		SPI1_TX		
通道4	SPI4_RX[1]	SPI4_TX[1]	USART1_RX	SDIO		USART1_RX	SDIO	USART1_TX
通道5		USART6_RX	USART6_RX	SPI4_RX[1]	SPI4_TX[1]		USART6_TX	USART6_TX
通道6	TIM1_TRIG	TIM1_CH1	TIM1_CH2	TIM1_CH1	TIM1_CH4 TIM1_TRIG TIM1_COM	TIM1_UP	TIM1_CH3	
通道7		TIM8_UP	TIM8_CH1	TIM8_CH2	TIM8_CH3	SPI5_RX[1]	SPI5_TX[1]	TIM8_CH4 TIM8_TRIG TIM8_COM

注: (1) 这些请求在STM32F42xxx和STM32F43xxx上可用。

图 5-11　DMA2 映射表

(3) 创建 ADC_DMA_Init()函数,分别初始化 DMA 和 ADC。

第一步,调用 HAL_DMA_Init()函数初始化 DMA。

第二步,调用 HAL_ADC_Init()函数初始化 ADC,此处注意 DMA 的初始化句柄需要传入到 ADC 初始化结构体句柄,并使能 DMA。

第三步,调用 HAL_ADC_ConfigChannel()初始化 ADC 的 3 个通道。

第四步,调用 HAL_ADC_Start_DMA()函数,传入数据缓冲区 adc_value 地址,开始DMA、ADC 传输。

```
ADC_HandleTypeDef ADC1_Handler;                            //ADC 句柄

uint16_t adc_value[3];                                     //存储 ADC 测量的电压值
//ADC初始化函数
void ADC_DMA_Init(void)
{
    DMA_HandleTypeDef hdma_adc;

    __HAL_RCC_DMA2_CLK_ENABLE();

    hdma_adc.Instance = DMA2_Stream0;                      //数据流
```

```
    hdma_adc.Init.Channel = DMA_CHANNEL_0;                              //通道 0
    hdma_adc.Init.Direction = DMA_PERIPH_TO_MEMORY;                     //外设到内存
    hdma_adc.Init.PeriphInc = DMA_PINC_DISABLE;                         //外设地址不自增
    hdma_adc.Init.MemInc = DMA_MINC_ENABLE;                             //内存地址自增
    hdma_adc.Init.PeriphDataAlignment = DMA_PDATAALIGN_HALFWORD;        //一次传输半字
    hdma_adc.Init.MemDataAlignment = DMA_PDATAALIGN_HALFWORD;           //一次传输半字
    hdma_adc.Init.Mode = DMA_CIRCULAR;                                  //循环转换模式
    hdma_adc.Init.Priority = DMA_PRIORITY_HIGH;                         //优先级高
    hdma_adc.Init.MemBurst = DMA_MBURST_SINGLE;                         //突发
    hdma_adc.Init.PeriphBurst = DMA_PBURST_SINGLE;

    HAL_DMA_Init(&hdma_adc);

    ADC1_Handler.Instance = ADC1;
    ADC1_Handler.Init.ClockPrescaler = ADC_CLOCK_SYNC_PCLK_DIV4;        //4 分频,ADCCLK = PCLK2/4 =
                                                                        //84/4 = 21MHz
    ADC1_Handler.Init.Resolution = ADC_RESOLUTION_12B;                  //12 位模式
    ADC1_Handler.Init.DataAlign = ADC_DATAALIGN_RIGHT;                  //右对齐
    ADC1_Handler.Init.ScanConvMode = ENABLE;                           //扫描模式
    ADC1_Handler.Init.EOCSelection = ADC_EOC_SINGLE_CONV;              //开启 EOC 转换一次中断
    ADC1_Handler.Init.NbrOfConversion = 3;                             //3 个转换在规则序列
    ADC1_Handler.Init.ExternalTrigConv = ADC_SOFTWARE_START;           //软件触发
    ADC1_Handler.Init.ExternalTrigConvEdge = ADC_EXTERNALTRIGCONVEDGE_NONE; //使用软件触发
    ADC1_Handler.Init.ContinuousConvMode = ENABLE;                     //开启连续转换
    ADC1_Handler.Init.DMAContinuousRequests = ENABLE;                  //开启 DMA 请求
    ADC1_Handler.DMA_Handle = &hdma_adc;                               //传输 DMA 句柄
    HAL_ADC_Init(&ADC1_Handler);                                       //初始化

    ADC_ChannelConfTypeDef ADC_ChanneConf;

    //电压采集通道初始化
    ADC_ChanneConf.Channel = ADC_CHANNEL_4;                            //通道 4
    ADC_ChanneConf.Rank = 1;                                           //第一个采样
    ADC_ChanneConf.SamplingTime = ADC_SAMPLETIME_480CYCLES;            //周期采样时间
    HAL_ADC_ConfigChannel(&ADC1_Handler, &ADC_ChanneConf);

    //参考电压采集通道初始化
    ADC_ChanneConf.Channel = ADC_CHANNEL_VREFINT;                      //参考电压通道
    ADC_ChanneConf.Rank = 2;                                           //第二个采样
    ADC_ChanneConf.SamplingTime = ADC_SAMPLETIME_480CYCLES;            //周期采样时间
    HAL_ADC_ConfigChannel(&ADC1_Handler, &ADC_ChanneConf);

    //温度传感器采集通道初始化
    ADC_ChanneConf.Channel = ADC_CHANNEL_16;                           //读取温度通道
    ADC_ChanneConf.Rank = 3;                                           //第三个采样
    ADC_ChanneConf.SamplingTime = ADC_SAMPLETIME_480CYCLES;            //周期采样时间
    HAL_ADC_ConfigChannel(&ADC1_Handler, &ADC_ChanneConf);

    HAL_ADC_Start_DMA(&ADC1_Handler, (uint32_t *)adc_value, 3);        //开启 DMA ADC 传输
}
```

(4) 重定义 HAL_ADC_MspInit()函数,初始化 PA4 引脚并使能 ADC1。

```
//定义 ADC 底层驱动
void HAL_ADC_MspInit(ADC_HandleTypeDef * hadc)
{
    GPIO_InitTypeDef GPIO_Initure;
```

```
__HAL_RCC_ADC1_CLK_ENABLE();          //使能 ADC1 时钟
__HAL_RCC_GPIOA_CLK_ENABLE();         //开启 GPIOA 时钟

GPIO_Initure.Pin = GPIO_PIN_4;        //PA4
GPIO_Initure.Mode = GPIO_MODE_ANALOG; //模拟
GPIO_Initure.Pull = GPIO_NOPULL;      //浮空
HAL_GPIO_Init(GPIOA, &GPIO_Initure);
}
```

（5）定义结构体 ADC_DATA，分别存储通道电压、参考电压和温度的值。

```
typedef struct
{
    float Vchannel4;
    float VREF;
    float temperature;
}ADC_DATA;
```

（6）创建 DMA_GetData（）函数，根据公式和数据缓冲区中的电压值分别计算出参考电压、通道电压和温度的值。

```
ADC_DATA adc_data;
void DMA_GetData(void)
{
    adc_data.VREF = 3.3 * VREFINT_CAL /adc_value[1];       //计算参考电压
    adc_data.Vchannel4 = adc_data.VREF /4095 * adc_value[0]; //计算通道电压
    adc_data.temperature = (((adc_data.VREF /4095 * adc_value[2]) - 0.76f) / 2.5f) + 25;
                                                           //计算内部温度

}
```

（7）主函数 main（）程序如下：

第一步，初始化系统时钟、串口和 ADC-DMA。

第二步，调用 DMA_GetData（）函数分别计算参考电压、通道电压和温度的值。

第三步，在 while 循环中将 3 个值分别通过串口打印出来。

```
extern ADC_DATA adc_data;

int main()
{
    CLOCK_Init();                                //时钟初始化
    UART_Init();                                 //串口初始化
    ADC_DMA_Init();                              //ADC-DMA 初始化

    while(1)
    {
        DMA_GetData();                           //ADC - DMA 获取数据
        printf("Vref: %.2f Vch4: %.2f Temp: %.2f\r\n", adc_data.VREF, adc_data.Vchannel4,
        adc_data.temperature);
        HAL_Delay(100);
    }
}
```

5.3.3　运行结果

将程序下载到开发板中，找到 USART1 引脚通过 USB 转串口模块连接到计算机上，打开串口助手，配置好波特率、数据位、校验位、停止位等，单击打开串口。可以看到串口分别打印出参考电压、通道电压和温度传感器的值，可以取一根杜邦线将 PA4 引脚连接到 3.3V 电源或 GND 引脚,再观察一下数值,如图 5-12 所示。

图 5-12　运行结果

练习

(1) STM32F4 系列的 DMA 有哪些传输模式?

(2) 配置其他 ADC 实现 ADC 数据转换。

视频 21

5.4　ADC:双重 ADC 交叉模式

学习目标

掌握 ARM Cortex-M 系列芯片外设多 ADC 工作模式的工作原理,通过配置 STM32F407 的双重 ADC 模式,使用 ADC1 和 ADC2 来同时测量引脚电压。

5.4.1　开发原理

AD 转换包括采样阶段和转换阶段,在采样阶段才对通道数据进行采集;而在转换阶段只是将采集到的数据转换为数字量输出,此刻通道数据变化不会改变转换结果。独立模式的 ADC 采集需要在一个通道采集并且转换完成后才会进行下一个通道的采集。双重或者三重 ADC 的机制使用两个或以上 ADC 同时采样两个或以上不同通道的数据或者交叉采集两个或以上 ADC 同一通道的数据。双重或者三重 ADC 模式较独立模式一个最大的优势就是转换速度快。

在有两个或多个 ADC 模块的产品中,可以使用双重 ADC 模式和三重 ADC 模式。在多 ADC 模式里,根据 ADC_CCR 寄存器中 MULTI[4:0]位所选的模式,转换的启动可以是按照 "ADC1 主,ADC2 和 ADC3 从"的模式交替触发或同步触发。

在多重 ADC 模式下,当转换配置成由外部事件触发时,用户必须将其设置为仅触发主 ADC,从 ADC 设置为由软件触发,这样可以防止意外地触发从 ADC 转换。

ADC 有 4 种可能的模式:

- 同步注入模式。
- 同步规则模式。

- 交叉模式。
- 交替触发模式。

还有可以用下列组合方式：

- 同步注入模式＋同步规则模式。
- 同步规则模式＋交替触发模式。

在双重 ADC 模式下，ADC 公共的数据寄存器（ADC_CDR）包含 ADC1、ADC2 和 ADC3 的规则转换数据，32 位寄存器的所有位都将被使用。

在多 DMA 模式下，DMA 支持 3 种模式：

1）DMA 模式 1

每次 DMA 请求（只有一个数据项是有效的），半字代表 ADC 转换数据项被传输。

在双重 ADC 模式下，第一个请求时，ADC1 数据先被传输；第二个请求时，ADC2 数据被传输；以此类推。

在三重 ADC 模式下，第一个请求时，ADC1 数据被传输；第二个请求时，ADC2 数据被传输；第三个请求时，ADC3 被传输；以此类推。

DMA 模式 1 用于规则通道的三重 ADC 模式。

举一个例子：

规则通道的三重 ADC 模式：产生 3 个 DMA 请求（一个请求对应一次转换数据项）。

第 1 个请求 ADC_CDR[31:0] = ADC1_DR[15:0]

第 2 个请求 ADC_CDR[31:0] = ADC2_DR[15:0]

第 3 个请求 ADC_CDR[31:0] = ADC3_DR[15:0]

第 4 个请求 ……

2）DMA 模式 2

每次 DMA 请求（两个数据项有效）代表 2 个 ADC 转换数据项被传输，也就是一个字。

在双重 ADC 模式下，第一个请求时，ADC2 和 ADC1 数据同时被传输（ADC2 占高 16 位，ADC1 占低 16 位），后面以此类推。

在三重 ADC 模式下，第一个请求时 ADC2 和 ADC1 数据被传输，第二个请求时 ADC1 和 ADC3 数据被传输，第三个请求时 ADC3 和 ADC2 数据被传输。

DMA 模式 2 用于交叉模式和规则同步模式（仅双重 ADC 模式）。

举一个例子：

双重 ADC 交叉模式：每次 2 个数据项有效时将产生 DMA 请求。

第 1 个请求 ADC_CDR[31:0] = ADC2_DR[15:0] | ADC1_DR[15:0]

第 2 个请求 ADC_CDR[31:0] = ADC2_DR[15:0] | ADC1_DR[15:0]

……

三重 ADC 交叉模式：每次 2 个数据项有效时将产生 DMA 请求。

第 1 个请求 ADC_CDR[31:0] = ADC2_DR[15:0] | ADC1_DR[15:0]

第 2 个请求 ADC_CDR[31:0] = ADC1_DR[15:0] | ADC3_DR[15:0]

第 3 个请求 ADC_CDR[31:0] = ADC3_DR[15:0] | ADC2_DR[15:0]

第 4 个请求 ADC_CDR[31:0] = ADC2_DR[15:0] | ADC1_DR[15:0]

……

3）DMA 模式 3

这个模式和模式 2 类似，仅有的不同是每次 DMA 请求（两个数据项有效）两个字节代表两个 ADC 转换的数据项,也就是一个半字,数据传输顺序和 DMA 模式 2 类似。

双重 ADC 交叉模式:每次两个数据项有效时将产生 DMA 请求。

第 1 个请求 ADC_CDR[31:0] = ADC2_DR[7:0] | ADC1_DR[7:0]

第 2 个请求 ADC_CDR[31:0] = ADC2_DR[7:0] | ADC1_DR[7:0]

......

三重 ADC 交叉模式:每次两个数据项有效时将产生 DMA 请求。

第 1 个请求 ADC_CDR[31:0] = ADC2_DR[7:0] | ADC1_DR[7:0]

第 2 个请求 ADC_CDR[31:0] = ADC1_DR[7:0] | ADC3_DR[7:0]

第 3 个请求 ADC_CDR[31:0] = ADC3_DR[7:0] | ADC2_DR[7:0]

第 4 个请求 ADC_CDR[31:0] = ADC2_DR[7:0] | ADC1_DR[7:0]

......

5.4.2 开发步骤

(1) 本节选取 ADC1_IN4 作为数据采集通道,首先分别定义 ADC1 和 ADC2 初始化结构体,以及接收数据存储变量。

```
ADC_HandleTypeDef AdcHandle1;         //ADC1 初始化句柄
ADC_HandleTypeDef AdcHandle2;         //ADC2 初始化句柄

uint16_t uhADCDualConvertedValue;     //获取转换值的变量
```

(2) 创建 MultiADC_Config() 函数,用来初始化 ADC1 和 ADC2 以及相应配置。

第一步,调用 HAL_DMA_Init() 函数,初始化 ADC 的 DMA 传输。

第二步,调用 HAL_ADC_Init() 函数,初始化 ADC1 并初始化 ADC1 的通道 4。

第三步,调用 HAL_ADC_Init() 函数,初始化 ADC2 并初始化 ADC2 的通道 4。

第四步,调用 HAL_ADCEx_MultiModeConfigChannel() 函数,配置 ADC 为双重交叉模式,且配置 DMA 模式为模式 3,每次 DMA 请求传输两个字节(ADC1 和 ADC2 各一个字节)。最后开启 ADC 的传输。

```
//ADC1 和 ADC2 初始化函数
void MultiADC_Config(void)
{
    //DMA 初始化
    DMA_HandleTypeDef hdma_adc;

    __HAL_RCC_DMA2_CLK_ENABLE();

    hdma_adc.Instance = DMA2_Stream0;                                    //数据流

    hdma_adc.Init.Channel  = DMA_CHANNEL_0;                              //通道 0
    hdma_adc.Init.Direction = DMA_PERIPH_TO_MEMORY;                      //外设到内存
    hdma_adc.Init.PeriphInc = DMA_PINC_DISABLE;                          //外设地址不自增
    hdma_adc.Init.MemInc = DMA_MINC_ENABLE;                              //内存地址自增
    hdma_adc.Init.PeriphDataAlignment = DMA_PDATAALIGN_HALFWORD;         //一次传输半字
    hdma_adc.Init.MemDataAlignment = DMA_PDATAALIGN_HALFWORD;            //一次传输半字
    hdma_adc.Init.Mode = DMA_CIRCULAR;                                   //循环转换模式
    hdma_adc.Init.Priority = DMA_PRIORITY_HIGH;                          //优先级高
    hdma_adc.Init.MemBurst = DMA_MBURST_SINGLE;                          //突发
    hdma_adc.Init.PeriphBurst = DMA_PBURST_SINGLE;
    HAL_DMA_Init(&hdma_adc);
```

```
//初始化 ADC1
AdcHandle1.Instance = ADC1;
AdcHandle1.Init.ClockPrescaler = ADC_CLOCKPRESCALER_PCLK_DIV4;    //4 分频
AdcHandle1.Init.Resolution = ADC_RESOLUTION_8B;                   //8bit
AdcHandle1.Init.ScanConvMode = DISABLE;                           //扫描模式不使能
AdcHandle1.Init.ContinuousConvMode = ENABLE;                      //连续转换模式使能
AdcHandle1.Init.ExternalTrigConv = ADC_SOFTWARE_START;            //软件触发
AdcHandle1.Init.ExternalTrigConvEdge = ADC_EXTERNALTRIGCONVEDGE_NONE;   //使用软件触发
AdcHandle1.Init.DataAlign = ADC_DATAALIGN_RIGHT;                  //数据右对齐
AdcHandle1.Init.NbrOfConversion = 1;
AdcHandle1.Init.DMAContinuousRequests = ENABLE;                   //使用 DMA
AdcHandle1.DMA_Handle = &hdma_adc;                                //传递 DMA 句柄
AdcHandle1.Init.EOCSelection = ADC_EOC_SINGLE_CONV;     //开启 EOC 转换一次完成中断
HAL_ADC_Init(&AdcHandle1);                                        //初始化 ADC1

//配置 ADC1 通道
ADC_ChannelConfTypeDef ADC_ChanneConf;                            //ADC 通道配置
ADC_ChanneConf.Channel = ADC_CHANNEL_4;                           //ADC1 通道
ADC_ChanneConf.Rank = 1;                                          //转换等级
ADC_ChanneConf.SamplingTime = ADC_SAMPLETIME_3CYCLES;            //采样周期
HAL_ADC_ConfigChannel(&AdcHandle1, &ADC_ChanneConf);

//初始化 ADC2
AdcHandle2.Instance = ADC2;
AdcHandle2.Init.ClockPrescaler = ADC_CLOCKPRESCALER_PCLK_DIV4;
AdcHandle2.Init.Resolution = ADC_RESOLUTION_8B;
AdcHandle2.Init.ScanConvMode = DISABLE;
AdcHandle2.Init.ContinuousConvMode = ENABLE;
AdcHandle2.Init.ExternalTrigConvEdge = ADC_EXTERNALTRIGCONVEDGE_NONE;
AdcHandle2.Init.ExternalTrigConv = ADC_SOFTWARE_START;
AdcHandle2.Init.DataAlign = ADC_DATAALIGN_RIGHT;
AdcHandle2.Init.NbrOfConversion = 1;
AdcHandle2.Init.DMAContinuousRequests = ENABLE;
AdcHandle2.DMA_Handle = &hdma_adc;                                //传递 DMA 句柄
AdcHandle2.Init.EOCSelection = ADC_EOC_SINGLE_CONV;
HAL_ADC_Init(&AdcHandle2);                                        //初始化 ADC2

//配置 ADC2 通道
ADC_ChanneConf.Channel = ADC_CHANNEL_4;                           //ADC2 通道
HAL_ADC_ConfigChannel(&AdcHandle2, &ADC_ChanneConf);

//配置双重交叉模式
ADC_MultiModeTypeDef    ADC_Multimode;
ADC_Multimode.Mode = ADC_DUALMODE_INTERL;                         //双重 ADC 交叉模式
ADC_Multimode.DMAAccessMode = ADC_DMAACCESSMODE_3; //每次 DMA 请求传输两个字节 ADC1/ADC2
                                    //数据一起传输
ADC_CDR[15:0] = ADC2_DR[7:0] | ADC1_DR[7:0]
ADC_Multimode.TwoSamplingDelay = ADC_TWOSAMPLINGDELAY_6CYCLES;    //配置两个采样之间的延迟
HAL_ADCEx_MultiModeConfigChannel(&AdcHandle1, &ADC_Multimode);

HAL_ADC_Start(&AdcHandle2);                                       //开始 ADC2

HAL_ADCEx_MultiModeStart_DMA(&AdcHandle1, (uint32_t * )&uhADCDualConvertedValue, 1);
}
```

（3）由 STM32F4 数据手册可知，ADC1_IN4 和 ADC2_IN4 通道都在 PA4 引脚，如图 5-13 所示。

| 20 | J9 | 29 | 40 | N4 | 50 | PA4 | I/O | TTa | — | SPI1_NSS/SPI3_NSS/
USART2_CK/
DCMI_HSYNC/
OTG_HS_SOF/I2S3_WS/
EVENTOUT | ADC12_IN4/
DAC_OUT1 |

图 5-13　引脚映射

（4）重定义 HAL_ADC_MspInit()函数，初始化 PA4 引脚，并使能 ADC1 和 ADC2 时钟。

```
//初始化 ADC 底层驱动引脚
void HAL_ADC_MspInit(ADC_HandleTypeDef * hadc)
{
    GPIO_InitTypeDef GPIO_Initure;

    __HAL_RCC_ADC1_CLK_ENABLE();                  //使能 ADC1 时钟
    __HAL_RCC_ADC2_CLK_ENABLE();                  //使能 ADC2 时钟
    __HAL_RCC_GPIOA_CLK_ENABLE();                 //开启 GPIOA 时钟

    GPIO_Initure.Pin = GPIO_PIN_4;                //PA4
    GPIO_Initure.Mode = GPIO_MODE_ANALOG;         //模拟
    GPIO_Initure.Pull = GPIO_NOPULL;              //浮空
    HAL_GPIO_Init(GPIOA, &GPIO_Initure);
}
```

（5）定义结构体 ADC_DATA，用来存储 ADC1 和 ADC2 测出的数字值和计算后的电压。

```
typedef struct
{
    uint8_t adc1_value;                           //存储 ADC1 测出的值
    uint8_t adc2_value;                           //存储 ADC1 测出的值
    float adc1_voltage;                           //存储计算得到的 ADC1 电压
    float adc2_voltage;                           //存储计算得到的 ADC2 电压
}ADC_DATA;
```

（6）创建 MultiADC_GetData()函数，用来处理 ADC 测得的数据。函数中首先获取数据变量 uhADCDualConvertedValue 的高 8 位数据和低 8 位数据，其中低 8 位为 ADC1 测出的数据，高 8 位为 ADC2 测出的数据。获取数据后分别计算 ADC1 和 ADC2 的电压。

```
//数据处理函数
void MultiADC_GetData(void)
{
    //获取 ADC1/ADC2 测出数字值
    adc_data.adc1_value = (uhADCDualConvertedValue & 0x00FF);
    adc_data.adc2_value = (uhADCDualConvertedValue >> 8);

    //计算 ADC1/ADC2 得到的电压
    adc_data.adc1_voltage = adc_data.adc1_value * 3.3 / 255;
    adc_data.adc2_voltage = adc_data.adc2_value * 3.3 / 255;
}
```

（7）主函数 main()程序如下：

第一步，初始化系统时钟和串口。

第二步，调用 MultiADC_Config()函数，初始化双重 ADC 及交叉模式。

第三步,调用 MultiADC_GetData()函数,分别获取两个 ADC 的数据。

第四步,在 while()循环中每隔 100ms 将 ADC1 和 ADC2 通过串口打印出来。

```
extern ADC_DATA adc_data;

int main()
{
    CLOCK_Init();                //时钟初始化
    UART_Init();                 //串口初始化

    MultiADC_Config();           //双重 ADC 交叉模式初始化

    while(1)
    {
        MultiADC_GetData();      //双重 ADC 交叉模式获取数据
        printf("ADC1 voltage: %.2f ADC2 voltage: %.2f\r\n", adc_data.adc1_voltage, adc_data.
adc2_voltage);
        HAL_Delay(100);
    }
}
```

5.4.3　运行结果

将程序下载到开发板中,将 USART1 引脚通过 USB 转串口模块连接到计算机上,打开串口助手,配置好波特率、数据位、校验位、停止位等,单击打开串口。可以看到串口中打印出 ADC1 和 ADC2 分别测出的电压值,如图 5-14 所示。

图 5-14　运行结果

练习

(1) 简述 AD 转换包括的采样阶段以及转换阶段。

(2) 简述在多重 DMA 模式下,DMA 支持的 3 种模式。

(3) 配置其他 ADC 实现 AD 转换。

5.5 ADC：定时器触发模式

学习目标

掌握 ARM Cortex-M 系列芯片外设 ADC 定时器触发的工作原理，通过配置 STM32F407 的定时器和 ADC，使用定时器间隔触发 ADC 来测量电压值。

5.5.1 开发原理

本节使用定时器的方式来触发 ADC 测量电压值。首先选取定时器 1 为触发定时器，并配置定时器为 PWM 输出的方式，配置定时器的分频系数为 16800，因定时器 1 的时钟为 168M，所以定时器计数频率为 168MHz/16800 = 10kHz；设置定时器预装载值为 10000，所以定时器的溢出时间为 1s，设置 PWM 的比较值为 5000，且 ADC 触发方式为上升沿触发，所以 ADC 将每隔 1s 进行一次测量。

5.5.2 开发步骤

(1) 本节同样选取 ADC1 的通道 4 为测量电压通道。

(2) 创建 TIM1_Config()函数，用来初始化定时器及 PWM 输出。

```
//定时器初始化函数
static void TIM1_Config(void)
{
    TIM_HandleTypeDef TIM_Handle;                              //定时器初始化结构体变量
    TIM_OC_InitTypeDef TIM_OC_Handle;                         //定时器输出初始化结构体变量

    __TIM1_CLK_ENABLE();                                       //使能定时器 1 时钟

    //定时器初始化
    TIM_Handle.Channel = HAL_TIM_ACTIVE_CHANNEL_1;            //通道 1
    TIM_Handle.Instance = TIM1;                                //选择定时器 1
    TIM_Handle.Init.ClockDivision = TIM_CLOCKDIVISION_DIV1;   //时钟 1 分频
    TIM_Handle.Init.CounterMode = TIM_COUNTERMODE_UP;         //向上计数模式
    TIM_Handle.Init.Period = 10000 - 1;                        //自动重装载值
    TIM_Handle.Init.Prescaler = 16800 - 1;                     //预分频系数
    HAL_TIM_PWM_Init(&TIM_Handle);                            //初始化定时器

    //定时器输出 PWM 初始化
    TIM_OC_Handle.OCMode = TIM_OCMODE_PWM1;                   //模式选择 PWM1
    TIM_OC_Handle.OCPolarity = TIM_OCPOLARITY_LOW;            //输出比较极性为低
    TIM_OC_Handle.Pulse = 5000;    //设置比较值,此值用来确定占空比,默认比较值为自动重装载值
                                   //的一半,即占空比为 50%
    HAL_TIM_PWM_ConfigChannel(&TIM_Handle, &TIM_OC_Handle, TIM_CHANNEL_1);   //配置 PWM 输出

    HAL_TIM_PWM_Start(&TIM_Handle, TIM_CHANNEL_1);           //开始 PWM 输出
}
```

(3) 创建 TIM_ADC_Init ()函数，用来初始化 ADC。

第一步，调用 HAL_ADC_Init()函数，初始化 ADC1 和 ADC1 的通道 4，此时设置 ADC 为定时器 1 通道 1 的上升沿触发。

第二步,调用 TIM1_Config() 函数,初始化触发定时器,并开启 ADC 中断。

```
uint16_t adc_value; //存储变量
ADC_HandleTypeDef ADC1_Handler;                                      //ADC 句柄


//ADC 初始化函数
void TIM_ADC_Init(void)
{
    //初始化 ADC
    ADC1_Handler.Instance = ADC1;
    ADC1_Handler.Init.ClockPrescaler = ADC_CLOCK_SYNC_PCLK_DIV4; //4 分频,ADCCLK = PCLK2/4 =
                                                                 //84/4 = 21MHz
    ADC1_Handler.Init.Resolution = ADC_RESOLUTION_12B;           //12 位模式
    ADC1_Handler.Init.DataAlign = ADC_DATAALIGN_RIGHT;           //右对齐
    ADC1_Handler.Init.ScanConvMode = DISABLE;                    //不扫描模式
    ADC1_Handler.Init.EOCSelection = ADC_EOC_SINGLE_CONV;        //开启 EOC 转换一次中断
    ADC1_Handler.Init.ContinuousConvMode = DISABLE;             //不开启连续转换
    ADC1_Handler.Init.NbrOfConversion = 1;                       //1 个转换在规则序列
    ADC1_Handler.Init.ExternalTrigConv = ADC_EXTERNALTRIGCONV_T1_CC1; //使用定时器 1 通道 1 触发
    ADC1_Handler.Init.ExternalTrigConvEdge = ADC_EXTERNALTRIGCONVEDGE_RISING;   //使用上升沿触发
    ADC1_Handler.Init.DMAContinuousRequests = DISABLE;          //不开启 DMA 请求
    HAL_ADC_Init(&ADC1_Handler);                                 //初始化

    ADC_ChannelConfTypeDef ADC_ChanneConf;

    //电压采集通道初始化
    ADC_ChanneConf.Channel = ADC_CHANNEL_4;                      //通道 4
    ADC_ChanneConf.Rank = 1;                                     //第一个采样
    ADC_ChanneConf.SamplingTime = ADC_SAMPLETIME_480CYCLES;      //周期采样时间
    HAL_ADC_ConfigChannel(&ADC1_Handler, &ADC_ChanneConf);

    TIM1_Config();                                               //初始化定时器

    HAL_ADC_Start_IT(&ADC1_Handler);                            //开启 DMA ADC 传输
}
```

(4) 由 STM32F4 数据手册可知,ADC1_IN4 通道对应 PA4 引脚,如图 5-15 所示。

20	J9	29	40	N4	50	PA4	I/O	TTa	—	SPI1_NSS/SPI3_NSS/ USART2_CK/ DCMI_HSYNC/ OTG_HS_SOF/I2S3_WS/ EVENTOUT	ADC12_IN4 /DAC_OUT1

图 5-15 引脚映射

(5) 重定义 HAL_ADC_MspInit() 函数,初始化 PA4 引脚,并使能 ADC1 时钟,同时设置 ADC 的中断优先级并使能中断。

```
//初始化 ADC 底层驱动引脚
void HAL_ADC_MspInit(ADC_HandleTypeDef * hadc)
{
    GPIO_InitTypeDef GPIO_Initure;

    __HAL_RCC_ADC1_CLK_ENABLE();                    //使能 ADC1 时钟
```

```
    __HAL_RCC_GPIOA_CLK_ENABLE();                //开启 GPIOA 时钟

    GPIO_Initure.Pin = GPIO_PIN_4;               //PA4
    GPIO_Initure.Mode = GPIO_MODE_ANALOG;        //模拟
    GPIO_Initure.Pull = GPIO_NOPULL;             //浮空
    HAL_GPIO_Init(GPIOA, &GPIO_Initure);

    HAL_NVIC_SetPriority(ADC_IRQn, 0, 0);        //使能 ADC 中断优先级
    HAL_NVIC_EnableIRQ(ADC_IRQn);                //使能 ADC 中断
}
```

(6) 定义 ADC 的中断服务函数和数据转换完成回调函数,在回调函数中通过函数 HAL_ADC_GetValue()获取 ADC 的测量数字值,然后计算得出电压值,最后通过串口打印出电压值。

```
//ADC 中断服务函数
void ADC_IRQHandler(void)
{
    HAL_ADC_IRQHandler(&ADC1_Handler);
}

//ADC 转换完成回调函数
void HAL_ADC_ConvCpltCallback(ADC_HandleTypeDef * hadc)
{
    float adc_value1;
    adc_value = HAL_ADC_GetValue(&ADC1_Handler); //获取 ADC 测量值
    adc_value1 = adc_value * 3.3 /4095;          //计算 ADC 测量电压

    printf("%.2f\r\n", adc_value1);                     //定时器触发 ADC 获取数据并通过串口打印
}
```

(7) 主函数 main()程序如下:

第一步,初始化系统时钟和串口。

第二步,初始化定时器和 ADC。

```
int main()
{
    CLOCK_Init();                                //时钟初始化
    UART_Init();                                 //串口初始化

    TIM_ADC_Init();                              //定时器触发 ADC 初始化

    while(1)
    {
    }
}
```

5.5.3　运行结果

将程序下载到开发板中,将 USART1 引脚通过 USB 转串口模块连接到计算机上,打开串口助手,配置好波特率、数据位、校验位、停止位等,单击打开串口。可以看到串口中每隔 1s 打印出 ADC1 测出的电压值,如图 5-16 所示。

图 5-16 运行结果

练习

(1) 简述 ADC-定时器触发的过程。

(2) 配置其他 ADC 实现 ADC 数据转换。

## 第 6 章

DAC 开发

DAC(Digital To Analog Converter,数字模拟转换)的作用是将输入的数字编码转换为对应的模拟电压输出,功能与 ADC 相反。通过 DAC 模块,用户可以将数字编码转换为模拟的电压信号,用来驱动某些器件,比如音频信号的还原就是这样的一个过程。DAC 模块是 12 位电压输出数模转换器,可以按 8 位或 12 位模式进行配置,并且可与 DMA 控制器配合使用,在 12 位模式下,数据可以采用左对齐或右对齐方式。

本章会对 DAC 双通道输出以及 DAC 正弦波逐一展开,介绍相关原理并通过实例帮助读者掌握 DAC 开发能力。

视频 23

6.1 DAC 双通道输出

学习目标

了解 DAC 数模转换工作原理,利用 DAC 两个通道输出电压,结合 ADC 读取引脚电压。

6.1.1 开发原理

DAC 为数字/模拟转换模块,它的作用就是把输入的数字编码转换为对应的模拟电压输出,它的功能与 ADC 相反。在常见的数字信号系统中,大部分传感器信号被转换为电压信号,而 ADC 把电压模拟信号转换为易于计算机存储、处理的数字编码,由计算机处理完成后,再由 DAC 输出电压模拟信号,该电压模拟信号常常用来驱动某些执行器件,使人类易于感知。如音频信号的采集及还原就是这样一个过程。

STM32F4 的 DAC 模块(数字/模拟转换模块)是 12 位数字输入,电压输出型的 DAC。DAC 可以配置为 8 位或 12 位模式,也可以与 DMA 控制器配合使用。DAC 工作在 12 位模式时,数据可以设置成左对齐或右对齐。DAC 模块有 2 个输出通道,每个通道都有单独的转换器。在双重 DAC 模式下,2 个通道可以独立地进行转换,也可以同时进行转换并同步地更新 2 个通道的输出。DAC 可以通过引脚输入参考电压 Vref+(与 ADC 共用)以获得更精确的转换结果。

1. STM32F4 的 DAC 模块主要特点

- 2 个 DAC 转换器:每个转换器对应 1 个输出通道。
- 8 位或者 12 位单调输出。
- 12 位模式下数据左对齐或者右对齐。
- 同步更新功能。
- 噪声波形生成。

- 三角波形生成。
- 双重 DAC 通道同时或者分别转换。
- 每个通道都有 DMA 功能。

2. DAC 模块框图

如图 6-1 所示为 DAC 模块框图。

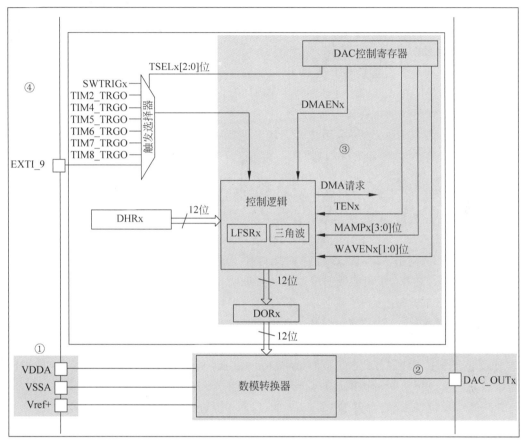

图 6-1 DAC 模块框图

整个 DAC 模块围绕图 6-1 下方的数模转换器展开,它的左边分别是参考电源的引脚——VDDA、VSSA 及 Vref+,其中 STM32 的 DAC 规定了它的参考电压输入范围为 2.4~3.3V。数模转换器的输入为 DAC 的数据寄存器 DORx 的数字编码,经过它转换得的模拟信号由图 6-1 右侧的 DAC_OUTx 输出。而数据寄存器 DORx 又受控制逻辑支配,它可以控制数据寄存器加入一些伪噪声信号或配置产生三角波信号。图 6-1 中的左上角为 DAC 的触发源,DAC 根据触发源的信号来进行 DAC 转换,其作用就相当于 DAC 转换器的开关,它可以配置的触发源为外部中断源触发、定时器触发或软件控制触发。如需要控制正弦波的频率,则需要定时器定时触发 DAC 进行数据转换。

1)编号①参考电压

与 ADC 外设类似,DAC 也使用 Vref+ 引脚作为参考电压,在设计原理图的时候一般把 VSSA 接地,把 Vref+ 和 VDDA 接 3.3V,可得到 DAC 的输出电压范围为 0~3.3V。

如果想让输出的电压范围变宽,可以在外部加一个电压调理电路,将 0~3.3V 的 DAC 输出抬升到特定的范围即可。

2）编号②数模转换及输出通道

图 6-1 中的数模转换器是核心部件,整个 DAC 外设都围绕它而展开。它以左边的 Vref＋作为参考电源,以 DAC 的数据寄存器 DORx 的数字编码作为输入,经过它转换得的模拟信号由右侧的 DAC_OUTx 通道输出。其中各个部件中的 x 是指设备的标号,在 STM32 中具有 2 个这样的 DAC 部件,每个 DAC 有 1 个对应的输出通道连接到特定的引脚,即 PA4-通道 1、PA5-通道 2,为避免干扰,使用 DAC 功能时,DAC 通道引脚需要被配置成模拟输入功能（AIN）。

3）编号③触发源及编号④DHRx 寄存器

在使用 DAC 时,不能直接对上述 DORx 寄存器写入数据,任何输出到 DAC 通道 x 的数据都必须写入到 DHRx 寄存器中（其中包含 DHR8Rx、DHR12Lx 等,根据数据对齐方向和分辨率的情况写入到对应的寄存器中）。

数据被写入到 DHRx 寄存器后,DAC 会根据触发配置进行处理,若使用硬件触发,则 DHRx 中的数据会在 3 个 APB1 时钟周期后传输至 DORx,DORx 随之输出相应的模拟电压到输出通道;若 DAC 设置为外部事件触发,则可以使用定时器（TIMx_TRGO）、EXTI_9 信号或软件触发（SWTRIGx）这几种方式控制数据 DAC 转换的时机,例如,使用定时器触发,配合不同时刻的 DHRx 数据,可实现 DAC 输出正弦波的功能。

STM32F4 的 DAC 支持 8/12 位模式,8 位模式的时候是固定的右对齐的,而 12 位模式又可以设置左对齐/右对齐。单 DAC 通道 x,总共有 3 种情况。

① 8 位数据右对齐:用户将数据写入 DAC_DHR8Rx[7:0]位（实际存入 DHRx[11:4]位）。

② 12 位数据左对齐:用户将数据写入 DAC_DHR12Lx[15:4]位（实际存入 DHRx[11:0]位）。

③ 12 位数据右对齐:用户将数据写入 DAC_DHR12Rx[11:0]位（实际存入 DHRx[11:0]位）。

例如,使用单 DAC 通道 1,采用 12 位右对齐格式,所以采用第③种情况。

如果没有选中硬件触发（寄存器 DAC_CR1 的 TENx 位置 0）,存入寄存器 DAC_DHRx 的数据会在一个 APB1 时钟周期后自动传至寄存器 DAC_DORx。

如果选中硬件触发（寄存器 DAC_CR1 的 TENx 位置 1）,数据传输在触发发生以后 3 个 APB1 时钟周期后完成。一旦数据从 DAC_DHRx 寄存器装入 DAC_DORx 寄存器,在经过时间 t_{SETTLING} 之后,输出即有效,t_{SETTLING} 这段时间的长短依电源电压和模拟输出负载的不同会有所变化。可以从 STM32F407ZGT6 的数据手册查到的典型值为 $3\mu s$,最大是 $6\mu s$。所以 DAC 的转换速度最快是 333kHz。

不使用硬件触发（TEN＝0）,其转换的时间框图如图 6-2 所示。

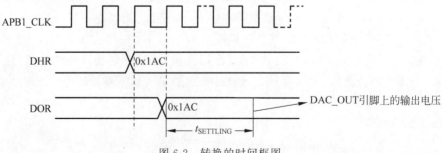

图 6-2 转换的时间框图

当 DAC 的参考电压为 Vref＋的时候,DAC 的输出电压是线性的从 0～Vref＋,12 位模式下 DAC 输出电压与 Vref＋以及 DORx 的计算公式如下:

$$DACx\ 输出电压 = Vref + \times \left(\frac{DORx}{4095}\right)$$

3. DAC 部分寄存器

（1）DAC 控制寄存器（DAC_CR），如图 6-3 所示。

31	30	29	28	27	26	25	24	23	22	21	20	19	18	17	16
Reserved		DMAU DRIE2	DMA EN2	MAMP2[3:0]				WAVE2[1:0]		TSEL2[2:0]			TEN2	BOFF2	EN2
		rw	rw	rw	rw	rw	rw	rw	rw	rw	rw	rw	rw	rw	rw

15	14	13	12	11	10	9	8	7	6	5	4	3	2	1	0
Reserved		DMAU DRIE1	DMA EN1	MAMP1[3:0]				WAVE1[1:0]		TSEL1[2:0]			TEN1	BOFF1	EN1
		rw	rw	rw	rw	rw	rw	rw	rw	rw	rw	rw	rw	rw	rw

位 7:6 WAVE1[1:0]：DAC 1 通道噪声/三角波生成使能（DAC channel1 noise/triangle wave generation enable）

这些位将由软件置 1 和清零。

00：禁止生成波

01：使能生成噪声波

1x：使能生成三角波

注意：只在位 TEN1＝1（使能 DAC1 通道触发）时使用。

位 5:3 TSEL1[2:0]：DAC1 通道触发器选择（DAC channel1 trigger selection）

这些位用于选择 DAC1 通道的外部触发事件。

000：定时器 6TRGO 事件　　　　100：定时器 2TRGO 事件

001：定时器 8TRGO 事件　　　　101：定时器 4TRGO 事件

010：定时器 7TRGO 事件　　　　110：外部中断线 9

011：定时器 5TRGO 事件　　　　111：软件触发

注意：只在位 TEN1＝1（使能 DAC1 通道触发）时使用。

位 2 TEN1：DAC1 通道触发使能（DAC channel1 trigger enable）

此位由软件置 1 和清零，以使能/禁止 DAC1 通道触发。

0：禁止 DAC1 通道触发，写入 DAC_DHRx 寄存器的数据在一个 APB1 时钟周期之后转移到 DAC_DOR1 寄存器

1：使能 DAC1 通道触发，DAC_DHRx 寄存器的数据在三个 APB1 时钟周期之后转移到 DAC_DOR1 寄存器

注意：如果选择软件触发，DAC_DHRx 寄存器的内容只需一个 APB1 时钟周期即可转移到 DAC_DOR1 寄存器。

位 1 BOFF1：DAC1 通道输出缓冲器禁止（DAC channel1 output buffer disable）

此位由软件置 1 和清零，以使能/禁止 DAC1 通道输出缓冲器。

0：使能 DAC1 通道输出缓冲器

1：禁止 DAC1 通道输出缓冲器

位 0 EN1：DAC1 通道使能（DAC channel1 enable）

此位由软件置 1 和清零，以使能/禁止 DAC1 通道。

0：禁止 DAC1 通道

1：使能 DAC1 通道

图 6-3　DAC 控制寄存器

DAC_CR 的低 16 位用于控制通道 1，而高 16 位用于控制通道 2。在 DAC_CR 设置好之后，DAC 就可以正常工作了，仅需要设置 DAC 的数据保持寄存器的值，就可以在 DAC 输出通道得到你想要的电压了（对应 I/O 口设置为模拟输入）。

（2）DAC1 通道 12 位右对齐数据保持寄存器（DAC_DHR12R1），如图 6-4 所示。

该寄存器用来设置 DAC 输出，通过写入 12 位数据到该寄存器，就可以在 DAC 输出通道 1（PA4）得到所要的结果。

通道 2 和通道 1 寄存器情况一样，通过 PA5 输出结果。

31	30	29	28	27	26	25	24	23	22	21	20	19	18	17	16
Reserved															
15	14	13	12	11	10	9	8	7	6	5	4	3	2	1	0
Reserved				DACC1DHR[11:0]											
				rw	rw	rw	rw	rw	rw	rw	rw	rw	rw	rw	rw

位31:12 保留，必须保持复位值。

位 11:0 DACC1DHR[11:0]：DAC 1通道12位右对齐数据。

这些位由软件写入，用于为DAC 1通道指定12位数据。

图 6-4　DAC1 通道 12 位右对齐数据保持寄存器

（3）双 DAC12 位右对齐数据保持寄存器（DHR12RD），如图 6-5 所示。

31	30	29	28	27	26	25	24	23	22	21	20	19	18	17	16
Reserved				DACC2DHR[11:0]											
				rw	rw	rw	rw	rw	rw	rw	rw	rw	rw	rw	rw
15	14	13	12	11	10	9	8	7	6	5	4	3	2	1	0
Reserved				DACC1DHR[11:0]											
				rw	rw	rw	rw	rw	rw	rw	rw	rw	rw	rw	rw

位31:28 保留，必须保持复位值。

位 27:16 DACC2DHR[11:0]：DAC 2通道12位右对齐数据。

这些位由软件写入，用于为DAC 2通道指定12位数据。

位15:12 保留，必须保持复位值。

位 11:0 DACC1DHR[11:0]：DAC 1通道12位右对齐数据。

这些位由软件写入，用于为DAC 1通道指定12位数据。

图 6-5　双 DAC 12 位右对齐数据保持寄存器

该寄存器是 12 位右对齐的双通道寄存器，位 0～11 用于通道 1，位 16～27 用于通道 2。

往该寄存器赋值后的数据会在 DAC 被触发的时候搬运到 2 个 DAC 转换器，然后在这 2 个通道中输出以 12 位右对齐表示的这两个通道的电压。

6.1.2　开发步骤

（1）新建 bsp_dac.h 和 bsp_dac.c，并在 bsp_dac.h 中定义函数。

```
#ifndef __BSP_DAC_H
#define __BSP_DAC_H

#include "stm32f4xx.h"

void DAC_Init(void);

void DAC_Ch1_Set_Value(uint16_t value);
uint16_t DAC_Ch1_Get_Value(void);

void DAC_Ch2_Set_Value(uint16_t value);
uint16_t DAC_Ch2_Get_Value(void);

void DAC_TwoCh_Set_value(uint16_t ch1val, uint16_t ch2val);
uint32_t DAC_TwoCh_Get_value(void);
#endif
```

（2）在 bsp_dac.c 中实现操作函数。

第一步，初始化 DAC 和通道引脚 PA4、PA5。

第二步,单通道 CH1、CH2 的值设置和获取。

第三步,双通道寄存器的值设置和获取。

```c
#include "bsp_dac.h"

DAC_HandleTypeDef dac_Handle;

void DAC_Init(void)
{

    DAC_ChannelConfTypeDef dac_Config;

    dac_Handle.Instance = DAC;
    HAL_DAC_Init(&dac_Handle);                                    //初始化 DAC

    dac_Config.DAC_OutputBuffer = DAC_OUTPUTBUFFER_DISABLE;       //DAC1 输出缓冲关闭
    dac_Config.DAC_Trigger = DAC_TRIGGER_NONE;                    //无触发功能

    HAL_DAC_ConfigChannel(&dac_Handle, &dac_Config, DAC_CHANNEL_1);    //DAC 通道 1 配置
    HAL_DAC_ConfigChannel(&dac_Handle, &dac_Config, DAC_CHANNEL_2);    //DAC 通道 2 配置

    HAL_DAC_Start(&dac_Handle, DAC_CHANNEL_1);                    //开启 DAC 通道 1
    HAL_DAC_Start(&dac_Handle, DAC_CHANNEL_2);                    //开启 DAC 通道 2
}

void HAL_DAC_MspInit(DAC_HandleTypeDef * hdac)
{
    GPIO_InitTypeDef GPIO_Initure;
    __HAL_RCC_DAC_CLK_ENABLE();
    __HAL_RCC_GPIOA_CLK_ENABLE();

    GPIO_Initure.Pin = GPIO_PIN_4 | GPIO_PIN_5;
    GPIO_Initure.Mode = GPIO_MODE_ANALOG;
    GPIO_Initure.Pull = GPIO_NOPULL;
    GPIO_Initure.Speed = GPIO_SPEED_FAST;
    HAL_GPIO_Init(GPIOA,&GPIO_Initure);
}

/**
 *   函数名:DAC_Ch1_Set_Value
 *   描述:设置通道 1 输出电压
 *   输入:value:0~3300,代表 0~3.3V
 *   输出:
 */
void DAC_Ch1_Set_Value(uint16_t value)
{
    double temp = value;
    temp /= 1000;
    temp = temp * 4095/3.3;
    HAL_DAC_SetValue(&dac_Handle, DAC_CHANNEL_1, DAC_ALIGN_12B_R, temp);

}

uint16_t DAC_Ch1_Get_Value(void)
{
    return HAL_DAC_GetValue(&dac_Handle, DAC_CHANNEL_1);
}
```

```
/**
 *    函数名:DAC_Ch2_Set_Value
 *    描述:设置通道 2 输出电压
 *    输入:value:0～3300,代表 0～3.3V
 *    输出:
 */
void DAC_Ch2_Set_Value(uint16_t value)
{
    double temp = value;
    temp /= 1000;
    temp = temp * 4095/3.3;
    HAL_DAC_SetValue(&dac_Handle, DAC_CHANNEL_2, DAC_ALIGN_12B_R, temp);

}

uint16_t DAC_Ch2_Get_Value(void)
{
    return HAL_DAC_GetValue(&dac_Handle, DAC_CHANNEL_2);
}

/**
 *    函数名:DAC_TwoCh_Set_value
 *    描述:设置双通道的值
 *    输入:ch1val 通道 1 的值,ch2val 通道 2 的值
 *    输出:
 */
void DAC_TwoCh_Set_value(uint16_t ch1val, uint16_t ch2val)
{
    double temp1 = ch1val;
    temp1 /= 1000;
    temp1 = temp1 * 4095/3.3;

    double temp2 = ch2val;
    temp2 /= 1000;
    temp2 = temp2 * 4095/3.3;
    HAL_DACEx_DualSetValue(&dac_Handle, DAC_ALIGN_12B_R, temp1, temp2);
}

/**
 *    函数名:DAC_TwoCh_Get_value
 *    描述:获取两个通道 DOR 的值
 *    输入:
 *    输出:返回的是两个通道值:0～15bit 通道 1 的值,16～32bit 通道 2 的值
 */
uint32_t DAC_TwoCh_Get_value()
{
    return HAL_DACEx_DualGetValue(&dac_Handle);
}
```

(3) 主函数 main()的主要功能如下:

第一步,KEY0 设置单通道 CH1、CH2 电压值。

第二步,KEY1 通过 ADC 读取 CH1 电压值。

第三步,KEY2 通过 ADC 读取 CH2 电压值。

第四步,KEY_WKUP 设置双通道的值,再通过 KEY1、KEY2 读取两个通道值。

```c
# include "bsp_clock.h"
# include "bsp_uart.h"
# include "bsp_key.h"
# include "bsp_adc.h"
# include "bsp_dac.h"
# include "bsp_led.h"

int main(void)
{
    uint32_t value = 0;

    CLOCLK_Init();                              //初始化系统时钟
    UART_Init();                                //串口初始化
    KEY_Init();                                 //按键初始化
    LED_Init();                                 //LED初始化
    ADC1_Init();
    DAC_Init();

    while(1)
    {

        uint8_t key = KEY_Scan(0);

        if(key == 1)                            //KEY0按下,设置单通道值
        {
            LED1_Toggle;                        //点亮LED1

            if(value > 3300)
            {
            value = 0;
            }
            DAC_Ch1_Set_Value(value);           //设置通道1
            DAC_Ch2_Set_Value(value);           //设置通道2
            printf("DAC1 set value : %d \n",value);

            value += 500;
        }

        if(key == 2)                            //KEY1按下,读取通道1电压值
        {
            LED2_Toggle;                        //点亮LED2
            float dacx = DAC_Ch1_Get_Value() * (3.3/4096);    //读取通道1值
            printf("DAC1 CH1 value : %0.2f V \n",dacx);

            float adcx = ADC1_GetAverageValue(ADC_CHANNEL_6, 10) * (3.3/4096);
            //ADC读取通道1电压值
            printf("ADC1 CH1 value : %0.2f V \n",adcx);
        }

        if(key == 3)                            //KEY2按下,读取通道2电压值
        {
            LED2_Toggle;                        //点亮LED2
            float dacx = DAC_Ch2_Get_Value() * (3.3/4096);    //读取通道2值
            printf("DAC1 CH2 value : %0.2f V \n",dacx);

            float adcx = ADC1_GetAverageValue(ADC_CHANNEL_6, 10) * (3.3/4096);
            //ADC读取通道2电压值
            printf("ADC1 CH2 value : %0.2f V \n",adcx);
        }
```

```
if(key == 4)                                    //WAKE_UP 按下,同时设置双通道的值
{
    LED2_Toggle;                                //点亮 LED2
    DAC_TwoCh_Set_value(2000,2500);             //设置双通道寄存器 DHR12RD
    printf("CH1 value : %.2f V\n", 2.0);
    printf("CH2 value : %.2f V\n", 2.5);

    uint32_t data = DAC_TwoCh_Get_value();      //读取双通道寄存器 DHR12RD
    uint16_t ch1val = data;
    uint16_t ch2val = data >> 16;
    printf("CH1 DOR1 value : %d \n", ch1val);
    printf("CH2 DOR2 value : %d \n", ch2val);
    }
    HAL_Delay(50);
}
}
```

6.1.3 运行结果

把编译好的程序下载到开发板。将开发板参考电压 Vref＋引脚与 VDDA 短接使能 DAC
输出。按下 KEY0 单独设置两个通道值。比如设置到 1000,通过 ADC 读取两个通道电压值。
ADC 引脚 PA6,DAC 通道 1 是 PA4,通道 2 是 PA5。连接 PA6 与 PA4 按下 KEY1 读取通道
1 的值、连接 PA6 与 PA5 按下 KEY2 读取通道 2 的值,串口输出如图 6-6 所示。

图 6-6 串口输出

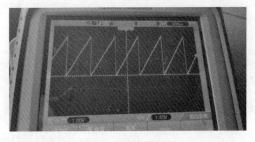

图 6-7 示波器显示

按下 WKUP 设置双通道寄存器的值 CH1
2000、CH2 2500(会经过换算,实际设置到寄存器
的值为 2481,3102)。连接 PA6 与 PA4 按下
KEY1 读取通道 1 的值、连接 PA6 与 PA5 按下
KEY2 读取通道 2 的值,如图 6-7 所示。

练习

(1) 什么是 DAC?

(2) STM32F4 的 DAC 模块主要特点有哪些?

（3）配置其他 DAC 实现三角波输出。

6.2　DAC 正弦波

学习目标

了解 DAC 数模转换工作原理,利用 DAC 输出正弦波。

6.2.1　开发原理

正弦波输出(DAC+DMA+TIM)

要输出正弦波,实质是要控制 DAC 以 $V=\sin t$ 的正弦函数关系输出电压,其中,V 为电压输出,t 为时间。而由于模拟信号连续而数字信号是离散的,所以使用 DAC 产生正弦波时,只能按一定时间间隔输出正弦曲线上的点,在该时间段内输出相同的电压值,若缩短时间间隔,提高单个周期内的输出点数,可以得到逼近连续正弦波的图形,如图 6-8 所示。

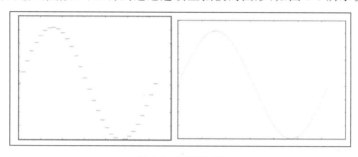

图 6-8　正弦波形

由于正弦曲线是周期性的,所以只需要得到单个周期内的数据后按周期重复即可,而单个周期内取样输出的点数又是有限的,所以为了得到满足 $V=\sin t+1$ 函数关系的电压值数据,通常不会实时计算获取,而是预先计算好函数单个周期内的电压数据表,并且转换为以 DAC 寄存器表示的值。

如 sin 函数值的范围为 $[-1,+1]$,而 STM32 的 DAC 输出电压范围为 0～3.3V,按 12 位 DAC 分辨率表示的方法,可写入寄存器的最大值为 $2^{12}=4096$,即范围为 $[0,4096]$。所以,实际输出时,会进行如下处理:

（1）抬升 sin 函数的输出为正值:$V=\sin t+1$,此时,V 的输出范围为 $[0,2]$;

（2）扩展输出至 DAC 的全电压范围:$V=3.3\times\dfrac{\sin t+1}{2}$,此时,$V$ 的输出范围为 $[0,3.3]$,正是 DAC 的电压输出范围,扩展至全电压范围可以充分利用 DAC 的分辨率;

（3）把电压值以 DAC 寄存器的形式表示:$\mathrm{Reg}_{val}=\dfrac{2^{12}}{3.3\times V}=2^{12}\times(\sin t+1)$,此时,存储到 DAC 寄存器的值范围为 $[0,4096]$;

（4）实践证明,在 $\sin t$ 的单个周期内,取 32 个点进行电压输出已经能较好地还原正弦波形;

（5）控制 DAC 输出时,每隔一段相同的时间从上述正弦波表中取出一个新数据进行输出,即可输出正弦波。改变间隔时间的单位长度,可以改变正弦波曲线的周期。

有如下正弦波数据表:

{2048,2460,2856,3218,3532,3786,3969,4072,4093,4031,3887,3668,3382,3042,2661,

2255,1841,1435,1054,714,428,209,65,3,24,127,310,564,878,1240,1636,2048}

利用 DMA1 进行数据传递,我们用的是 TIM2、DAC1,可以看到对应 DMA1 的 Stream5 和 Channel7,如图 6-9 所示。

外设请求	数据流0	数据流1	数据流2	数据流3	数据流4	数据流5	数据流6	数据流7
通道0	SPI3_RX		SPI3_RX	SPI2_RX	SPI2_TX	SPI3_TX		SPI3_TX
通道1	I2C1_RX		TIM7_UP		TIM7_UP	I2C1_RX	I2C1_TX	I2C1_TX
通道2	TIM4_CH1		I2S3_EXT_RX	TIM4_CH2	I2S2_EXT_TX	I2S3_EXT_TX	TIM4_UP	TIM4_CH3
通道3	I2S3_EXT_RX	TIM2_UP TIM2_CH3	I2C3_RX	I2S2_EXT_RX	I2C3_TX	TIM2_CH1	TIM2_CH2 TIM2_CH4	TIM2_UP TIM2_CH4
通道4	UART5_RX	USART3_RX	UART4_RX	USART3_TX	UART4_TX	USART2_RX	USART2_TX	UART5_TX
通道5	UART8_TX[1]	UART7_TX[1]	TIM3_CH4 TIM3_UP	UART7_RX[1]	TIM3_CH1 TIM3_TRIG	TIM3_CH2	UART8_RX[1]	TIM3_CH3
通道6	TIM5_CH3 TIM5_UP	TIM5_CH4 TIM5_TRIG	TIM5_CH1	TIM5_CH4 TIM5_TRIG	TIM5_CH2		TIM5_UP	
通道7		TIM6_UP	I2C2_RX	I2C2_RX	USART3_TX	DAC1	DAC2	I2C2_TX

注:(1)这些请求仅在STM32F42xxx和STM32F43xxx上可用。

图 6-9　DMA1 映射

6.2.2　开发步骤

(1) 新建 bsp_dac_sinewave. h 和 bsp_dac_sinewave. c,在 bsp_dac_sinewave. h 定义函数。

```
# ifndef __BSP_DAC_SINEWAVE_H
# define __BSP_DAC_SINEWAVE_H

# include "stm32f4xx. h"

# define DAC_DHR12RD_Address DAC -> DHR12R2

void DAC_Init(void);
void DAC_TIM2_Init(void);
void DAC_DMA1_Init(void);
void DAC_SinWave_Init(void);
void DAC_ch1_Set_Value(uint16_t value);

# endif
```

(2) 在 bsp_dac_stepwave. c 中实现操作函数。

第一步,定义正弦波数据表。

第二步,DAC1 初始化,设置 TIM2 为触发源。

第三步,TIM2 初始化,设置更新触发方式。

第四步,DMA 初始化,设置 DMA 的数据流为 5,通道为 7。

```
# include "bsp_dac_stepwave. h"
# include "bsp_dac_sinewave. h"

//正弦波数值表
uint16_t Sine12bit[32] =
{
    2048,2460, 2856, 3218, 3532, 3786, 3969, 4072,
```

```
        4093, 4031, 3887, 3668, 3382, 3042, 2661, 2255,
        1841,1435, 1054, 714, 428, 209, 65, 3,
        24, 127, 310, 564, 878, 1240, 1636, 2048
};

DMA_HandleTypeDef hdma;
DAC_HandleTypeDef dac_Handle;

/**
 *    函数名:DAC_Init
 *    描述:DAC 初始化
 *    输入:
 *    输出:
 */
void DAC_Init(void)
{
    DAC_ChannelConfTypeDef dac_Config;

    dac_Handle.Instance = DAC1;
    HAL_DAC_Init(&dac_Handle);                              //初始化 DAC

    dac_Config.DAC_OutputBuffer = DAC_OUTPUTBUFFER_DISABLE; //DAC1 输出缓冲关闭
    dac_Config.DAC_Trigger = DAC_TRIGGER_T2_TRGO;           //TIM2 触发功能

    HAL_DAC_ConfigChannel(&dac_Handle, &dac_Config, DAC_CHANNEL_1);//DAC 通道 1 配置

    HAL_DAC_Start(&dac_Handle, DAC_CHANNEL_1);              //开启 DAC 通道 1
}

void HAL_DAC_MspInit(DAC_HandleTypeDef * hdac)
{
    GPIO_InitTypeDef GPIO_Initure;
    __HAL_RCC_DAC_CLK_ENABLE();
    __HAL_RCC_GPIOA_CLK_ENABLE();

    GPIO_Initure.Pin = GPIO_PIN_4;
    GPIO_Initure.Mode = GPIO_MODE_ANALOG;
    GPIO_Initure.Pull = GPIO_NOPULL;
    GPIO_Initure.Speed = GPIO_SPEED_FAST;
    HAL_GPIO_Init(GPIOA,&GPIO_Initure);
}

/**
 *    函数名:DAC_TIM2_Init
 *    描述:Tim2 定时器初始化
 *    输入:
 *    输出:
 */
void DAC_TIM2_Init(void)
{
    TIM_HandleTypeDef htim;
    TIM_MasterConfigTypeDef  sMasterConfig;
    __HAL_RCC_TIM2_CLK_ENABLE();

    htim.Instance = TIM2;
    htim.Init.Prescaler = 0x00;                             //不分频
    htim.Init.Period = 20 - 1;                             //计数值
```

```
        htim.Init.ClockDivision = TIM_CLOCKDIVISION_DIV2;
        htim.Init.CounterMode = TIM_COUNTERMODE_UP;                    //向上计数
        HAL_TIM_Base_Init(&htim);
        HAL_TIM_Base_Start(&htim);

        sMasterConfig.MasterOutputTrigger = TIM_TRGO_UPDATE;
        sMasterConfig.MasterSlaveMode = TIM_MASTERSLAVEMODE_DISABLE;
        HAL_TIMEx_MasterConfigSynchronization(&htim, &sMasterConfig);
}

/**
 *   函数名:DAC_DMA1_Init
 *   描述:DAC1 对应 DMA1 初始化
 *   输入:
 *   输出:
 */
void DAC_DMA1_Init(void)
{
        __HAL_RCC_DMA1_CLK_ENABLE();

        hdma.Instance = DMA1_Stream5;                 //DAC 通道 1 的 DMA 数据流在 Stream5 CHANNEL_7
        hdma.Init.Channel = DMA_CHANNEL_7;
        hdma.Init.Direction = DMA_MEMORY_TO_PERIPH;                   //传输方向选择
        hdma.Init.FIFOMode = DMA_FIFOMODE_DISABLE;
        hdma.Init.FIFOThreshold = DMA_FIFO_THRESHOLD_FULL;
        hdma.Init.MemBurst = DMA_MBURST_SINGLE;                       //存储器突发单次传输
        hdma.Init.MemDataAlignment = DMA_MDATAALIGN_HALFWORD;         //存储器数据长度:16 位
        hdma.Init.MemInc = DMA_MINC_ENABLE;                          //存储器增量模式
        hdma.Init.Mode = DMA_CIRCULAR;            //DMA 传输模式选择,可选一次传输或者循环传输
        hdma.Init.PeriphBurst = DMA_PBURST_SINGLE;                    //外设突发单次传输
        hdma.Init.PeriphDataAlignment = DMA_PDATAALIGN_HALFWORD;      //外设数据长度:16 位
        hdma.Init.PeriphInc = DMA_PINC_DISABLE;
        hdma.Init.Priority = DMA_PRIORITY_HIGH;
        HAL_DMA_Init(&hdma);
}


/**
 *   函数名:DAC_SinWave_Init
 *   描述:正弦波初始化
 *   输入:
 *   输出:
 */
void DAC_SinWave_Init(void)
{
        DAC_Init();
        DAC_TIM2_Init();
        DAC_DMA1_Init();

        //开始 DMA 转换
        HAL_DMA_Start (&hdma, (uint32_t)Sine12bit, (uint32_t)&dac_Handle.Instance->DHR12R1, 32);
        //开始 DAC DMA 转换
        HAL_DAC_Start_DMA(&dac_Handle,DAC_CHANNEL_1,(uint32_t *)&dac_Handle.Instance->DHR12R1,
32,DAC_ALIGN_12B_R);
}
```

（3）主函数 main()程序如下：

```
# include "bsp_clock.h"
# include "bsp_uart.h"
# include "bsp_key.h"
# include "bsp_led.h"
# include "bsp_dac_sinewave.h"

int main(void)
{
    CLOCLK_Init();                      //初始化系统时钟
    UART_Init();                        //串口初始化
    KEY_Init();                         //按键初始化
    LED_Init();                         //LED 初始化

    DAC_SinWave_Init();                 //正弦波初始化

    while(1)
    {
        HAL_Delay(50);
    }
}
```

6.2.3　运行结果

把编译好的程序下载到开发板。检查开发板参考电压 Vref＋引脚与 VDDA 短接使能 DAC 输出。通过示波器正极连接 PA4，负极连接 GND，可以看到 PA4 输出的波形为正弦波，如图 6-10 所示。

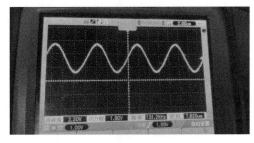

图 6-10　输出结果

练习

（1）STM32F4 的 DAC 支持的数据对齐模式有哪些？

（2）简述 DAC 正弦波输出原理。

（3）配置其他 DAC 实现噪声波输出。

第7章

CHAPTER 7

总 线 开 发

　　总线(Bus)是计算机各种功能部件之间传送信息的公共通信干线,它是由导线组成的传输线束,按照计算机所传输的信息种类,计算机的总线可以划分为数据总线、地址总线和控制总线,分别用来传输数据、数据地址和控制信号。总线是一种内部结构,它是 CPU、内存、输入/输出设备传递信息的公用通道,主机的各个部件通过总线相连接,外部设备通过相应的接口电路再与总线相连接,从而形成了计算机硬件系统。在计算机系统中,各个部件之间传送信息的公共通路称为总线,微型计算机是以总线结构来连接各个功能部件的。

　　本章通过对 CAN 总线、RS-485 通信、红外遥控、I^2C 通信以及 SPI 通信逐一展开叙述,介绍相关原理并通过实例帮助读者掌握总线开发能力。

7.1　CAN 通信

视频 25

学习目标

　　了解 CAN(控制器局域网络)的网络模型、通信协议、架构组成和工作原理,掌握利用 CAN 通信协议实现节点间通信。

7.1.1　开发原理

　　CAN(Controller Area Network)即控制器局域网络,它是由以研发和生产汽车电子产品著称的德国 BOSCH 公司开发的,并最终成为国际标准(ISO11519),是国际上应用最广泛的现场总线之一。

　　CAN 总线协议已经成为汽车计算机控制系统和嵌入式工业控制局域网的总线标准,并且拥有以 CAN 为底层协议专为大型货车和重工机械车辆设计的 J1939 协议。近年来,它具有的高可靠性和良好的错误检测能力受到重视,被广泛应用于汽车计算机控制系统和环境温度恶劣、电磁辐射强及振动大的工业环境。

1. CAN 物理层

　　与 I^2C、SPI 等具有时钟信号的同步通信方式不同,CAN 通信并不是以时钟信号来进行同步的,它是一种异步通信,只具有 CAN_High 和 CAN_Low 两条信号线,共同构成一组差分信号线,以差分信号的形式进行通信。

　　1) 闭环总线网络

　　CAN 物理层的形式主要有两种,图 7-1 中的 CAN 通信网络是一种遵循 ISO11898 标准的高速、短距离"闭环网络",它的总线最大长度为 40m,通信速率最高为 1Mbps,总线的两端各要求有一个 120Ω 的电阻。

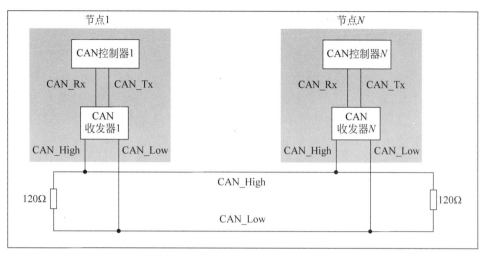

图 7-1 闭环总线网络

2）开环总线网络

如图 7-2 所示为遵循 ISO11519-2 标准的低速、远距离"开环网络"，它的最大传输距离为 1km，最高通信速率为 125kbps，两根总线是独立的，不形成闭环，要求每根总线上各串联一个 2.2kΩ 的电阻。

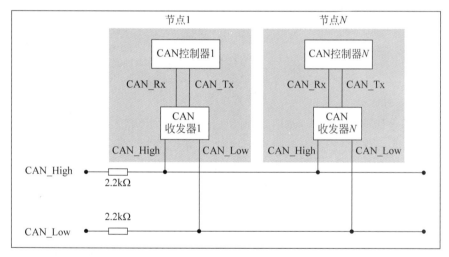

图 7-2 开环总线网络

3）通信节点

从 CAN 通信网络图可了解到，CAN 总线上可以挂载多个通信节点，节点之间的信号经过总线传输，实现节点间通信。由于 CAN 通信协议不对节点进行地址编码，而是对数据内容进行编码，所以网络中的节点个数理论上不受限制，只要总线的负载足够即可，可以通过中继器增强负载。

CAN 通信节点由一个 CAN 控制器及 CAN 收发器组成，控制器与收发器之间通过 CAN_Tx 及 CAN_Rx 信号线相连，收发器与 CAN 总线之间使用 CAN_High 及 CAN_Low 信号线相连。其中，CAN_Tx 及 CAN_Rx 使用普通的类似 TTL 逻辑信号，而 CAN_High 及 CAN_Low 是一对差分信号线，使用比较特别的差分信号，下面会详细说明。

当 CAN 节点需要发送数据时，控制器把要发送的二进制编码通过 CAN_Tx 线发送到收发器，然后由收发器把这个普通的逻辑电平信号转换为差分信号，通过差分线 CAN_High 和

CAN_Low 输出到 CAN 总线网络。而通过收发器接收总线上的数据到控制器时,则是相反的过程,收发器把总线上收到的 CAN_High 及 CAN_Low 信号转换为普通的逻辑电平信号,通过 CAN_Rx 输出到控制器中。

STM32 的 CAN 片上外设就是通信节点中的控制器,为了构成完整的节点,还要给它外接一个收发器,在 STM32F4 开发板中使用型号为 TJA1050 的芯片作为 CAN 收发器。CAN 控制器与 CAN 收发器的关系如同 TTL 串口与 MAX3232 电平转换芯片的关系,MAX3232 芯片把 TTL 电平的串口信号转换为 RS-232 电平的串口信号,CAN 收发器的作用则是把 CAN 控制器的 TTL 电平信号转换为差分信号(或者相反)。

4) 差分信号

差分信号又称差模信号,与传统使用单根信号线电压表示逻辑的方式有区别,使用差分信号传输时,需要两根信号线,这两个信号的振幅相等,相位相反,通过两根信号线的电压差值来表示逻辑 0 和逻辑 1,它使用了 V+ 与 V- 信号的差值表达出的信号,如图 7-3 所示。

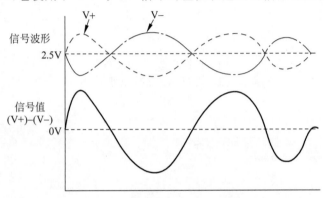

图 7-3　差分信号

相对于单信号线传输的方式,使用差分信号传输具有如下优点:

(1) 抗干扰能力强,当外界存在噪声干扰时,几乎会同时耦合到两根信号线上,而接收端只关心两个信号的差值,所以外界的共模噪声可以被完全抵消。

(2) 能有效抑制它对外部的电磁干扰,同理,由于两个信号的极性相反,它们对外辐射的电磁场可以相互抵消,耦合得越紧密,泄放到外界的电磁能量越少。

(3) 时序定位精确,由于差分信号的开关变化位于两个信号的交点,不像普通单端信号依靠高低两个阈值电压判断,因而受工艺、温度的影响小,能降低时序上的误差,同时也更适合于低幅度信号的电路。

由于差分信号线具有这些优点,所以在 USB 协议、RS485 协议、以太网协议及 CAN 协议的物理层中,都使用了差分信号传输。

5) CAN 协议中的差分信号

CAN 协议中对它使用的 CAN_High 及 CAN_Low 表示的差分信号做了规定,如表 7-1 所示。以高速 CAN 协议为例,当表示逻辑 1 时(隐性电平),CAN_High 和 CAN_Low 线上的电压均为 2.5V,即它们的电压差 VH-VL=0V;而表示逻辑 0 时(显性电平),CAN_High 的电平为 3.5V,CAN_Low 线的电平为 1.5V,即它们的电压差为 VH-VL=2V。

例如,当 CAN 收发器从 CAN_Tx 线接收到来自 CAN 控制器的低电平信号时(逻辑 0),它会使 CAN_High 输出 3.5V,同时 CAN_Low 输出 1.5V,从而输出显性电平表示逻辑 0,如图 7-4 所示。

表 7-1 CAN 协议差分信号规定

信　　号	ISO11898（高速）						ISO11519-2（低速）					
	隐性（逻辑 1）			显性（逻辑 0）			隐性（逻辑 1）			显性（逻辑 0）		
	最小值	典型值	最大值	最小值	典型值	最大值	最小值	典型值	最大值	最小值	典型值	最大值
CAN_High(V)	2.0	2.5	3.0	2.75	3.5	4.5	1.6	1.75	1.9	3.85	4.0	5.0
CAN_Low(V)	2.0	2.5	3.0	0.5	1.5	2.25	3.10	3.25	3.4	0	1.0	1.15
High-Low 电位差(V)	−0.5	0	0.05	1.5	2.0	3.0	−0.3	−1.5	—	0.3	3.0	—

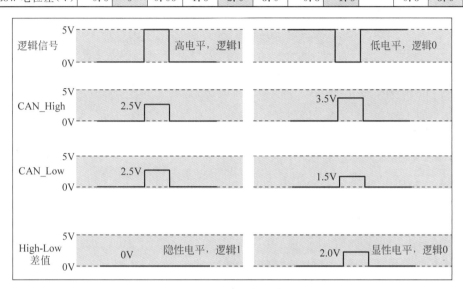

图 7-4　CAN 逻辑 0 表示

在 CAN 总线中,必须使它处于隐性电平(逻辑 1)或显性电平(逻辑 0)中的某一个状态。假如有两个 CAN 通信节点,在同一时间,一个输出隐性电平,另一个输出显性电平,类似于 I^2C 总线的"线与"特性将使它处于显性电平状态,显性电平的名字就是这样得来的,具有显性优先的意味。

2. 协议层

以上是 CAN 的物理层标准,约定了电气特性,以下介绍的协议层则规定了通信逻辑。

1) CAN 的波特率及位同步

由于 CAN 属于异步通信,没有时钟信号线,连接在同一个总线网络中的各个节点会像串口异步通信那样,节点间使用约定好的波特率进行通信,特别地,CAN 还会使用"位同步"的方式来抗干扰、吸收误差,对总线电平信号进行正确的采样,确保通信正常。

(1) 位时序分解。

为了实现位同步,CAN 协议把每一个数据位的时序分解成如图 7-5 所示的 SS 段、PTS 段、PBS1 段、PBS2 段,这 4 段的长度加起来即为一个 CAN 数据位的长度。分解后最小的时间单位是 Tq,而一个完整的位由 8~25 个 Tq 组成。为方便表示,图 7-5 中的高低电平直接代表信号逻辑 0 或逻辑 1(不是差分信号)。

图 7-5 中表示的 CAN 通信信号每一个数据位的长度为 19Tq,其中 SS 段占 1Tq,PTS 段占 6Tq,PBS1 段占 5Tq,PBS2 段占 7Tq。信号的采样点位于 PBS1 段与 PBS2 段之间,通过控制各段的长度,可以对采样点的位置进行偏移,以便准确地采样。

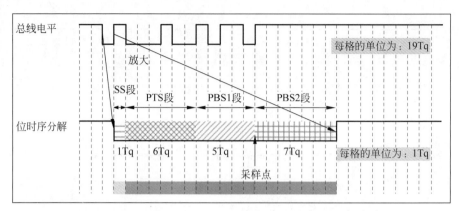

图 7-5　位时序分解

- SS 段(SYNCSEG)。

SS 译为同步段,若通信节点检测到总线上信号的跳变沿被包含在 SS 段的范围之内,则表示节点与总线的时序是同步的,当节点与总线同步时,采样点采集到的总线电平即可被确定为该位的电平。SS 段的大小固定为 1Tq。

- PTS 段(PROPSEG)。

PTS 译为传播时间段,这个时间段是用于补偿网络的物理延时时间。是总线上输入比较器延时和输出驱动器延时总和的两倍。PTS 段的大小可以为(1~8)Tq。

- PBS1 段(PHASESEG1)。

PBS1 译为相位缓冲段,主要用来补偿边沿阶段的误差,它的时间长度在重新同步的时候可以加长。PBS1 段的初始大小可以为(1~8)Tq。

- PBS2 段(PHASESEG2)。

PBS2 是另一个相位缓冲段,也是用来补偿边沿阶段误差的,它的时间长度在重新同步时可以缩短。PBS2 段的初始大小可以为(2~8)Tq。

(2) 通信的波特率。

总线上的各个通信节点只要约定好 1 个 Tq 的时间长度以及每一个数据位占据多少个 Tq,就可以确定 CAN 通信的波特率。

例如,假设图 7-5 中的 $1Tq=1\mu s$,而每个数据位由 19 个 Tq 组成,则传输一位数据需要时间 $T1bit=19\mu s$,从而每秒可以传输的数据位个数为:

$$1 \times 10^6 / 19 \approx 52631.6(\text{bps})$$

这个每秒可传输的数据位的个数即为通信中的波特率。

(3) 同步过程分析。

波特率只是约定了每个数据位的长度,数据同步还涉及相位的细节,这个时候就需要用到数据位内的 SS、PTS、PBS1 及 PBS2 段了。

根据对段的应用方式差异,CAN 的数据同步分为硬同步和重新同步。其中硬同步只是当存在"帧起始信号"时起作用,无法确保后续一连串的位时序都是同步的,而重新同步方式可解决该问题,下面具体介绍这两种方式:

- 硬同步。

若某个 CAN 节点通过总线发送数据时,它会发送一个表示通信起始的信号(即帧起始信号),该信号是一个由高变低的下降沿。而挂载到 CAN 总线上的通信节点在不发送数据时,会时刻检测总线上的信号。

　　如图 7-6 所示,可以看到当总线出现帧起始信号时,某节点检测到总线的帧起始信号不在节点内部时序的 SS 段范围,所以判断它自己的内部时序与总线不同步,因而这个状态的采样点采集得的数据是不正确的。所以节点以硬同步的方式调整,把自己的位时序中的 SS 段平移至总线出现下降沿的部分,获得同步,同步后采样点就可以采集得到正确数据了。

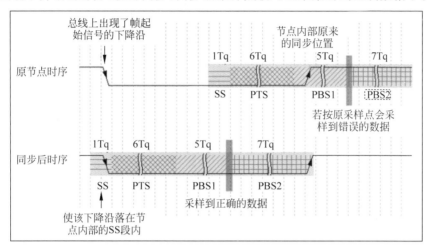

图 7-6　CAN 硬同步

　　• 重新同步。

　　前面的硬同步只是当存在帧起始信号时才起作用,如果在一帧很长的数据内,节点信号与总线信号相位有偏移时,这种同步方式就无能为力了。因而需要引入重新同步方式,它利用普通数据位的高至低电平的跳变沿来同步(帧起始信号是特殊的跳变沿)。重新同步与硬同步方式相似的地方是它们都使用 SS 段进行检测,同步的目的都是使节点内的 SS 段把跳变沿包含起来。

　　重新同步的方式分为超前和滞后两种情况,以总线跳变沿与 SS 段的相对位置进行区分。第一种相位超前的情况如图 7-7 所示,节点从总线的边沿跳变中,检测到它内部的时序比总线的时序相对超前 2Tq,这时控制器在下一个位时序中的 PBS1 段增加 2Tq 的时间长度,使得节点与总线时序重新同步。

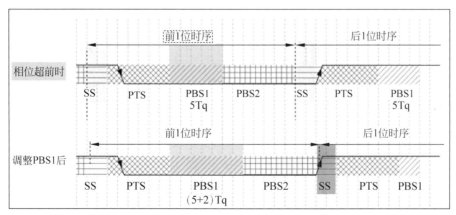

图 7-7　相位超前

　　第二种相位滞后的情况如图 7-8 所示,节点从总线的边沿跳变中,检测到它的时序比总线的时序相对滞后 2Tq,这时控制器在前一个位时序中的 PBS2 段减少 2Tq 的时间长度,获得同步。

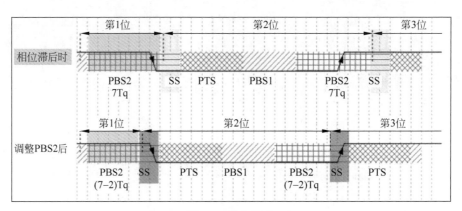

图 7-8　相位滞后

在重新同步的时候,PBS1 和 PBS2 中增加或减少的这段时间长度被定义为"重新同步补偿宽度 SJW(reSynchronization Jump Width)"。一般来说,CAN 控制器会限定 SJW 的最大值,如限定了最大 SJW=3Tq 时,单次同步调整的时候不能增加或减少超过 3Tq 的时间长度,若有需要,则控制器会通过多次小幅度调整来实现同步。当控制器设置的 SJW 极限值较大时,可以吸收的误差加大,但通信的速度会下降。

2) CAN 的报文种类及结构

在 SPI 通信中,片选、时钟信号、数据输入及数据输出这 4 个信号都有单独的信号线,I²C 协议包含时钟信号及数据信号 2 条信号线,异步串口包含接收与发送 2 条信号线,这些协议包含的信号都比 CAN 协议要丰富,它们能轻易进行数据同步或区分数据传输方向。而 CAN 使用的是两条差分信号线,只能表达一个信号,简洁的物理层决定了 CAN 必然要配上一套更复杂的协议,如何用一个信号通道实现同样、甚至更强大的功能呢? CAN 协议给出的解决方案是对数据、操作命令(如读/写)以及同步信号进行打包,打包后的这些内容称为报文。

(1) 报文的种类。

在原始数据段的前面加上传输起始标签、片选(识别)标签和控制标签,在数据的尾段加上 CRC 校验标签、应答标签和传输结束标签,把这些内容按特定的格式打包好,就可以用一个通道表达各种信号了,各种各样的标签就如同 SPI 中各种通道上的信号,起到了协同传输的作用。当整个数据包被传输到其他设备时,只要这些设备按格式去解读,就能还原出原始数据,这样的报文就被称为 CAN 的"数据帧"。

为了更有效地控制通信,CAN 一共规定了 5 种类型的帧。

- 数据帧:用于节点向外传送数据。
- 遥控帧:用于向远端节点请求数据。
- 错误帧:用于向远端节点通知校验错误,请求重新发送上一个数据。
- 过载帧:用于通知远端节点本节点尚未做好接收准备。
- 间隔帧:用于将数据帧及遥控帧与前面的帧分离开来。

(2) 数据帧的结构。

数据帧是在 CAN 通信中最主要、最复杂的报文,下面介绍它的结构,如图 7-9 所示。

数据帧以一个显性位(逻辑 0)开始,以 7 个连续的隐性位(逻辑 1)结束,在它们之间,分别有仲裁段、控制段、数据段、CRC 段和 ACK 段。

(3) 帧起始。

SOF 段(Start Of Frame)也称为帧起始,帧起始信号只有一个数据位,是一个显性电平,

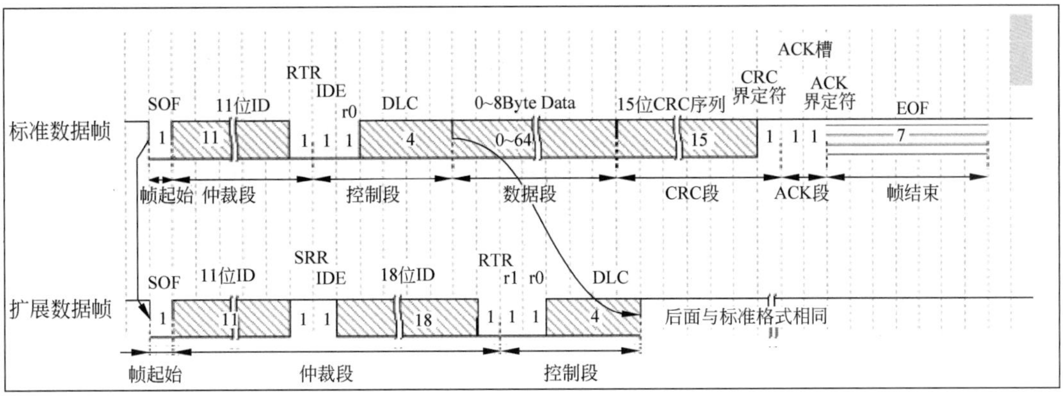

图 7-9 数据帧结构

它用于通知各个节点将有数据传输,其他节点通过帧起始信号的电平跳变沿来进行硬同步。

(4) 仲裁段。

当同时有两个报文被发送时,总线会根据仲裁段的内容决定哪个数据包能被传输,这也是该名称的由来。

仲裁段的内容主要为本数据帧的 ID 信息(标识符),数据帧具有标准格式和扩展格式两种,区别就在于 ID 信息的长度,标准格式的 ID 为 11 位,扩展格式的 ID 为 29 位,它在标准 ID 的基础上多出 18 位。在 CAN 协议中,ID 起着重要的作用,它决定着数据帧发送的优先级,也决定着其他节点是否会接收这个数据帧。CAN 协议不对挂载在它之上的节点分配优先级和地址,对总线的占有权是由信息的重要性决定的,即对于重要的信息,我们会给它打包上一个优先级高的 ID,使它能够及时发送出去。也正因为这样的优先级分配原则,使得 CAN 的扩展性大大加强,在总线上增加或减少节点并不影响其他设备。

报文的优先级是通过对 ID 的仲裁来确定的。根据前面对物理层的分析,我们知道如果总线上同时出现显性电平和隐性电平,那么总线的状态会被置为显性电平,CAN 正是利用这个特性进行仲裁的。

仲裁段 ID 的优先级也影响着接收设备对报文的反应。因为在 CAN 总线上数据是以广播的形式发送的,所有连接在 CAN 总线的节点都会收到所有其他节点发出的有效数据,因而CAN 控制器大多具有根据 ID 过滤报文的功能,它可以控制自己只接收某些 ID 的报文。

回看数据帧格式,可看到仲裁段除了报文 ID 外,还有 RTR、IDE 和 SRR 位。

- RTR 位(Remote Transmission Request Bit),译作远程传输请求位,它是用于区分数据帧和遥控帧的,当它为显性电平时表示数据帧,为隐性电平时表示遥控帧。
- IDE 位(Identifier Extension Bit),译作标识符扩展位,它是用于区分标准格式与扩展格式,当它为显性电平时表示标准格式,为隐性电平时表示扩展格式。
- SRR 位(Substitute Remote Request Bit),只存在于扩展格式,它用于替代标准格式中的 RTR 位。由于扩展帧中的 SRR 位为隐性位,RTR 在数据帧为显性位,所以在两个ID 相同的标准格式报文与扩展格式报文中,标准格式的优先级较高。

(5) 控制段。

在控制段中的 r1 和 r0 为保留位,默认设置为显性位。它最主要的是 DLC 段(Data Length Code),译为数据长度码,它由 4 个数据位组成,用于表示本报文中的数据段含有多少个字节,DLC 段表示的数字为 0~8。

(6) 数据段。

数据段为数据帧的核心内容,它是节点要发送的原始信息,由 0~8 字节组成,MSB 先行。

（7）CRC 段。

为了保证报文的正确传输，CAN 的报文包含了一段 15 位的 CRC 校验码，一旦接收节点算出的 CRC 码与接收到的 CRC 码不同，它就会向发送节点反馈出错信息，利用错误帧请求它重新发送。CRC 部分的计算一般由 CAN 控制器硬件完成，出错时的处理则由软件控制最大重发数。在 CRC 校验码之后，有一个 CRC 界定符，它为隐性位，其主要作用是把 CRC 校验码与后面的 ACK 段间隔起来。

（8）ACK 段。

ACK 段包括一个 ACK 槽位和 ACK 界定符位。类似于 I^2C 总线，在 ACK 槽位中，发送节点发送的是隐性位，而接收节点则在这一位中发送显性位以示应答。在 ACK 槽和帧结束之间由 ACK 界定符间隔开。

（9）帧结束。

EOF(End Of Frame)译为帧结束，帧结束段由发送节点发送的 7 个隐性位表示。

3. CAN 外设

STM32 的芯片中具有 bxCAN 控制器(Basic Extended CAN)，它支持 CAN 协议 2.0A 和 2.0B 标准，如图 7-10 所示。

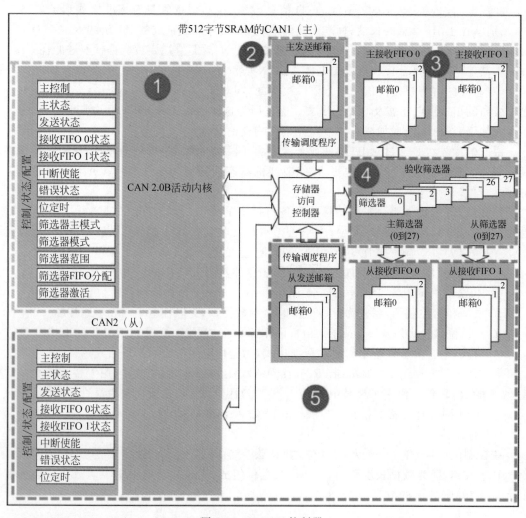

图 7-10　bxCAN 控制器

STM32 有两组 CAN 控制器,其中 CAN1 是主设备,图 7-10 中的存储访问控制器是由 CAN1 控制的,CAN2 无法直接访问存储区域,所以使用 CAN2 的时候必须使能 CAN1 外设 的时钟。图 7-10 主要包含 CAN 控制内核、发送邮箱、接收 FIFO 以及验收筛选器。下面对 图 7-10 中的各个部分进行介绍。

1) CAN 控制内核

图 7-10 编号①为 CAN 控制内核部分,CAN 控制内核包含了各种控制寄存器及状态寄存器,我们主要讲解其中的主控制寄存器 CAN_MCR 及位时序寄存器 CAN_BTR。

(1) 主控制寄存器 CAN_MCR。

主控制寄存器 CAN_MCR 负责管理 CAN 的工作模式,它使用以下寄存器位实现控制。

(2) DBF 功能。

DBF(De Bug Freeze)即调试冻结,使用它可设置 CAN 处于工作状态或禁止收发的状态,禁止收发时仍可访问接收 FIFO 中的数据。这两种状态是当 STM32 芯片处于程序调试模式时才使用的。

(3) TTCM。

TTCM(Time Triggered Communication Mode)即时间触发模式,它用于配置 CAN 的时间触发通信模式,在此模式下,CAN 使用它内部定时器产生时间戳,并把它保存在 CAN_RDTxR、CAN_TDTxR 寄存器中。内部定时器在每个 CAN 位时间累加,在接收和发送的帧起始位被采样,并生成时间戳。利用它可以实现 ISO11898-4CAN 标准的分时同步通信功能。

(4) ABOM。

ABOM(Automatic Bus-Off Management)即自动离线管理,它用于设置是否使用自动离线管理功能。当节点检测到它发送错误或接收错误超过一定值时,会自动进入离线状态,在离线状态中,CAN 不能接收或发送报文。处于离线状态的时候,可以软件控制恢复或者直接使用这个自动离线管理功能,它会在适当的时候自动恢复。

(5) AWUM 功能。

AWUM(Automatic Wake-Up Mode)即自动唤醒功能,CAN 外设可以使用软件进入低功耗的睡眠模式,如果使能了这个自动唤醒功能,当 CAN 检测到总线活动的时候,会自动唤醒。

(6) NART 功能。

NART(No Automatic ReTransmission)即报文自动重传功能,设置这个功能后,当报文发送失败时会自动重传至成功为止。若不使用这个功能,则无论发送结果如何,消息只发送一次。

(7) RFLM。

RFLM(Receive FIFO Locked Mode)即 FIFO 锁定模式,该功能用于锁定接收 FIFO。锁定后,当接收 FIFO 溢出时,会丢弃下一个接收的报文。若不锁定,则下一个接收到的报文会覆盖原报文。

(8) TXFP 判定方法。

TXFP(Transmit FIFO Priority)即报文发送优先级的判定方法,当 CAN 外设的发送邮箱中有多个待发送报文时,本功能可以控制它是根据报文的 ID 优先级还是报文存进邮箱的顺序来发送。

(9) 位时序寄存器(CAN_BTR)及波特率。

CAN 外设中的位时序寄存器 CAN_BTR 用于配置测试模式、波特率以及各种位内的段参数。

（10）测试模式。

为方便调试，STM32 的 CAN 提供了测试模式，配置位时序寄存器 CAN_BTR 的 SILM 及 LBKM 寄存器位可以控制使用正常模式、静默模式、回环模式及静默回环模式。

• 正常模式。

在正常模式下就是一个正常的 CAN 节点，可以向总线发送数据和接收数据。

• 静默模式。

在静默模式下，它自己的输出端的逻辑 0 数据会直接传输到它自己的输入端，逻辑 1 可以被发送到总线，所以它不能向总线发送显性位（逻辑 0），只能发送隐性位（逻辑 1）。输入端可以从总线接收内容。由于它只可发送的隐性位不会强制影响总线的状态，所以把它称为静默模式。这种模式一般用于监测，它可以用于分析总线上的流量，但不会因为发送显性位而影响总线。

• 回环模式。

在回环模式下，它自己的输出端的所有内容都直接传输到自己的输入端，输出端的内容会同时被传输到总线上，也就是说，可使用总线监测它的发送内容。输入端只接收自己发送端的内容，不接收来自总线上的内容。使用回环模式可以进行自检。

• 回环静默模式。

回环静默模式是以上两种模式的结合，自己的输出端的所有内容都直接传输到自己的输入端，并且不会向总线发送显性位影响总线，不能通过总线监测它的发送内容。输入端只接收自己发送端的内容，不接收来自总线的内容。这种方式可以在"热自检"，即自我检查时使用，不会干扰总线。

以上介绍的各个模式，是不需要修改硬件接线的。

（11）位时序及波特率。

STM32 的 CAN 外设位时序中只包含 3 段，分别是同步段 SYNC_SEG、位段 BS1 及段 BS2，采样点位于 BS1 及 BS2 段的交界处。其中 SYNC_SEG 段固定长度为 1Tq，而 BS1 及 BS2 段可以在位时序寄存器 CAN_BTR 设置它们的时间长度，它们可以在重新同步期间增长或缩短，该长度 SJW 也可在位时序寄存器中配置，如图 7-11 所示。

参数	说明
SYNC_SE段	固定位1Tq
BS1段	设置为4Tq（实际写入为TS1[3:0]的值为3）
BS2段	设置为2Tq（实际写入为TS2[2:0]的值为1）
T_{PCLK}	APB1按默认配置为F=42MHz，T_{PCLK}=1/42MHz
CAN外设时钟分频	设置为6分频（实际写入BRP[9:0]的值为4）
1Tq时间长度	Tq=（BRP[9:0]+1）$\times T_{PCLK}$=6×1/42MHz=1/7MHz
1位的时间长度	T_{1bit}=1Tq+T_{S1}+T_{S2}=1+4+2=7Tq
波特率	BaudRate=1/N Tq =1/（1/7Mbps×7）=1Mbps

图 7-11　CAN 外设位时序

通过配置位时序寄存器 CAN_BTR 的 TS1[3:0]及 TS2[2:0]寄存器位设定 BS1 及 BS2 段的长度后，就可以确定每个 CAN 数据位的时间了。

• BS1 段时间。

$$TS1 = Tq \times (TS1[3:0] + 1)$$

• BS2 段时间。

$$TS2 = Tq \times (TS2[2:0] + 1)$$

• 一个数据位的时间。

$$T1bit = 1Tq + TS1 + TS2 = 1 + (TS1[3:0] + 1) + (TS2[2:0] + 1) = NTq$$

其中,单个时间片的长度 Tq 与 CAN 外设的所挂载的时钟总线及分频器配置有关,CAN1 和 CAN2 外设都是挂载在 APB1 总线上的,而位时序寄存器 CAN_BTR 中的 BRP[9:0]寄存器位可以设置 CAN 外设时钟的分频值,所以:

$$Tq = (BRP[9:0] + 1) \times T_{PCLK}$$

其中的 PCLK 指 APB1 时钟,默认值为 42MHz。

最终可以计算出 CAN 通信的波特率:

$$BaudRate = 1/NTq$$

2) CAN 发送邮箱

图 7-10 编号②为 CAN 发送邮箱部分,CAN 外设的发送邮箱一共有 3 个发送邮箱,即最多可以缓存 3 个待发送的报文。每个发送邮箱中包含有标识符寄存器 CAN_TIxR、数据长度控制寄存器 CAN_TDTxR 及 2 个数据寄存器 CAN_TDLxR、CAN_TDHxR,如图 7-12 所示。

寄存器名	功能
标识符寄存器CAN_TIxR	存储待发送报文的ID、扩展ID、IDE位及RTR位
数据长度控制寄存器 CAN_TDTxR	存储待发送报文的DLC段
低位数据寄存器CAN_TDLxR	存储待发送报文数据段的Data0~Data3这4个字节的内容
高位数据寄存器CAN_TDHxR	存储待发送报文数据段的Data4~Data7这4个字节的内容

图 7-12　CAN 发送邮箱

当我们要使用 CAN 外设发送报文时,把报文的各个段分解,按位置写入这些寄存器中,并对标识符寄存器 CAN_TIxR 中的发送请求寄存器位 TMIDxR_TXRQ 置 1,即可把数据发送出去。

其中标识符寄存器 CAN_TIxR 中的 STDID 寄存器位比较特别。我们知道,CAN 的标准标识符的总位数为 11 位,而扩展标识符的总位数为 29 位。当报文使用扩展标识符的时候,标识符寄存器 CAN_TIxR 中的 STDID[10:0]等效于 EXTID[18:28]位,它与 EXTID[17:0]共同组成完整的 29 位扩展标识符。

3) CAN 接收 FIFO

图 7-10 编号③处是 CAN 外设的接收 FIFO,它一共有 2 个接收 FIFO,每个 FIFO 中有 3 个邮箱,即最多可以缓存 6 个接收到的报文。当接收到报文时,FIFO 的报文计数器会自增,而 STM32 内部读取 FIFO 数据之后,报文计数器会自减,我们通过状态寄存器可获知报文计数器的值,而通过前面主控制寄存器的 RFLM 位,可设置锁定模式,在锁定模式下 FIFO 溢出时会丢弃新报文,在非锁定模式下 FIFO 溢出时新报文会覆盖旧报文。

与发送邮箱类似,每个接收 FIFO 中包含标识符寄存器 CAN_RIxR、数据长度控制寄存器 CAN_RDTxR 及 2 个数据寄存器 CAN_RDLxR、CAN_RDHxR。

4) 验收筛选器

图 7-10 编号④处是 CAN 外设的验收筛选器,一共有 28 个筛选器组,每个筛选器组有 2 个寄存器。

在 CAN 协议中,消息的标识符与节点地址无关,但与消息内容有关。因此,发送节点将报文广播给所有接收器时,接收节点会根据报文标识符的值来确定软件是否需要该消息,为了简化软件的工作,STM32 的 CAN 外设接收报文前会先使用验收筛选器检查,只接收需要的报文到 FIFO 中。

筛选器工作的时候,可以调整筛选 ID 的长度及过滤模式。根据筛选 ID 长度来分类有以

下两种:

- 检查 STDID[10:0]、EXTID[17:0]、IDE 和 RTR 位,一共 31 位。
- 检查 STDID[10:0]、RTR、IDE 和 EXTID[17:15],一共 16 位。

通过配置筛选尺度寄存器 CAN_FS1R 的 FSCx 位可以设置筛选器工作在哪个尺度。根据过滤的方法分为以下两种模式:

- 标识符列表模式,它把要接收报文的 ID 列成一个表,要求报文 ID 与列表中的某一个标识符完全相同才可以接收,可以理解为白名单管理。
- 掩码模式,它把可接收报文 ID 的某几位作为列表,这几位被称为掩码,可以把它理解成关键字搜索,只要掩码(关键字)相同,就符合要求,报文就会被保存到接收 FIFO。

通过配置筛选模式寄存器 CAN_FM1R 的 FBMx 位可以设置筛选器工作在哪个模式,如图 7-13 所示。

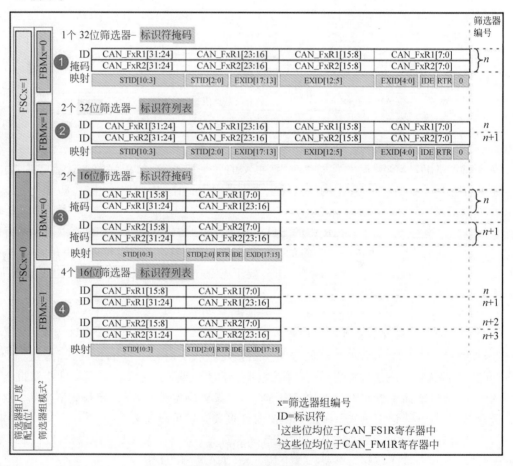

图 7-13 筛选器工作模式

每组筛选器包含 2 个 32 位的寄存器,分别为 CAN_FxR1 和 CAN_FxR2,它们用来存储要筛选的 ID 或掩码,如图 7-14 所示。

如图 7-15 所示,在掩码模式时,第一个寄存器存储要筛选的 ID,第二个寄存器存储掩码,掩码为 1 的部分表示该位必须与 ID 中的内容一致,筛选的结果为图 7-15 中第三行的 ID 值,它是一组包含多个的 ID 值,其中 x 表示该位既可以为 1,也可以为 0。

而工作在标识符模式时,2 个寄存器存储的都是要筛选的 ID,它只包含 2 个要筛选的 ID 值(32 位模式时)。

模式	说明
32位掩码模式	CAN_FxR1存储ID，CAN_FxR2存储哪个位必须要与CAN_FxR1中的ID一致,2个寄存器表示1组掩码
32位标识符模式	CAN_FxR1和CAN_FxR2各存储1个ID，2个寄存器表示2个筛选的ID
16位掩码模式	CAN_FxR1高16位存储ID，低16位存储哪个位必须要与高16位的ID一致； CAN_FxR2高16位存储ID，低16位存储哪个位必须要与高16位的ID一致； 2个寄存器表示2组掩码
16位标识符模式	CAN_FxR1和CAN_FxR2各存储2个ID，2个寄存器表示4个筛选的ID

图 7-14　筛选器

如果使能了筛选器,且报文的 ID 与所有筛选器的配置都不匹配,那么 CAN 外设会丢弃该报文,不存入接收 FIFO。

ID	1	0	1	1	1	0	1	···
掩码	1	1	1	0	0	1	0	···
筛选的ID	1	0	1	x	x	0	x	···

图 7-15　掩码模式

7.1.2　开发步骤

(1) 查看 F407 原理图,找到 CAN 总线连接的引脚,如图 7-16 所示。

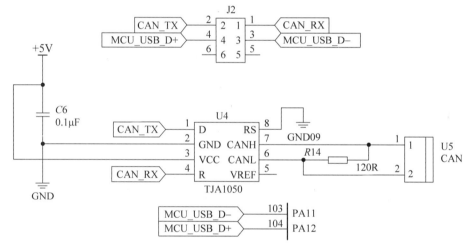

图 7-16　CAN 总线连接引脚

(2) 新建两个文件 bsp_can.c 和 bsp_can.h。在 bsp_can.h 中定义宏和函数。

```
# ifndef __BSP_CAN_H
# define __BSP_CAN_H

# include "stm32f4xx.h"

# define u8 uint8_t
# define u16 uint16_t
# define u32 uint32_t

# define CAN1_RX0_INT_ENABLE 1 //接收中断使能开关

//CAN初始化
u8 CAN1_Mode_Init(u32 tsjw,u32 tbs2,u32 tbs1,u16 brp,u32 mode);
//发送数据
u8 CAN1_Send_Msg(u8 * msg,u8 len);
```

```
//接收数据
u8 CAN1_Receive_Msg(u8 * buf);

#endif
```

(3) 在 bsp_can.c 中引入头文件,实现 CAN 配置。

此部分代码总共 5 个函数。第一个是 CAN_Mode_Init 函数。该函数用于 CAN 的初始化,该函数带有 5 个参数,可以设置 CAN 通信的波特率和工作模式等,我们设计滤波器组 0 工作在 32 位标识符屏蔽模式,从设计值可以看出,该滤波器是不会对任何标识符进行过滤的,因为所有的标识符位都被设置成不需要关心,这样的设计主要是方便大家实践。

第二个是 HAL_CAN_MspInit 函数。该函数为 CAN 的 MSP 初始化回调函数。

第三个是 Can_Send_Msg 函数。该函数用于 CAN 报文的发送,主要是设置标识符 ID 等信息,写入数据长度和数据,并请求发送,实现一次报文的发送。

第四个是 Can_Receive_Msg 函数。用来接收数据并且将接收到的数据存放到 buf 中。

can.c 中还包含了中断接收的配置,通过 can.h 的 CAN1_RX0_INT_ENABLE 宏定义,来配置是否使能中断接收,本章我们不开启中断接收。

在 can.h 头文件中,CAN1_RX0_INT_ENABLE 用于设置是否使能中断接收,本章不使用中断接收,故设置为 0。

```
#include "bsp_can.h"
#include "bsp_can.h"

CAN_HandleTypeDef CAN1_Handler;  //CAN1 句柄


////CAN 初始化
//tsjw:重新同步跳跃时间单元.范围:CAN_SJW_1TQ~CAN_SJW_4TQ
//tbs2:时间段 2 的时间单元. 范围:CAN_BS2_1TQ~CAN_BS2_8TQ;
//tbs1:时间段 1 的时间单元. 范围:CAN_BS1_1TQ~CAN_BS1_16TQ
//brp :波特率分频器.范围:1~1024; tq = (brp) * tpclk1
//波特率 = Fpclk1/((tbs1 + tbs2 + 1) * brp); 其中 tbs1 和 tbs2 我们只用关注标识符上标志的序号,
//例如 CAN_BS2_1TQ,我们就认为 tbs2 = 1 来计算即可
//mode:CAN_MODE_NORMAL,普通模式;CAN_MODE_LOOPBACK,回环模式;
//Fpclk1 的时钟在初始化的时候设置为 45M,如果设置 CAN1_Mode_Init(
//CAN_SJW_1tq,CAN_BS2_6tq,CAN_BS1_8tq,6,CAN_MODE_LOOPBACK);
//则波特率为:45M/((6 + 8 + 1) * 6) = 500Kbps
//返回值:0,初始化 OK;
//其他,初始化失败;
u8 CAN1_Mode_Init(u32 tsjw,u32 tbs2,u32 tbs1,u16 brp,u32 mode)
{
    CAN_FilterTypeDef CAN1_FilerConf;

    CAN1_Handler.Instance = CAN1;
    CAN1_Handler.Init.Mode = mode;                          //模式设置
    CAN1_Handler.Init.Prescaler = brp;                      //分频系数(Fdiv)为 brp + 1
    CAN1_Handler.Init.TimeSeg1 = tbs1;                      //tbs1 范围 CAN_BS1_1TQ~CAN_BS1_16TQ
    CAN1_Handler.Init.TimeSeg2 = tbs2;                      //tbs2 范围 CAN_BS2_1TQ~CAN_BS2_8TQ
    CAN1_Handler.Init.SyncJumpWidth = tsjw;                 //重新同步跳跃宽度
    CAN1_Handler.Init.AutoBusOff = DISABLE;                 //软件自动离线管理
    CAN1_Handler.Init.AutoWakeUp = DISABLE;                 //睡眠模式通过软件唤醒
    CAN1_Handler.Init.AutoRetransmission = ENABLE;          //禁止报文自动传送
    CAN1_Handler.Init.ReceiveFifoLocked = DISABLE;          //报文不锁定,新的覆盖旧的
    CAN1_Handler.Init.TimeTriggeredMode = DISABLE;          //非时间触发通信模式
    CAN1_Handler.Init.TransmitFifoPriority = DISABLE;       //优先级由报文标识符决定
```

```
    if(HAL_CAN_Init(&CAN1_Handler) != HAL_OK)
        return 1;                                      //初始化 CAN1

    CAN1_FilerConf.FilterIdHigh = 0x0000;              //32 位 ID
    CAN1_FilerConf.FilterIdLow  = 0x0000;
    CAN1_FilerConf.FilterMaskIdHigh = 0x0000;          //32 位掩码
    CAN1_FilerConf.FilterMaskIdLow  = 0x0000;
    CAN1_FilerConf.FilterBank = 0;                     //过滤器 0
    CAN1_FilerConf.FilterFIFOAssignment = CAN_FilterFIFO0;   //过滤器 0 关联到 FIFO0
    CAN1_FilerConf.FilterMode = CAN_FILTERMODE_IDMASK;
    CAN1_FilerConf.FilterScale = CAN_FILTERSCALE_32BIT;
    CAN1_FilerConf.FilterActivation = ENABLE;
    CAN1_FilerConf.SlaveStartFilterBank = 14;
    if(HAL_CAN_ConfigFilter(&CAN1_Handler, &CAN1_FilerConf) != HAL_OK)
        return 2;

    HAL_CAN_Start(&CAN1_Handler);                      //开启 CAN 模块

    return 0;
}

//CAN 底层驱动,引脚配置,时钟配置,中断配置
//此函数会被 HAL_CAN_Init()调用
//hcan:CAN 句柄
void HAL_CAN_MspInit(CAN_HandleTypeDef * hcan)
{
    GPIO_InitTypeDef GPIO_Initure;

    __HAL_RCC_CAN1_CLK_ENABLE();                       //使能 CAN1 时钟
    __HAL_RCC_GPIOA_CLK_ENABLE();                      //开启 GPIOA 时钟

    GPIO_Initure.Pin = GPIO_PIN_11 | GPIO_PIN_12;      //PA11,12
    GPIO_Initure.Mode = GPIO_MODE_AF_PP;               //推挽复用
    GPIO_Initure.Pull = GPIO_PULLUP;                   //上拉
    GPIO_Initure.Speed = GPIO_SPEED_FAST;              //快速
    GPIO_Initure.Alternate = GPIO_AF9_CAN1;            //复用为 CAN1
    HAL_GPIO_Init(GPIOA,&GPIO_Initure);                //初始化

#if CAN1_RX0_INT_ENABLE
    __HAL_CAN_ENABLE_IT(&CAN1_Handler,CAN_IT_RX_FIFO0_FULL);   //FIFO0 挂起中断允许
    HAL_NVIC_SetPriority(CAN1_RX0_IRQn,1,1);           //抢占优先级 1,子优先级 2
    HAL_NVIC_EnableIRQ(CAN1_RX0_IRQn);                 //使能中断
#endif
}

#if CAN1_RX0_INT_ENABLE
//CAN 中断服务函数
void CAN1_RX0_IRQHandler(void)
{
    HAL_CAN_IRQHandler(&CAN1_Handler);                 //此函数会调用 CAN_Receive_IT()接收数据
}

//CAN 中断处理过程
//此函数会被 CAN_Receive_IT()调用
//hcan:CAN 句柄
```

```
void HAL_CAN_RxCpltCallback(CAN_HandleTypeDef * hcan)
{
    u8 i;
    //CAN_Receive_IT()函数会关闭 FIFO0 消息挂号中断,因此我们需要重新打开
        __HAL_CAN_ENABLE_IT(&CAN1_Handler,CAN_IT_RX_FIFO0_FULL);//重新开启 FIFO0 消息挂号中断

    /* ... */
}
#endif

//CAN 发送一组数据(固定格式:ID 为 0X12,标准帧,数据帧)
//len:数据长度(最大为 8)
//msg:数据指针,最大为 8 字节
//返回值:0,成功;
//其他,失败;
u8 CAN1_Send_Msg(u8 * msg,u8 len)
{
    uint32_t TxMailbox;
    CAN_TxHeaderTypeDef CANTx_Handler;

    CANTx_Handler.StdId = 0X12;                          //标准标识符
    CANTx_Handler.ExtId = 0x12;                          //扩展标识符(29 位)
    CANTx_Handler.IDE = CAN_ID_STD;                      //使用标准帧
    CANTx_Handler.RTR = CAN_RTR_DATA;                    //数据帧
    CANTx_Handler.DLC = len;
    CANTx_Handler.TransmitGlobalTime = DISABLE;

    //发送数据
    if(HAL_CAN_AddTxMessage(&CAN1_Handler,&CANTx_Handler,msg,&TxMailbox)!= HAL_OK)
    return 0;

    return 1;
}

//CAN 口接收数据查询
//buf:数据缓存区;
//返回值:0,无数据被收到;
//其他,接收的数据长度;
u8 CAN1_Receive_Msg(u8 * buf)
{
    CAN_RxHeaderTypeDef CANRx_Handler;

    CANRx_Handler.StdId = 0X12;                          //标准标识符
    CANRx_Handler.ExtId = 0X12;                          //扩展标识符(29 位)
    CANRx_Handler.IDE = CAN_ID_STD;                      //使用标准帧
    CANRx_Handler.RTR = CAN_RTR_DATA;                    //数据帧
    CANRx_Handler.DLC = 8;
    CANRx_Handler.FilterMatchIndex = 0;
    CANRx_Handler.Timestamp = 0;
    //接收数据
    if(HAL_CAN_GetRxMessage(&CAN1_Handler,CAN_RX_FIFO0,&CANRx_Handler,buf)!= HAL_OK)
    return 0;
```

```
        return 1;
    }
```

（4）在 main.c 的主函数中实现 CAN 回环测试和双机通信。通过 KEY1 发送数据，KEY2 控制切换回环或正常模式，在循环中接收数据。

```c
# include "bsp_clock.h"
# include "bsp_uart.h"
# include "bsp_key.h"
# include "bsp_can.h"
# include "bsp_led.h"

int main(void)
{
    uint8_t Txbuf[8] = {1,2,3,4,5,6,7,8};              //发送的数据
    uint8_t Rxbuf[8];                                  //接收数组
    uint8_t i, sta, mode = 0;

    CLOCLK_Init();                                     //初始化系统时钟
    UART_Init();                                       //串口初始化
    KEY_Init();                                        //按键初始化
    LED_Init();                                        //LED 初始化
    CAN1_Mode_Init(CAN_SJW_1TQ, CAN_BS2_6TQ, CAN_BS1_8TQ, 6, CAN_MODE_LOOPBACK);   //CAN1 初始化

    while(1)
    {
        uint8_t key = KEY_Scan(0);
        if(key == 2)                                   //KEY1 按下
        {
            LED1_Toggle;                               //点亮 LED1
            printf("Sand data \n");
                for(i = 0; i < 8; i++)                 //打印发送的数据
                {
                    printf(" % d ", Txbuf[i]);
                }
            printf("\n");
            CAN1_Send_Msg(Txbuf, 8);                   //发送数据
        }

        if(key == 1)      //KEY0 用于切换模式,1 表示回环模式,0 表示正常模式
        {
            mode = !mode;
          if(mode)
          {
            printf("LOOPBACK MODE ! \n");
            CAN1_Mode_Init(CAN_SJW_1TQ, CAN_BS2_6TQ, CAN_BS1_8TQ, 6, CAN_MODE_LOOPBACK);
          }
          else
          {
             printf("NORMAL MODE ! \n");
             CAN1_Mode_Init(CAN_SJW_1TQ, CAN_BS2_6TQ, CAN_BS1_8TQ, 6, CAN_MODE_NORMAL);
          }

        }

        HAL_Delay(50);
```

```
        sta = CAN1_Receive_Msg(Rxbuf);              //循环接收数据,得到数据
        if(sta)                                      //接收完成
        {
            LED2_Toggle;                             //点亮 LED2
            printf("Recv data \n");
            for(i = 0;i < 8;i++)                     //打印接收的数据
            {
                printf(" % d ",Rxbuf[i]);
            }
            printf("\n");
        }

            HAL_Delay(50);
    }
}
```

7.1.3   运行结果

首先测试回环模式,按 KEY0 键切换到回环模式。把编译好的程序下载到开发板,打开串口助手。KEY1 发送数据包同时点亮 LED1,如果接收到数据点亮 LED2,打印数据包内容,如图 7-17 所示。

图 7-17   回环模式

接着在正常模式下进行测试,也就是双机通信。找到开发板 CAN1 口,用两根线连接两块开发板的 CAN 口,CAN_High 对应 CAN_High,CAN_Low 对应 CAN_Low。然后按 KEY0 键,初始化为正常模式。板 1 发送数据,如果板 2 接收数据,板 2 的 LED2 会点亮,同时串口也会输出数据,如图 7-18 所示。

练习

(1) 简述物理层 CAN 总线的通信方式。

(2) 简述 CAN 的 5 种类型的帧。

(3) 实现 CAN 总线的静默模式以及回环静默模式。

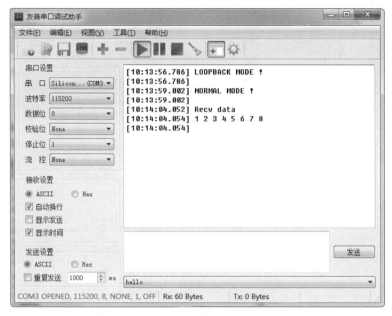

图 7-18 正常模式下的测试

7.2 RS-485 通信

视频 26

学习目标

了解 STM32F4 RS-485、RS-422 通信原理,掌握 RS-485、RS-422 通信协议实现设备间通信。

7.2.1 开发原理

与 CAN 类似,RS-485 是一种工业控制环境中常用的通信协议,它具有抗干扰能力强、传输距离远的特点。RS-485 通信协议由 RS-232 协议改进而来,协议层不变,只是改进了物理层,因而保留了串口通信协议应用简单的特点。

1. RS-485 的物理层

差分信号线具有很强的抗干扰能力,特别适用于电磁环境复杂的工业控制环境中,RS-485 协议主要是把 RS-232 的信号改进成差分信号,从而大大提高了抗干扰特性,它的通信网络示意图如图 7-19 所示。

每个节点都由一个通信控制器和一个收发器组成,在 RS-485 通信网络中,节点中的串口控制器使用 Rx 与 Tx 信号线连接到收发器上,而收发器通过差分线连接到网络总线,串口控制器与收发器之间一般使用 TTL 信号传输,收发器与总线则使用差分信号来传输。发送数据时,串口控制器的 Tx 信号经过收发器转换成差分信号传输到总线上;而接收数据时,收发器把总线上的差分信号转化成 TTL 信号通过 Rx 引脚传输到串口控制器中。

RS-485 通信网络的最大传输距离可达 1200m,总线上可挂载 128 个通信节点,而由于 RS-485 网络只有一对差分信号线,它使用差分信号来表达逻辑,当 A 和 B 两线间的电压差为 $-6\sim-2V$ 时表示逻辑 0,当电压差为 $2\sim6V$ 时表示逻辑 1,在同一时刻只能表达一个信号,所以它的通信是半双工形式的,如图 7-20 所示。

RS-485(也称作 EIA-485)是隶属于 OSI 模型物理层的电气特性,规定为 2 线、半双工、

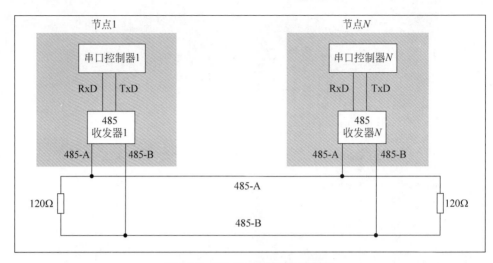

图 7-19 RS-485 通信网络示意图

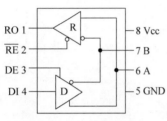

图 7-20 RS-485 原理图

多点通信的标准。它的电气特性和 RS-232 大不一样。用缆线两端的电压差值来表示传递信号。RS-485 仅仅规定了接收端和发送端的电气特性。它没有规定或推荐任何数据协议。

2. RS-485 的特点

(1) 接口电平低,不易损坏芯片。RS-485 的电气特性:逻辑 1 以两线间的电压差为 2～6V 表示;逻辑 0 以两线间的电压差为−6～−2V 表示。接口信号电平比 RS-232 降低了,不易损坏接口电路的芯片,且该电平与 TTL 电平兼容,可方便与 TTL 电路连接。

(2) 传输速率高。在 10m 时,RS-485 的数据最高传输速率可达 35Mbps;在 1200m 时,传输速度可达 100kbps。

(3) 抗干扰能力强。RS-485 接口是采用平衡驱动器和差分接收器的组合,抗共模干扰能力增强,即抗噪声干扰性好。传输距离远,支持节点多。RS-485 总线最长可以传输 1200m 以上(速率≤100kbps)。

(4) 一般最大支持 32 个节点,如果使用特制的 RS-485 芯片,可以达到 128 或 256 个节点,最大的可以支持 400 个节点。

根据 RS-485 总线布线规范,只能按照总线型拓扑结构布线。理想情况下,RS-485 需要 2 个终端匹配电阻,其阻值需等于传输电缆的特性阻抗(一般为 120Ω)。如果没有特性阻抗电阻的话,当所有设备都静止或没有能量时就会产生噪声,而且线移需要双端的电压差。没有终接电阻的话,会使得较快速的发送端产生多个数据信号的边缘,导致数据传输出错。

在如图 7-21 所示的连接中,如果需要添加匹配电阻,那么一般在总线的起止端加入,也就是在主机和设备上各加一个 120Ω 的匹配电阻。

图 7-21 设备连接举例

由于 RS-485 具有传输距离远、传输速度快、支持节点多和抗干扰能力更强等特点,所以 RS-485 有很广泛的应用。

本书的 STM32F407 开发板使用的是 RS-422,使用 MAX3490 作为接收器。

3. RS-422 概述

RS-422 定义了接口电路的特性,是一系列的规定采用 4 线全双工、差分传输、多点通信的数据传输协议。由于接收器采用高输入阻抗方式和发送驱动器比 RS-232 更强的驱动能力,故允许在相同传输线上连接多个接收节点,最多可接 10 个节点。一个主设备(Master),其余为从设备(Slave),从设备之间不能通信,所以 RS-422 支持点对多的双向通信。接收器输入阻抗为 4kΩ,故发端最大负载能力是 10×4kΩ+100Ω(终接电阻)。

RS-422 和 RS-485 电路原理基本相同,都是以差动方式发送和接收,不需要数字地线。差动工作是同速率条件下传输距离远的根本原因,这正是二者与 RS-232 的根本区别,因为 RS-232 是单端输入/输出,所以双工工作时至少需要数字地线、发送线和接收线 3 条线(异步传输),还可以加其他控制线完成同步等功能。

RS-422 通过两对双绞线可以全双工工作收发互不影响,而 RS-485 只能以半双工方式工作,收发不能同时进行,但它只需要一对双绞线。RS-422 和 RS-485 在 19kpbs 下能传输 1200m。用新型收发器线路上可连接多台设备。

RS-422 的电气性能与 RS-485 完全一样。主要的区别在于 RS-422 有 4 根信号线:两根发送(Y、Z)、两根接收(A、B)。由于 RS-422 的收与发是分开的所以可以同时收和发(全双工);RS-485 有 2 根信号线:发送和接收。

开发板采用的是 MAX3490 作为接收器,引脚图如图 7-22 所示。

RS-422 引脚配置和典型工作电路如图 7-23 所示。

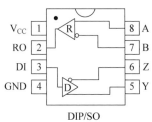

图 7-22 MAX3490 引脚图

1—V_{CC} 3.3V;2—RO 接收器输出;3—DI 驱动器输入;4—GND;5—Y 同相驱动器输出;6—Z 反相驱动器输出;7—B 反相接收器输入;8—A 同相接收器输入

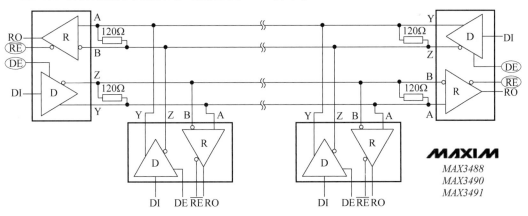

注:RE和DE脚仅MAX3491有。

图 7-23 RS-422 引脚配置和典型工作电路

7.2.2 开发步骤

(1) 查看 STM32F407 电路原理图,找到 RS-422 接线引脚,如图 7-24 所示。

(2) 对照开发板,可以看到 RS-422 输入/输出引脚和串口 2 共用引脚,连接的是 PA2 和 PA3。所以需要对 PA2、PA3 引脚复用。开发板上也需要跳线帽连接 RS-422 和串口 2。最后,通过导线或双绞线把两个开发板的 A、B、Z、Y 连接起来。对应的 A 连接 Y,B 连接 Z,Z 连接 B,Y 连接 A,可以参考图 7-24。连接错误会导致通信异常。

(3) 新建两个文件 bsp_rs422.h 和 bsp_rs422.c,在 bsp_rs422.h 中定义宏和函数。

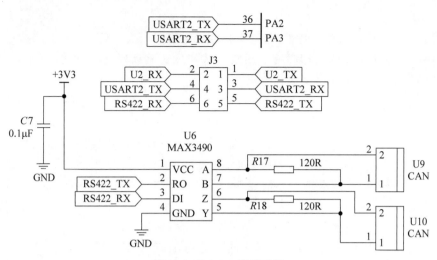

图 7-24   RS-422 接线引脚

```
#ifndef __BSP_RS422_H
#define __BSP_RS422_H

#include "stm32f4xx.h"

#define EN_USART2_RX 1                                      //接收中断使能

void RS422_Init(uint32_t bound);                           //RS-422 初始化
void RS422_Send_Data(uint8_t * buf, uint8_t len);          //发送数据
void RS422_Receive_Data(uint8_t * buf, uint8_t * len);     //接收数据

#endif
```

(4) 在 bsp_rs422.c 中实现串口 2 初始化、接收数据和发送数据函数。

RS422_Init(u32bound)初始化函数中,复用 PA2 和 PA3 引脚,初始化串口 2,RS-422 和 USART2 共用,调用的也是串口初始化函数。开启接收中断。

RS422_Send_Data(u8 * buf,u8len)数据发送函数,调用 HAL_UART_Transmit(UART_HandleTypeDef * huart,uint8_t * pData,uint16_tSize,uint32_tTimeout)发送指定长度数据;

USART2_IRQHandler(void)中断函数中,判断接收状态,调用 HAL_UART_Receive(UART_HandleTypeDef * huart,uint8_t * pData,uint16_tSize,uint32_tTimeout)接收一个字节并将之放到数组中;

在 RS422_Receive_Data(u8 * buf,u8 * len)接收函数中,判断数据是否接收完,返回数据和长度。

```
#include "bsp_rs422.h"

UART_HandleTypeDef RS422_huart;                            //USART2 句柄(用于 RS-422)

#if EN_USART2_RX                                           //如果使能了接收

uint8_t RS422_RX_BUF[64];                                  //接收缓存区接收缓冲,最大 64 字节
uint8_t rxCount = 0;                                       //接收到的数据长度

/**
*   函数名:USART2_IRQHandler
*   描述:接收中断,连续接收一个字节,直到接收完
```

```
*   输入:无
*   输出:无
*/
void USART2_IRQHandler(void)                            //接收中断,连续接收一个字节,直到接收完
{
    uint8_t rec;
    if(__HAL_UART_GET_FLAG(&RS422_huart, UART_FLAG_RXNE) != RESET)  //接收中断
    {
        HAL_UART_Receive(&RS422_huart, &rec, 1,1000);
        if(rxCount < 64)
        {
            RS422_RX_BUF[rxCount] = rec;                //记录接收到的值
            rxCount++;                                  //接收数据增加 1
        }
    }
}

#endif
/**
*   函数名:RS422_Init
*   描述:初始化
*   输入:波特率
*   输出:无
*/
void RS422_Init(uint32_t bound)                         //初始化
{
    GPIO_InitTypeDef GPIO_Init;

    __HAL_RCC_GPIOA_CLK_ENABLE();                       //使能 GPIOA 时钟
    __HAL_RCC_USART2_CLK_ENABLE();                      //使能 USART2 时钟

    GPIO_Init.Pin = GPIO_PIN_2 | GPIO_PIN_3;
    GPIO_Init.Mode = GPIO_MODE_AF_PP;
    GPIO_Init.Speed = GPIO_SPEED_FREQ_HIGH;
    GPIO_Init.Pull = GPIO_PULLUP;
    GPIO_Init.Alternate = GPIO_AF7_USART2;              //复用为 USART2
    HAL_GPIO_Init(GPIOA, &GPIO_Init);

    RS422_huart.Instance = USART2;                      //USART2
    RS422_huart.Init.BaudRate = bound;                  //波特率
    RS422_huart.Init.Mode = UART_MODE_TX_RX;            //收发模式
    RS422_huart.Init.WordLength = UART_WORDLENGTH_8B;   //字长 8 位数据
    RS422_huart.Init.StopBits = UART_STOPBITS_1;        //一个停止位
    RS422_huart.Init.Parity = UART_PARITY_NONE;         //无奇偶校验位
    RS422_huart.Init.HwFlowCtl = UART_HWCONTROL_NONE;   //无硬件流控制
    HAL_UART_Init(&RS422_huart);

    //__HAL_UART_DISABLE_IT(&RS422_huart, UART_IT_TC);

#if EN_USART2_RX
    __HAL_UART_ENABLE_IT(&RS422_huart, UART_IT_RXNE);   //开启接收中断
    HAL_NVIC_EnableIRQ(USART2_IRQn);                    //使能 USART1 中断
    HAL_NVIC_SetPriority(USART2_IRQn, 3, 3);            //抢占优先级 3,子优先级 3
#endif
}

/**
```

```
*    函数名:RS422_Send_Data
*    描述:发送 len 个字节
*    输入:buf(发送区首地址) len(发送的字节数)为了和本代码的接收匹配,这里建议不要超过 64 字节
*    输出:无
* /
void RS422_Send_Data(uint8_t * buf, uint8_t len)
{
    HAL_UART_Transmit(&RS422_huart, buf, len,10000);
}


/ **
*    函数名:RS422_Receive_Data
*    描述:RS-422 查询接收到的数据
*    输入:buf(接收缓存首地址) len(读到的数据长度)
*    输出:
* /
void RS422_Receive_Data(uint8_t * buf, uint8_t * len)
{
    * len = 0;                     //默认为 0
    HAL_Delay(10);                 //等待 10ms,若超过 10ms 没有接收到数据,则认为接收结束
    if(rxCount)
    { //接收到了数据,且接收完成了
        for(uint8_t i = 0; i < rxCount; i++)
        {
            buf[i] = RS422_RX_BUF[i];
        }
        * len = rxCount;           //记录本次数据长度
        rxCount = 0;               //清零
        }
}
```

(5) 主函数 main() 的主要功能如下:

第一步,定义 5 元素数组作为发送的数据。

第二步,初始化系统时钟、串口打印、按键、LED、RS-422。

第三步,按下 KEY1 就发送数据。循环接收数据,有数据就打印接收的数据。

```
# include "bsp_clock.h"
# include "bsp_uart.h"
# include "bsp_key.h"
# include "bsp_rs422.h"
# include "bsp_led.h"

int main(void)
{
    uint8_t Txbuf[5] = {1,2,3,4,5};              //发送的数据
    uint8_t Rxbuf[5];                            //接收数组
    uint8_t i,len;

    CLOCLK_Init();                               //初始化系统时钟
    UART_Init();                                 //串口初始化
    KEY_Init();                                  //按键初始化
    LED_Init();                                  //LED 初始化
    RS422_Init(115200);                          //RS-422 初始化

    while(1)
    {
```

```
if(KEY_Scan(0) == 1)                    //KEY1 按下
{
    LED1_Toggle;                        //点亮 LED1
    printf("Sand data ");
    for(i = 0; i < 5; i++)
    {
        printf("%d ", Txbuf[i]);        //打印发送的数据
    }
    RS422_Send_Data(Txbuf, 5);          //调用发送函数发送数据
}

RS422_Receive_Data(Rxbuf, &len);        //循环接收数据,得到数据和长度
if(len)                                 //长度不为 0
{
    LED2_Toggle;                        //点亮 LED2
    printf("Recv data ");
    for(i = 0; i < len; i++)            //打印接收的数据
    {
        printf("%d ", Rxbuf[i]);
    }
}
HAL_Delay(50);
    }
}
```

7.2.3　运行结果

将程序下载到两个开发板中,保证端口 A、B、Z、Y 连接正确。A 连接 Y,B 连接 Z,Z 连接 B,Y 连接 A。按下开发板 1 的 KEY1 发送数据,打印发送的数据,点亮 LED1。按下开发板 2 的 KEY1 发送数据,开发板 1 接收到数据,打印接收的数据并点亮 LED2。

按下开发板 1 的 KEY1,开发板 2 接收到数据 LED2 会点亮,如图 7-25 所示。

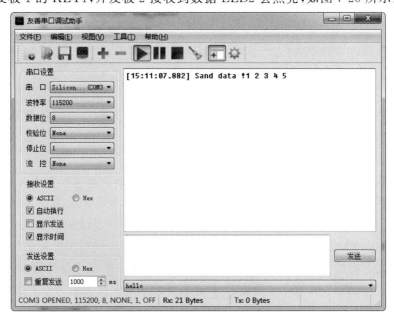

图 7-25　发送点亮板 2 的 LED2 指令

按下开发板 2 的 KEY1,开发板 1 接收到数据打印并点亮 LED2,如图 7-26 所示。

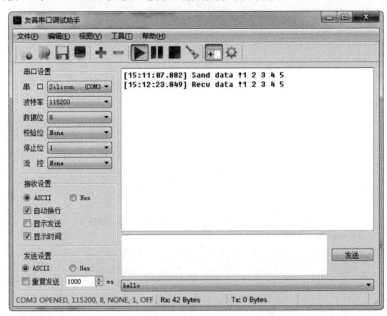

图 7-26　发送点亮 1LED2 指令

练习

(1) RS-485 通信网络的最大传输距离是多少? 总线上可挂载多少个通信节点? 它采用哪种通信形式?

(2) 简述 RS-485 的特点。

(3) 实现 RS-485 单机通信模式。

视频 27

7.3　红外遥控

学习目标

熟悉红外遥控的编码协议,实现通过 STM32 接收并解码红外遥控器发送的命令编码。

7.3.1　开发原理

红外遥控是一种无线、非接触控制技术,具有抗干扰能力强、信息传输可靠、功耗低、成本低、易实现等显著优点,被诸多电子设备特别是家用电器广泛采用,并越来越多地应用到计算机系统中。

由于红外线遥控不像无线电遥控那样具有穿过障碍物去控制被控对象的能力,所以在设计红外线遥控器时,不必像无线电遥控器那样,每套(发射器和接收器)要有不同的遥控频率或编码(否则,就会隔墙控制或干扰邻居的家用电器),所以同类产品的红外线遥控器,可以有相同的遥控频率或编码,而不会出现遥控信号"串门"的情况。这对于大批量生产以及在家用电器上普及红外线遥控提供了极大的方便。由于红外线为不可见光,因此对环境影响很小,再由于红外光波动波长远小于无线电波的波长,所以红外线遥控不会影响其他家用电器,也不会影响邻近的无线电设备。

红外遥控的编码目前广泛使用的是 NECProtocol 的 PWM(脉冲宽度调制)和 PhilipsRC-

5Protocol 的 PPM(脉冲位置调制)。

NEC 协议具有如下特征：

- 8 位地址和 8 位指令长度；
- 地址和命令 2 次传输(确保可靠性)；
- PWM 脉冲位置调制,以发射红外载波的占空比代表 0 和 1；
- 载波频率为 38kHz；
- 位时间为 1.125ms 或 2.25ms。

NEC 码的位定义：

一个脉冲对应 560μs 的连续载波,一个逻辑 1 传输需要 2.24ms(560μs 脉冲＋1680μs 低电平),一个逻辑 0 的传输需要 1.12ms(560μs 脉冲＋560μs 低电平)。而遥控接收头在收到脉冲的时候为低电平,在没有脉冲的时候为高电平,这样,在接收头端收到的信号为：逻辑 1 应该是 560μs 低＋1680μs 高,逻辑 0 应该是 560μs 低＋560μs 高。

NEC 遥控指令的数据格式为：同步码头、地址码、地址反码、控制码、控制反码。同步码由一个 9ms 的低电平和一个 4.5ms 的高电平组成,地址码、地址反码、控制码、控制反码均是 8 位数据格式。按照低位在前、高位在后的顺序发送。采用反码是为了增加传输的可靠性(可用于校验)。

通过逻辑分析仪捕获,当按下遥控器的"▽"按键时,从红外接收头端收到的波形如图 7-27 所示。

图 7-27 捕获的红外信号

从图 7-27 可以看到,同步码由一个 9ms 的低电平和一个 4.5ms 的高电平组成,其地址码为 00000000,地址反码为 11111111,控制码为 10101000(168),控制反码为 01010111。可以看到,在 100ms 之后,还收到了几个脉冲,这是 NEC 码规定的连发码(由 9ms 低电平＋2.5ms 高电平＋0.56ms 低电平＋97.94ms 高电平组成),如果在一帧数据发送完毕之后,按键仍然没有放开,则发射重复码,即连发码,可以通过统计连发码的次数来标记按键按下的长短/次数。

前面已经介绍过如何利用过输入捕获来测量高电平的脉宽,本章则利用输入捕获来实现遥控解码。关于输入捕获的介绍,请参考之前的 4.4 小节。

高电平捕获的思路：首先输入捕获设置的是捕获上升沿,在上升沿捕获到以后,立即设置输入捕获模式为捕获下降沿(以便捕获本次高电平),然后,清零定时器的计数器值,并标记捕获到上升沿。当下降沿到来时,再次进入捕获中断服务函数,立即更改输入捕获模式为捕获上升沿(以便捕获下一次高电平),然后处理此次捕获到的高电平。

7.3.2 开发步骤

(1) 查看 STM32F407 电路原理图,找到红外接收头接线引脚。可以看到,Remote 引脚连接的是 PA8,如图 7-28 所示。

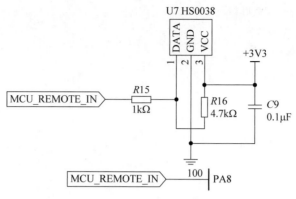

图 7-28　连接引脚图

(2) 新建两个文件 bsp_remote.h 和 bsp_remote.c,在 bsp_remote.h 中定义宏和函数。

```
#define __BSP_REMOTE_H

#include "stm32f4xx.h"
#include <string.h>

#define REMOTE_ID 0

void Remote_Init(void);
uint8_t Remote_Scan(void);
char * Show_Remote_Key(uint8_t key);
#endif
```

(3) 在 bsp_remote.c 中实现红外遥控高电平捕获。

```
#include "bsp_hard_i2c.h"
#include "bsp_remote.h"
#include "bsp_led.h"
TIM_HandleTypeDef TIM1_Handler;                            //定时器 1 句柄

/**
*   函数名:Remote_Init
*   描述:红外遥控初始化 设置 I/O 以及 TIM1_CH1 的输入捕获 TIM1 挂载 APB2 上
*   输入:
*   输出:
*/
void Remote_Init(void)
{
    TIM_IC_InitTypeDef TIM1_CH1Config;

    TIM1_Handler.Instance = TIM1;                          //通用定时器 1
    TIM1_Handler.Init.Prescaler = 168 - 1;                 //预分频器,1MHz 的计数频率
    TIM1_Handler.Init.CounterMode = TIM_COUNTERMODE_UP;    //向上计数器
    TIM1_Handler.Init.Period = 10000 - 1;                  //自动装载值
    TIM1_Handler.Init.ClockDivision = TIM_CLOCKDIVISION_DIV1;
    HAL_TIM_IC_Init(&TIM1_Handler);

    TIM1_CH1Config.ICPolarity = TIM_ICPOLARITY_RISING;     //上升沿捕获
    TIM1_CH1Config.ICSelection = TIM_ICSELECTION_DIRECTTI; //映射到 TI1 上
    TIM1_CH1Config.ICPrescaler = TIM_ICPSC_DIV1;           //配置输入分频,不分频
    TIM1_CH1Config.ICFilter = 0x00;        //IC1F = 0003 8 个定时器时钟周期滤波
```

```
        HAL_TIM_IC_ConfigChannel(&TIM1_Handler, &TIM1_CH1Config, TIM_CHANNEL_1); //配置 TIM1 通道 1
        HAL_TIM_IC_Start_IT(&TIM1_Handler, TIM_CHANNEL_1);          //开始捕获 TIM1 的通道 1
        __HAL_TIM_ENABLE_IT(&TIM1_Handler, TIM_IT_UPDATE);          //使能更新中断
        __HAL_TIM_ENABLE_IT(&TIM1_Handler, TIM_IT_CC1);             //使能捕获中断
}


/**
 *   函数名:HAL_TIM_IC_MspInit
 *   描述:定时器 1 底层驱动,时钟使能,引脚配置 此函数会被 HAL_TIM_IC_Init()调用
 *   输入:htim:定时器 1 句柄
 *   输出:
 */
void HAL_TIM_IC_MspInit(TIM_HandleTypeDef * htim)
{
    GPIO_InitTypeDef GPIO_Initure;
    __HAL_RCC_TIM1_CLK_ENABLE();                          //使能 TIM1 时钟
    __HAL_RCC_GPIOA_CLK_ENABLE();                         //开启 GPIOA 时钟

    GPIO_Initure.Pin = GPIO_PIN_8;
    GPIO_Initure.Mode = GPIO_MODE_AF_PP;                  //复用推挽输出
    GPIO_Initure.Pull = GPIO_PULLUP;                      //上拉
    GPIO_Initure.Speed = GPIO_SPEED_HIGH;                 //高速
    GPIO_Initure.Alternate = GPIO_AF1_TIM1;               //PA8 复用为 TIM1 通道 1
    HAL_GPIO_Init(GPIOA, &GPIO_Initure);

    HAL_NVIC_SetPriority(TIM1_CC_IRQn, 1, 2);             //设置中断优先级,抢占 1,子优先级 2
    HAL_NVIC_EnableIRQ(TIM1_CC_IRQn);                     //开启 ITM1 中断

    HAL_NVIC_SetPriority(TIM1_UP_TIM10_IRQn, 1, 3);       //设置中断优先级,抢占 1,子优先级 3
    HAL_NVIC_EnableIRQ(TIM1_UP_TIM10_IRQn);               //开启 ITM1 中断
}


//遥控器接收状态
//[7]:收到了引导码标志
//[6]:得到了一个按键的所有信息
//[5]:保留
//[4]:标记上升沿是否已经被捕获
//[3:0]:溢出计时器
uint8_t RmtSta = 0;
uint16_t Dval;                                            //下降沿时计数器的值
uint32_t RmtRec = 0;                                     //红外接收到的数据
uint8_t RmtCnt = 0;                                       //按键按下的次数

//定时器 1 更新(溢出)中断
void TIM1_UP_TIM10_IRQHandler(void)
{
    LED1_Toggle;
    HAL_TIM_IRQHandler(&TIM1_Handler);                    //定时器共用处理函数
}

//定时器 1 输入捕获中断服务程序
void TIM1_CC_IRQHandler(void)
{
    LED2_Toggle;
    HAL_TIM_IRQHandler(&TIM1_Handler);                    //定时器共用处理函数
}
```

```
//定时器更新(溢出)中断回调函数
void HAL_TIM_PeriodElapsedCallback(TIM_HandleTypeDef * htim)
{
    if(htim -> Instance == TIM1)
    {
        if(RmtSta & 0x80)                               //收到了引导码标志
        {
            RmtSta & = ~0x10;                           //取消上升沿已经被捕获标记
            if((RmtSta & 0x0F) == 0x00)
            {
                RmtSta | = 1 << 6;                      //标记已经完成一次按键的键值信息采集
            }
            if((RmtSta & 0x0F) < 14)
            {
                RmtSta++;
            }
            else
            {
                RmtSta & = ~(1 << 7);                   //清空引导标识
                RmtSta & = 0xF0;                        //清空计数器
            }
        }
    }

    __HAL_TIM_CLEAR_IT(htim, TIM_IT_UPDATE);
}

//定时器输入捕获中断回调函数
void HAL_TIM_IC_CaptureCallback(TIM_HandleTypeDef * htim)    //捕获中断发生时执行
{
    if(htim -> Instance == TIM1)
    {
        //if((TIM1 -> CCER & TIM_CCER_CC1P) == 0)       //上升沿捕获
        if(HAL_GPIO_ReadPin(GPIOA, GPIO_PIN_8) == SET) //上升沿捕获
        {

            TIM_RESET_CAPTUREPOLARITY(&TIM1_Handler, TIM_CHANNEL_1);        //清除原来的设置
            TIM_SET_CAPTUREPOLARITY(&TIM1_Handler, TIM_CHANNEL_1, TIM_ICPOLARITY_FALLING);
                                                        //CC1P = 0 设置为下降沿捕获
            __HAL_TIM_SET_COUNTER(&TIM1_Handler, 0);    //清空定时器值
            RmtSta | = 0x10;                            //标记上升沿已经被捕获

        }
        else                                            //下降沿捕获
        {

            Dval = HAL_TIM_ReadCapturedValue(&TIM1_Handler, TIM_CHANNEL_1);
                                                        //读取 CCR1, 也可以清除 CC1IF 标志位
            TIM_RESET_CAPTUREPOLARITY(&TIM1_Handler, TIM_CHANNEL_1);    //清除原来的设置
            TIM_SET_CAPTUREPOLARITY(&TIM1_Handler, TIM_CHANNEL_1, TIM_ICPOLARITY_RISING);
                                                        //CC1P = 1 设置为上升沿捕获

            if(RmtSta & 0x10)                           //完成一次高电平捕获
            {
                if(RmtSta & 0x80)                       //接收到了引导码
                {
                    if(Dval > 300 && Dval < 800)        //560 为标准值
```

```
            {
                RmtRec <<= 1;                    //左移一位
                RmtRec |= 0;                     //接收到 0d
            }
            else if(Dval > 1400 && Dval < 1800)  //1680 为标准值
            {
                RmtRec <<= 1;                    //左移一位
                RmtRec |= 1;                     //接收到 1
            }
            else if(Dval > 2200 && Dval < 2600) //得到按键键值增加的信息,2500 为标准值
            {
                RmtCnt++;                        //按键次数增加 1 次
                RmtSta &= 0xF0;                  //清空计时器
            }
        }
        else if(Dval > 4200 && Dval < 4700)
        {
            RmtSta |= 1 << 7;                    //标记成功接收到了引导码
            RmtCnt = 0;                          //清除按键次数计数器
        }
    }

    RmtSta &= ~(1 << 4);                         //完成一次高电平后,清除标志
    }
    }

    __HAL_TIM_CLEAR_IT(htim, TIM_IT_CC1);
}

/**
*   函数名:Remote_Scan
*   描述:处理红外键盘
*   输入:
*   输出:0,没有任何按键按下其他,按下的按键键值
*/
uint8_t Remote_Scan(void)
{
    uint8_t sta = 0;
    uint8_t t1 = 0, t2 = 0;
    if(RmtSta & (1 << 6))                        //得到一个按键的所有信息了
    {
        t1 =  RmtRec >> 24;                      //得到地址码
        t2 = (RmtRec >> 16) & 0xff;              //得到地址反码
        if((t1 == (uint8_t)~t2) && t1 == REMOTE_ID) //检验遥控识别码(ID)及地址
        {
            t1 = RmtRec >> 8;
            t2 = RmtRec;
            if(t1 == (uint8_t)~t2)               //键值正确
            {
                sta = t1;
            }
            if((sta == 0) || (RmtSta&0x80) == 0) //按键数据错误/遥控已经没有按下了
            {
                RmtSta &= ~(1 << 6);             //清除接收到有效按键标识
                RmtCnt = 0;                      //清除按键次数计数器
```

```c
                }
            }
        }
        return sta;
        //printf("RmtRec %x",RmtRec);
    }


    /**
     *   函数名:Show_Remote_Key
     *   描述:返回键值 name
     *   输入:扫描到的键值
     *   输出:name 字符串
     */
    char * Show_Remote_Key(uint8_t key)
    {
        char * str;
        switch(key)
        {
            case 0:
                str = "ERROR";break;
            case 162:
                str = "POWER";break;
            case 98:
                str = "UP";break;
            case 2:
                str = "PLAY";break;
            case 194:
                str = "RIGHT";break;
            case 34:
                str = "LEFT";break;
            case 224:
                str = "VOL - ";break;
            case 168:
                str = "DOWN";break;
            case 144:
                str = "VOL + ";break;
            case 104:
                str = "1";break;
            case 152:
                str = "2";break;
            case 176:
                str = "3";break;
            case 48:
                str = "4";break;
            case 24:
                str = "5";break;
            case 122:
                str = "6";break;
            case 16:
                str = "7";break;
            case 56:
                str = "8";break;
            case 90:
```

```
                str = "9";break;
        case 66:
                str = "0";break;
        case 82:
                str = "DELETE";break;
        }
        return str;
}
```

（4）主函数 main()具体如下：

```
#include "bsp_clock.h"
#include "bsp_uart.h"
#include "bsp_key.h"
#include "bsp_led.h"
#include "bsp_remote.h"
#include "bsp_tim_pwm.h"

int main(void)
{
    uint8_t key,t = 0;

    CLOCLK_Init();                          //初始化系统时钟
    UART_Init();                            //串口初始化
    KEY_Init();                             //按键初始化
    LED_Init();                             //LED初始化
    Remote_Init();                          //Remote初始化

    while(1)
    {
        key = KEY_Scan(0);

        if(key == 1)                        //按键0
        {
            uint8_t rKey = Remote_Scan();   //扫描接收到的键值
            printf("Key ID: %d \n",rKey);

            char * str = Show_Remote_Key(rKey); //返回对应键值name
            printf("Key Name: %s \n\n",str);
        }

        HAL_Delay(10);
    }
}
```

7.3.3 运行结果

将程序下载到开发板中，开启捕获。通过遥控器按键发送指令，比如按下 1，然后按下 KEY0 键，获取捕获处理的键值，再打印出来，如图 7-29 所示。

练习

（1）简述 NEC 协议的特征。

（2）简述 NEC 码的位定义。

（3）捕获家电的红外遥控器，再控制家电。

图 7-29　运行结果

视频 28

7.4　I^2C 通信

学习目标

熟悉 I^2C 通信协议,实现通过 I^2C 检测从机设备 EEPROM 是否存在。

7.4.1　开发原理

I^2C 通信协议(Inter-Integrated Circuit)是由 Philips 公司开发的,由于它引脚少,硬件实现简单,可扩展性强,不需要 USART、CAN 等通信协议的外部收发设备,所以被广泛用于系统内多个集成电路(IC)间的通信。

1. I^2C 物理层

I^2C 通信设备之间的常用连接方式如图 7-30 所示。

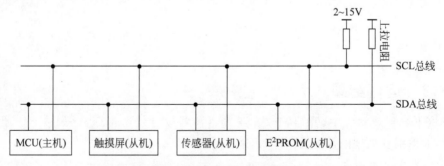

图 7-30　I^2C 常用连接方式

- 它是一个支持多设备的总线。"总线"指多个设备共用的信号线。在一个 I^2C 通信总线中,可连接多个 I^2C 通信设备,支持多个通信主机及多个通信从机。
- 一个 I^2C 总线只使用两条总线线路:一条双向串行数据线(SDA),一条串行时钟线

（SCL）。数据线用来表示数据，时钟线用于数据收发同步。

- 每个连接到总线的设备都有一个独立的地址，主机可以利用这个地址进行不同设备之间的访问。
- 总线通过上拉电阻接到电源。当 I^2C 设备空闲时，会输出高阻态，而当所有设备都空闲，都输出高阻态时，由上拉电阻把总线拉成高电平。
- 多个主机同时使用总线时，为了防止数据冲突，会利用仲裁方式决定由哪个设备占用总线。
- 具有 3 种传输模式：标准模式传输速率为 100kbps，快速模式为 400kbps，高速模式下可达 3.4Mbps，但目前大多 I^2C 设备尚不支持高速模式。
- 连接到相同总线的 IC 数量受到总线的最大电容 400pF 限制。

2. 协议层

I^2C 的协议定义了通信的起始和停止信号、数据有效性、响应、仲裁、时钟同步和地址广播等环节。

1）I^2C 基本读写过程

主机写数据到从机的过程如图 7-31 所示。

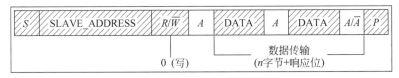

图 7-31　主机写数据到从机

主机由从机中读数据的过程如图 7-32 所示。

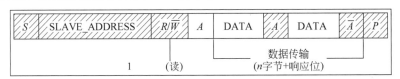

图 7-32　主机由从机中读数据

I^2C 通信复合格式如图 7-33 所示。

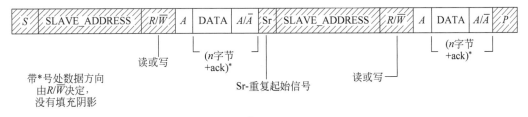

图 7-33　I^2C 通信复合格式

- 数据由主机传输至从机时，S 为传输开始信号。
- SLAVE_ADDRESS：从机地址。
- 数据由从机传输至主机：$R/\overline{W}$ 为传输方向选择位，1 为读，0 为写。
- $A/\overline{A}$：应答（ACK）或非应答（NACK）信号。
- P：停止传输信号。

其中，S 表示由主机的 I^2C 接口产生的传输起始信号（S），这时连接到 I^2C 总线上的所有从机都会接收到这个信号。

起始信号产生后,所有从机就开始等待主机紧接下来广播的从机地址信号(SLAVE_ADDRESS)。在 I^2C 总线上,每个设备的地址都是唯一的,当主机广播的地址与某个设备地址相同时,这个设备就被选中了,没被选中的设备将会忽略之后的数据信号。根据 I^2C 协议,这个从机地址可以是 7 位或 10 位。

在地址位之后,是传输方向的选择位,该位为 0 时,表示后面的数据传输方向是由主机传输至从机,即主机向从机写数据;该位为 1 时,则相反,即主机由从机读数据。

从机接收到匹配的地址后,从机会返回一个应答(ACK)或非应答(NACK)信号,只有接收到应答信号后,主机才能继续发送或接收数据。

若配置的方向传输位为"写数据"方向,即图 7-31 的情况,广播完地址,接收到应答信号后,主机开始正式向从机传输数据(DATA),数据包的大小为 8 位,主机每发送完一个字节数据,都要等待从机的应答信号(ACK),重复这个过程,可以向从机传输 N 个数据,这个 N 没有大小限制。当数据传输结束时,主机向从机发送一个停止传输信号(P),表示不再传输数据。

若配置的方向传输位为"读数据"方向,即图 7-32 的情况,广播完地址,接收到应答信号后,从机开始向主机返回数据(DATA),数据包大小也为 8 位,从机每发送完一个数据,都会等待主机的应答信号(ACK),重复这个过程,可以返回 N 个数据,这个 N 也没有大小限制。当主机希望停止接收数据时,就向从机返回一个非应答信号(NACK),则从机自动停止数据传输。

除了基本的读写,I^2C 通信更常用的是复合格式,即图 7-33 的情况,该传输过程有两次起始信号(S)。一般在第一次传输中,主机通过 SLAVE_ADDRESS 寻找到从设备后,发送一段"数据",这段数据通常用于表示从设备内部的寄存器或存储器地址(注意区分它与 SLAVE_ADDRESS 的区别);在第二次的传输中,对该地址的内容进行读或写。也就是说,第一次通信是告诉从机读写地址,第二次则是读写的实际内容。

2) 通信的起始和停止信号

前面提到的起始(S)和停止(P)信号是两种特殊的状态。当 SCL 线是高电平时 SDA 线从高电平向低电平切换,这个情况表示通信的起始。当 SCL 是高电平时 SDA 线由低电平向高电平切换,表示通信的停止。起始和停止信号一般由主机产生,如图 7-34 所示。

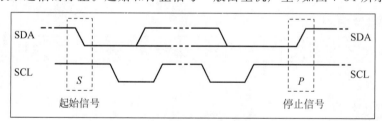

图 7-34   通信起始和结束信号

3) 数据有效性

I^2C 使用 SDA 信号线来传输数据,使用 SCL 信号线进行数据同步。SDA 数据线在 SCL 的每个时钟周期传输一位数据。传输时,SCL 为高电平的时候 SDA 表示的数据有效,即此时的 SDA 为高电平时表示数据 1;SCL 为低电平时表示数据 0。当 SCL 为低电平时,SDA 的数据无效,一般在这个时候 SDA 进行电平切换,为下一次表示数据做好准备。每次数据传输都以字节为单位,每次传输的字节数不受限制,如图 7-35 所示。

4) 地址及数据方向

I^2C 总线上的每个设备都有自己的独立地址,主机发起通信时,通过 SDA 信号线发送设

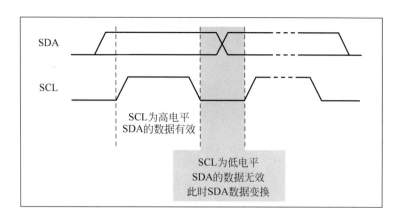

图 7-35　数据有效性

备地址(SLAVE_ADDRESS)来查找从机。I^2C 协议规定设备地址可以是 7 位或 10 位,实际中 7 位的地址应用比较广泛。紧跟设备地址的一个数据位用来表示数据传输方向,它数据方向位($R/\overline{W}$),第 8 位或第 11 位。数据方向位为 1 时表示主机由从机读数据,该位为 0 时表示主机向从机写数据,如图 7-36 所示。

读数据方向时,主机会释放对 SDA 信号线的控制,由从机控制 SDA 信号线,主机接收信号,写数据方向时,SDA 由主机控制,从机接收信号。

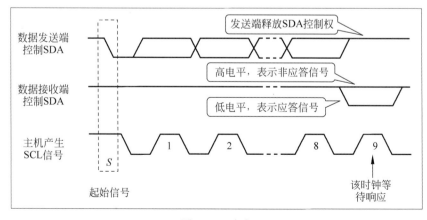

图 7-36　地址和数据方向

5)响应

I^2C 的数据和地址传输都带响应。响应包括"应答(ACK)"和"非应答(NACK)"两种信号。作为数据接收端时,当设备(无论主从机)接收到 I^2C 传输的一个字节数据或地址后,若希望对方继续发送数据,则需要向对方发送"应答(ACK)"信号,发送方会继续发送下一个数据;若接收端希望结束数据传输,则向对方发送"非应答(NACK)"信号,发送方接收到该信号后会产生一个停止信号,结束信号传输。

传输时主机产生时钟,在第 9 个时钟时,数据发送端会释放 SDA 的控制权,由数据接收端控制 SDA,SDA 为高电平,表示非应答信号(NACK),为低电平表示应答信号(ACK),如图 7-37 所示。

图 7-37　响应

3. STM32 的 I²C 特性及架构

如果直接控制 STM32 的两个 GPIO 引脚,分别用作 SCL 及 SDA,按照上述信号的时序要求,直接像控制 LED 灯那样控制引脚的输出(若是接收数据,则读取 SDA 电平),就可以实现 I²C 通信。同样,假如按照 USART 的要求去控制引脚,也能实现 USART 通信。所以只要遵守协议,就是标准的通信,不管是使用 ST 生产的控制器还是 ATMEL 生产的存储器,都能按通信标准交互。

由于直接控制 GPIO 引脚电平产生通信时序时,需要由 CPU 控制每个时刻的引脚状态,所以称之为"软件模拟协议"方式。

相对地,还有"硬件协议"方式,STM32 的 I²C 片上外设专门负责实现 I²C 通信协议,只要配置好该外设,它就会自动根据协议要求产生通信信号,收发数据并缓存起来,CPU 只要检测该外设的状态和访问数据寄存器,就能完成数据收发。这种由硬件外设处理 I²C 协议的方式减轻了 CPU 的工作,且使软件设计更加简单。

1) STM32 的 I²C 外设简介

STM32 的 I²C 外设可用作通信的主机及从机,支持 100kbps 和 400kbps 的速率,支持 7位、10 位设备地址,支持 DMA 数据传输,并具有数据校验功能,如图 7-38 所示。

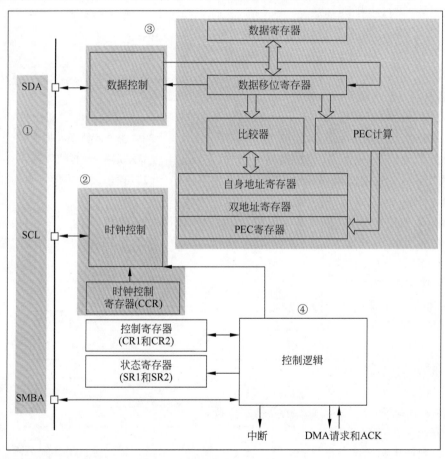

图 7-38 I²C 外设

I²C 的所有硬件架构都是根据图 7-38 中左侧 SCL 线和 SDA 线展开的(其中的 SMBA 线用于 SMBUS 的警告信号,I²C 通信没有使用)。STM32 芯片有多个 I²C 外设,它们的 I²C 通信信号引出到不同的 GPIO 引脚上,使用时必须配置到这些指定的引脚。关于 GPIO 引脚的复用功能,可查阅 STM32F4xx 规格说明书,以它为准,如图 7-39 所示。

引脚	I^2C编号		
	I2C1	I2C2	I2C3
SCL	PB6/PB10	PH4/PF1/PB10	PH7/PA8
SDA	PB7/PB9	PH5/PF0/PB11	PH8/PC9

图 7-39　I^2C 引脚图

2) 时钟控制逻辑

SCL 线的时钟信号,由 I^2C 接口根据时钟控制寄存器(CCR)控制,控制的参数主要为时钟频率。配置 I^2C 的 CCR 寄存器可修改通信速率相关的参数:可选择 I^2C 通信的"标准/快速"模式,这两个模式分别 I^2C 对应 100kbps/400kbps 的通信速率。

在快速模式下可选择 SCL 时钟的占空比,可选 Tlow/Thigh=2 或 Tlow/Thigh=16/9 模式,我们知道,I^2C 协议在 SCL 为高电平时对 SDA 信号采样,SCL 为低电平时 SDA 准备下一个数据,修改 SCL 的高低电平比会影响数据采样,但其实这两个模式的比例差别并不大,若不是要求非常严格,这里随便选就可以了。

3) 数据控制逻辑

I^2C 的 SDA 信号主要连接到数据移位寄存器上,数据移位寄存器的数据来源及目标是数据寄存器(DR)、地址寄存器(OAR)、PEC 寄存器以及 SDA 数据线。当向外发送数据的时候,数据移位寄存器以"数据寄存器"为数据源,把数据一位一位地通过 SDA 信号线发送出去;当从外部接收数据的时候,数据移位寄存器把 SDA 信号线采样到的数据一位一位地存储到"数据寄存器"中。若使能了数据校验,则接收到的数据会经过 PCE 计算器运算,运算结果存储在"PEC 寄存器"中。当 STM32 的 I^2C 工作在从机模式的时候,接收到设备地址信号时,数据移位寄存器会把接收到的地址与 STM32 的自身的"I^2C 地址寄存器"的值进行比较,以便响应主机的寻址。STM32 自身的 I^2C 地址可通过修改"自身地址寄存器"修改,支持同时使用两个 I^2C 设备地址,两个地址分别存储在 OAR1 和 OAR2 中。

4) 整体控制逻辑

整体控制逻辑负责协调整个 I^2C 外设,控制逻辑的工作模式根据我们配置的"控制寄存器(CR1/CR2)"的参数而改变。在外设工作时,控制逻辑会根据外设的工作状态修改"状态寄存器(SR1 和 SR2)",只要读取这些寄存器相关的寄存器位,就可以了解 I^2C 的工作状态了。除此之外,控制逻辑还根据要求,负责控制产生 I^2C 中断信号、DMA 请求及各种 I^2C 的通信信号(如起始、停止、响应信号等)。

4. 通信过程

使用 I^2C 外设通信时,在通信的不同阶段它会对"状态寄存器(SR1 及 SR2)"的不同数据位写入参数,可通过读取这些寄存器标志来了解通信状态。

1) 主发送器

"主发送器"流程,即作为 I^2C 通信的主机端时,向外发送数据时的过程,如图 7-40 所示。

主发送器发送流程及事件说明如下:

(1) 控制产生起始信号(S),当发生起始信号后,它产生事件 EV5,并会对 SR1 寄存器的 SB 位置 1,表示起始信号已经发送;

(2) 紧接着发送设备地址并等待应答信号,若有从机应答,则产生事件 EV6 及 EV8,这时 SR1 寄存器的 ADDR 位及 TXE 位被置 1,ADDR 为 1 表示地址已经发送,TXE 为 1 表示数据寄存器为空;

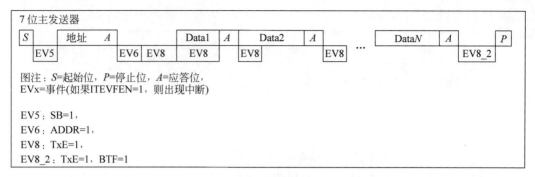

图 7-40　主发送器

（3）以上步骤正常执行并对 ADDR 位清零后，向 I^2C 的"数据寄存器 DR"写入要发送的数据，这时 TXE 位会被重置 0，表示数据寄存器非空，I^2C 外设通过 SDA 信号线一位一位地把数据发送出去后，又会产生 EV8 事件，即 TXE 位被置 1，重复这个过程，就可以发送多个字节数据了；

（4）当我们发送数据完成后，控制 I^2C 设备产生一个停止信号（P），这个时候会产生 EV8_2 事件，SR1 的 TXE 位及 BTF 位都被置 1，表示通信结束。

假如使能了 I^2C 中断，那么以上所有事件产生时，都会产生 I^2C 中断信号，进入同一个中断服务函数，到 I^2C 中断服务程序后，再通过检查寄存器位来了解是哪一个事件。

2）主接收器

下面分析主接收器的工作过程，即作为 I^2C 通信的主机端时，从外部接收数据的过程如图 7-41 所示。

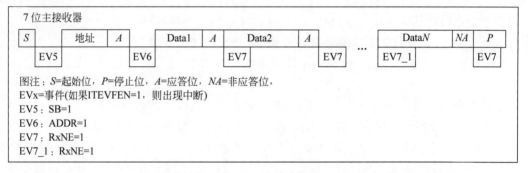

图 7-41　主接收器

主接收器接收流程及事件说明如下：

（1）同主发送流程，起始信号（S）是由主机端产生的，控制发生起始信号后，它产生事件 EV5，并会对 SR1 寄存器的 SB 位置 1，表示起始信号已经发送。

（2）紧接着发送设备地址并等待应答信号，若有从机应答，则产生事件 EV6，这时 SR1 寄存器的 ADDR 位被置 1，表示地址已经发送。

（3）从机端接收到地址后，开始向主机端发送数据。当主机接收到这些数据后，会产生 EV7 事件，SR1 寄存器的 RXNE 被置 1，表示接收数据寄存器非空，在读取该寄存器后，可对数据寄存器清空，以便接收下一次数据。此时可以控制 I^2C 发送应答信号（ACK）或非应答信号（NACK），若应答，则重复以上步骤接收数据；若非应答，则停止传输。

（4）发送非应答信号后，产生停止信号（P），结束传输。

7.4.2 开发步骤

(1) 查看 STM32F407 电路原理图,找到 24C02 接线引脚。可以看到 24C02 时钟线 SCL 连接的是 PB8,数据线 SDA 连接的是 PB9,如图 7-42 所示。

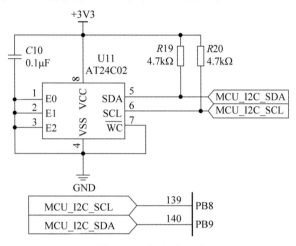

图 7-42 电路原理图

(2) 新建两个文件 bsp_hard_i2c.h 和 bsp_hard_i2c.c,在 bsp_hard_i2c.h 定义宏和函数。

```
#ifndef __BSP_HARD_IIC_H
#define __BSP_HARD_IIC_H

#include "stm32f4xx.h"

#define u8 uint8_t
#define u16 uint16_t
#define u32 uint32_t

//I2C 时钟
#define I2C_Speed 400000
// STM32 自身的 I2C 地址,这个地址只要与 STM32 外挂的 I2C 器件地址不一样即可
#define I2C_OWN_ADDRESS7 0X0A

#define ADDR_24LCxx_Write 0xA0                   //EEPROM 设备地址写方向
#define ADDR_24LCxx_Read 0xA1                    //EEPROM 设备地址读方向

void IIC_MODE_Init(void);                        //I2C 模式初始化
u8 I2C_EE_IsDeviceReady(u16 DevAddress);         //检测 EEPROM 设备是否就绪
u8 I2C_EE_ByteWrite(u8 * TxData, u8 WriteAddr);  //写一个字节
u8 I2C_EE_ByteRead(u8 * RxData, u8 WriteAddr);   //读一个字节

#endif
```

(3) 在 bsp_hard_i2c.c 中实现 IIC 初始化。

```
#include "bsp_hard_i2c.h"

I2C_HandleTypeDef I2C1_Handle;

void IIC_MODE_Init(void)
{
    I2C1_Handle.Instance = I2C1;                 //I2C1
```

```
    I2C1_Handle.Init.DutyCycle = I2C_DUTYCYCLE_2;        //指定时钟占空比,可选 low/high = 2:1
                                                         //及 16:9 模式
    I2C1_Handle.Init.OwnAddress1 = I2C_OWN_ADDRESS7;     //指定地址
    I2C1_Handle.Init.OwnAddress2 = 0;                    //指定地址
    I2C1_Handle.Init.ClockSpeed = I2C_Speed;             //设置 SCL 时钟频率,此值要低于 40 0000
    I2C1_Handle.Init.AddressingMode = I2C_ADDRESSINGMODE_7BIT; //指定地址的长度,可为 7 位及 10 位
    I2C1_Handle.Init.DualAddressMode = I2C_DUALADDRESS_DISABLE; //指定是否选择双寻址模式
    I2C1_Handle.Init.GeneralCallMode = I2C_GENERALCALL_DISABLE; //指定是否选择通用调用模式
    I2C1_Handle.Init.NoStretchMode = I2C_NOSTRETCH_DISABLE;    //指定是否选择 nostretch 模式
    HAL_I2C_Init(&I2C1_Handle);                          //初始化
}

void HAL_I2C_MspInit(I2C_HandleTypeDef * hi2c)           //HAL_I2C_Init()回调函数
{
    GPIO_InitTypeDef I2C1_GPIO_Init;
    if(hi2c -> Instance == I2C1){
    __HAL_RCC_I2C1_CLK_ENABLE();
    __HAL_RCC_GPIOB_CLK_ENABLE();

    I2C1_GPIO_Init.Pin = GPIO_PIN_8 | GPIO_PIN_9;        //SCL pin8, SDA pin9
    I2C1_GPIO_Init.Mode = GPIO_MODE_AF_OD;               //开漏
    I2C1_GPIO_Init.Pull = GPIO_PULLUP;                   //上拉
    I2C1_GPIO_Init.Speed = GPIO_SPEED_FREQ_HIGH;
    I2C1_GPIO_Init.Alternate = GPIO_AF4_I2C1;            //复用为 I2C
    HAL_GPIO_Init(GPIOB,&I2C1_GPIO_Init);
    }
}


/** HAL_I2C_IsDeviceReady(I2C_HandleTypeDef * hi2c, uint16_t DevAddress, uint32_t Trials,
uint32_t Timeout)
  * @brief 检查目标设备是否准备好通信
  * @note 此函数用于内存设备
  * @param  hi2c: I2C_HandleTypeDef
  * @param  DevAddress:目标设备地址
  * @param  Trials:尝试次数
  * @param  Timeout:超时时间
  * @retval HAL status
  */
u8 I2C_EE_IsDeviceReady(u16 DevAddress)
{
    //HAL_I2C_IsDeviceReady()检测设备是否就绪
    //
    if(HAL_I2C_IsDeviceReady(&I2C1_Handle,DevAddress,1,0xFF) != HAL_OK){
        return 1;
    }
    return 0;
}
```

(4) main.c 程序如下:

```
# include "bsp_clock.h"
# include "bsp_uart.h"
# include "bsp_key.h"
# include "bsp_led.h"
# include "bsp_hard_i2c.h"

int main(void)
{
```

```
    CLOCLK_Init();                          //初始化系统时钟
    UART_Init();                            //串口初始化
    KEY_Init();                             //按键初始化
    LED_Init();                             //LED 初始化
    IIC_MODE_Init();                        //I2C 初始化

    if(I2C_EE_IsDeviceReady(ADDR_24LCxx_Write)){   //如果检测 EEPROM 就绪
    LED1_ON;                                //点亮 LED1
    }
    else{
    LED2_ON;
    }

    while(1)
    {
    }
}
```

7.4.3 运行结果

将程序下载到开发板中,如果检测设备准备就绪,LED1 会被点亮;否则 LED2 会点亮。

练习

(1) 简述 I^2C 基本读取过程。

(2) 简述 I^2C 通信过程。

(3) 利用 I^2C 通信读取其他传感器。

7.5 模拟 I^2C 通信

学习目标

了解 ARMCortex-M 系列芯片的 I^2C 通信协议,掌握通过普通 I/O 口模拟 I^2C 时序的方法。

7.5.1 开发原理

1. I^2C 通信流程中包含的信号

1) 开始信号

SCL 为高电平时,SDA 由高电平向低电平跳变,开始传送数据。

2) 结束信号

SCL 为高电平时,SDA 由低电平向高电平跳变,结束传送数据。

3) 应答信号

发送器每发送一个字节,就在第 9 个时钟脉冲期间释放数据线,由接收器反馈一个应答信号。应答信号为低电平时,规定为有效应答位(ACK 简称应答位),表示接收器已经成功地接收了该字节;应答信号为高电平时,规定为非应答位(NACK),一般表示接收器接收该字节没有成功。对于反馈有效应答位 ACK 的要求是,接收器在第 9 个时钟脉冲之前的低电平期间将 SDA 线拉低,并且确保在该时钟的高电平期间为稳定的低电平。如果接收器是主控器,则在它收到最后一个字节后,发送一个 NACK 信号,以通知被控发送器结束数据发送,并释放

SDA 线,以便主控接收器发送一个停止信号。

2. I²C 总线时序

I²C 总线时序如图 7-43 所示。

图 7-43 I²C 总线时序

3. I²C 通信过程的基本结构

I²C 通信过程的基本结构与 7.4 节所介绍的一样,此处不再赘述。

7.5.2 开发步骤

(1) 在头文件中,定义 1μs 延时函数和 GPIO 配置的相关宏定义(因 I²C 时序比较严格,而滴答定时器延时在短时间内存在些误差,所以需要定义一个 1μs 的机器周期延时函数,供程序使用),最后对函数进行声明。

```
# ifndef _BSP_SOFT_I2C_H_
# define _BSP_SOFT_I2C_H_

# include "stm32f4xx.h"
# include < stdbool.h>

//定义延时内联函数
static inline void I2C_Delay1us(void)
{
__nop(); __nop(); __nop(); __nop(); __nop(); __nop(); __nop(); __nop(); __nop(); __nop();
__nop(); __nop(); __nop(); __nop(); __nop(); __nop(); __nop(); __nop(); __nop(); __nop();
__nop(); __nop(); __nop(); __nop(); __nop(); __nop(); __nop(); __nop(); __nop(); __nop();
__nop(); __nop(); __nop(); __nop(); __nop(); __nop(); __nop(); __nop(); __nop(); __nop();
__nop(); __nop(); __nop(); __nop(); __nop(); __nop(); __nop(); __nop(); __nop(); __nop();
__nop(); __nop(); __nop(); __nop(); __nop(); __nop(); __nop(); __nop(); __nop(); __nop();
__nop(); __nop(); __nop(); __nop(); __nop(); __nop(); __nop(); __nop(); __nop(); __nop();
__nop(); __nop(); __nop(); __nop(); __nop(); __nop(); __nop(); __nop(); __nop(); __nop();
__nop(); __nop(); __nop(); __nop();
}

# define I2C_GPIOx GPIOB
# define Pin_SCL GPIO_PIN_8
# define Pin_SDA GPIO_PIN_9

# define Pin_SCL_L HAL_GPIO_WritePin(I2C_GPIOx, Pin_SCL, GPIO_PIN_RESET)
# define Pin_SCL_H HAL_GPIO_WritePin(I2C_GPIOx, Pin_SCL, GPIO_PIN_SET)

# define Pin_SDA_L HAL_GPIO_WritePin(I2C_GPIOx, Pin_SDA, GPIO_PIN_RESET)
# define Pin_SDA_H HAL_GPIO_WritePin(I2C_GPIOx, Pin_SDA, GPIO_PIN_SET)

# define Read_SDA_Pin I2C_GPIOx - > IDR & Pin_SDA

void I2C_Soft_Init(void);
```

```
bool I2C_Start(void);
bool I2C_Stop(void);
void I2C_Ack(void);
void I2C_NAck(void);
uint8_t I2C_Wait_Ack(void);
void I2C_Send_Byte(uint8_t txd);
uint8_tI2C_Read_Byte(void);

bool I2C_Write_REG(uint8_t SlaveAddress, uint8_t REG_Address,uint8_t REG_data);
uint8_t I2C_Read_REG(uint8_t SlaveAddress,uint8_t REG_Address);
bool I2C_Write_NByte(uint8_t SlaveAddress, uint8_t REG_Address, uint8_t len, uint8_t * buf);
bool I2C_Read_NByte(uint8_t SlaveAddress, uint8_t REG_Address, uint8_t len, uint8_t * buf);
bool I2C_CheckDevice(uint8_t SlaveAddress);

#endif
```

（2）在源文件中添加相应的头文件。

```
#include "bsp_soft_i2c.h"
#include <stdbool.h>
```

（3）在源文件中添加 I2C_Soft_Init()函数，用来初始化 I^2C 的 SCL 和 SDA 对应 GPIO 引脚。

第一步，使能 GPIO 的时钟；

第二步，定义结构体变量并初始化 GPIO；

第三步，拉高时钟线 SCL、信号线 SDA，使 I^2C 初始为空闲状态。

```
//初始化 I2C 的 I/O 口
void I2C_Soft_Init(void)
{
    GPIO_InitTypeDef GPIO_Handle;

    __HAL_RCC_GPIOB_CLK_ENABLE();

    GPIO_Handle.Mode = GPIO_MODE_OUTPUT_OD;          //输出开漏模式
    GPIO_Handle.Pin = Pin_SCL | Pin_SDA;
    GPIO_Handle.Pull = GPIO_PULLUP;
    GPIO_Handle.Speed = GPIO_SPEED_FREQ_VERY_HIGH;
    HAL_GPIO_Init(I2C_GPIOx, &GPIO_Handle);

    Pin_SCL_H;
    Pin_SDA_H;
}
```

（4）在源文件中定义 I2C_Start()函数。在该函数中，模拟 I^2C 起始信号时序。

```
//发送 I2C 起始信号
bool I2C_Start(void)
{
    Pin_SCL_H;                                    //拉高时钟线
    Pin_SDA_H;                                    //拉高信号线
    I2C2_Delay1us();
    if(!Read_SDA_Pin) return false;
    Pin_SDA_L;
    I2C2_Delay1us();
    Pin_SDA_L;
    I2C2_Delay1us();
    return true;
}
```

（5）在 bsp_soft_i2c.c 文件中定义 I2C_Stop()函数,在函数中模拟 I²C 结束信号时序。

```
//发送 I2C 停止信号
bool I2C2_Stop(void)
{
    Pin_SCL_L;
    Pin_SDA_L;
    I2C_Delay1us();
    if(Read_SDA_Pin)   return false;
    Pin_SCL_H;
    Pin_SDA_H;
    I2C_Delay1us();
    if(!Read_SDA_Pin) return false;
    Pin_SDA_H;
    I2C_Delay1us();
    return true;
}
```

（6）在 bsp_soft_i2c.c 文件中定义 I2C_Ack()函数,模拟产生 ACK 应答时序。

```
//I2C 发送 ACK 信号
void I2C_Ack(void)
{
    Pin_SCL_L;
    I2C_Delay1us();
    Pin_SDA_L;
    Pin_SCL_H;
    I2C_Delay1us();
    Pin_SCL_L;
    Pin_SDA_H;
    I2C_Delay1us();
}
```

（7）在 bsp_soft_i2c.c 文件中定义 I2C_NAck()函数,模拟产生 NACK 非应答时序。

```
//I2C 不发送 ACK 信号
void I2C_NAck(void)
{
    Pin_SCL_L;
    I2C_Delay1us();
    Pin_SDA_H;
    Pin_SCL_H;
    I2C_Delay1us();
    Pin_SCL_L;
    I2C_Delay1us();
}
```

（8）在 bsp_soft_i2c.c 文件中定义 I2C_Wait_Ack()函数,用来等待应答信号。

```
//I2C 等待 ACK 信号
uint8_t I2C_Wait_Ack(void)
{
    Pin_SCL_L;
    I2C_Delay1us();
    Pin_SDA_H;
    Pin_SCL_H;
    I2C_Delay1us();
    if(Read_SDA_Pin)
    {
```

```
        Pin_SCL_L;
        I2C_Delay1us();
        return false;
    }
    Pin_SCL_L;
    I2C_Delay1us();
    return true;
}
```

（9）在 bsp_soft_i2c.c 文件中定义 I2C_Send_Byte()函数，用来主机发送一个字节。

第一步，由于这里传入的参数 txd 为 8 位数据，所以需要用一个循环 8 次的 for 循环来得到 txd 的每一位数据，从高位到低位依次发送。

第二步，在循环中，首先将 SCL 拉低，延时 $1\mu s$，让 txd 与 0x80 按位与，取最高位，如果最高位为 1，则将 SDA 拉高，否则将 SDA 拉低。

第三步，延时 $1\mu s$，将 SCL 拉高，将数据发送出去，最后将 txd 左移 1 位，下次循环取次高位，这样在循环中依次进行，直到拿到完整的数据。

```
//I2C 发送一个字节
void I2C_Send_Byte(uint8_t txd)
{
    for(uint8_t i = 0; i < 8; i++)
    {
        Pin_SCL_L;
        I2C_Delay1us();
        if(txd & 0x80)
        Pin_SDA_H;
        else
        Pin_SDA_L;
        txd << = 1;
        Pin_SCL_H;
        I2C_Delay1us();
    }
}
```

（10）在 bsp_soft_i2c.c 文件中定义 I2C_Read_Byte()函数，用来读取一个字节。

第一步，定义一个变量 rxd 用来存取读出的值。

第二步，同发送一个字节数据一样，读取一个字节也需要用一个循环 8 次的 for 循环来完成。在循环中，将 rxd 左移一位（用来存取下一位数据）。

第三步，将 SCL 拉低，延时 $1\mu s$，再将 SCL 拉高，读取 SDA 高低电平，如果为高，则将 rxd 最低位置 1，否则进入下次循环。这样每次读到一位 1，都在上次读到数据的下一位加 1，若没读到，则左移补 0，直至数据读取完毕。

```
//I2C 读取一个字节
uint8_t I2C_Read_Byte(void)
{
    uint8_t rxd = 0;
    for(uint8_t i = 0; i < 8; i++)
    {
        rxd << = 1;
        Pin_SCL_L;
        I2C_Delay1us();
```

```
            Pin_SCL_H;
            I2C_Delay1us();
            if(Read_SDA_Pin)
            {
            rxd |= 0x01;
            }
        }
        return rxd;
}
```

(11) 在 bsp_soft_i2c.c 文件中定义 I2C_Write_REG()函数,用来向指定地址写一个字节的数据。

第一步,向从机发送开始信号,如果发送失败,则返回 false。

第二步,发送设备地址(设备地址最后一位为读写位,0:代表写,1:代表读,默认为写),等待 ACK,如果等待失败,则发送停止信号,返回 false。

第三步,发送寄存器地址,同样等待 ACK,如果等待失败,则发送停止信号,返回 false。

第四步,发送需要写的数据,等待 ACK,如果等待失败,则发送停止信号,返回 false。最后发送结束信号,返回 true。

```
//向从机指定地址写数据
bool I2C_Write_REG(uint8_t SlaveAddress, uint8_t REG_Address, uint8_t REG_data)
{
    if(!I2C_Start()) return false;
    I2C_Send_Byte(SlaveAddress);
    if(!I2C_Wait_Ack()) { I2C_Stop();return false;}
    I2C_Send_Byte(REG_Address);
    if(!I2C_Wait_Ack()) { I2C_Stop();return false;}
    I2C_Send_Byte(REG_data);
    if(!I2C_Wait_Ack()) { I2C_Stop();      return false;}
    if(!I2C_Stop()) return false;
    return true;
}
```

(12) 在 bsp_soft_i2c.c 文件中定义 I2C_Read_REG()函数,用来从指定地址读取一个字节的数据。

第一步,定义一个存取数据的变量 data,然后向从机发送开始信号,如果发送失败,则返回 false。

第二步,发送设备地址(设备地址最后一位为读写位,0:代表写,1:代表读,默认为写),等待 ACK,如果等待失败,则发送停止信号,返回 false。

第三步,发送寄存器地址,同样等待 ACK,如果等待失败,则发送停止信号,返回 false。

第四步,再发送一个开始信号,然后发送设备地址(+1:表示读),等待 ACK。

第五步,调用 I2C_Read_Byte()函数将读取到的数据赋给变量 data,然后发送一个 NoACK,表示停止接收,最后发送停止信号,将数据通过 return 返回。

```
//从设备中读取数据
uint8_t I2C_Read_REG(uint8_t SlaveAddress,uint8_t REG_Address)
{
    uint8_t data;
    if(!I2C_Start()) return false;
    I2C_Send_Byte(SlaveAddress);
```

```
        if(!I2C_Wait_Ack()) { I2C_Stop();return false;}
        I2C_Send_Byte(REG_Address);
        if(!I2C_Wait_Ack()) { I2C_Stop();return false;}
        if(!I2C_Start()) return false;
        I2C_Send_Byte(SlaveAddress + 1);
        if(!I2C_Wait_Ack()) { I2C_Stop();return false;}
        data = I2C_Read_Byte();
        I2C_NAck();
        if(!I2C_Stop()) return false;
        return data;
}
```

(13) 在 bsp_soft_i2c.c 文件中定义 I2C_Write_Nbyte()函数,用来连续写多个字节。

```
//连续写 N 个字节
bool I2C_Write_NByte(uint8_t SlaveAddress, uint8_t REG_Address, uint8_t len, uint8_t * buf)
{
if(!I2C_Start())return 1;
        I2C_Send_Byte(SlaveAddress);              //发送设备地址 + 写信号
        if(!I2C_Wait_Ack()){I2C_Stop(); return 1;}
        I2C_Send_Byte(REG_Address);
        if(!I2C_Wait_Ack()){I2C_Stop(); return 1;}
        for(uint8_t i = 0; i < len; i++)
        {
            I2C_Send_Byte(buf[i]);
            if(!I2C_Wait_Ack()){I2C_Stop(); return 1;}
        }
        I2C_Stop();
        return 0;
}
```

(14) 在 bsp_soft_i2c.c 文件中定义 I2C_Read_NByte()函数,用来读取多个字节数据。

```
//连续读 N 个字节
bool I2C_Read_NByte(uint8_t SlaveAddress, uint8_t REG_Address, uint8_t len, uint8_t * buf)
{
    if(!I2C_Start())return 1;
    I2C_Send_Byte(SlaveAddress);              //发送设备地址 + 写信号
    if(!I2C_Wait_Ack()){I2C_Stop(); return 1;}
    I2C_Send_Byte(REG_Address);
    if(!I2C_Wait_Ack()){I2C_Stop(); return 1;}
    if(!I2C_Start())return false;
    I2C_Send_Byte(SlaveAddress | 1);          //读操作
    if(!I2C_Wait_Ack()){I2C_Stop(); return 1;}
    for(uint8_t i = 0; i < len; i++)
    {
        buf[i] = I2C_Read_Byte();
        if(i < len - 1)
        {
        I2C_Ack();
        }
    }
    I2C_NAck();
    I2C_Stop();
    return 0;
```

```
    }
```

（15）在 bsp_soft_i2c.c 文件中定义 I2C_CheckDevice()函数,用来检查从机设备地址是否存在。

```
//检查设备地址
bool I2C_CheckDevice(uint8_t SlaveAddress)
{
    if(!I2C_Start()) return false;
    I2C_Send_Byte(SlaveAddress);
    if(!I2C_Wait_Ack())
    {
        I2C_Stop();
        return false;
    }
    if(!I2C_Stop()) return false;
    return true;
}
```

（16）在 main.c 的主函数中利用 I^2C 时序,通过检查 MPU6050 传感器设备地址的方式来验证 I^2C 时序是否正确。

第一步,调用相应的头文件。

第二步,创建一个变量 status 用于观察函数返回值,并在主函数中进行函数初始化。

第三步,在主函数的 while 循环中调用 I2C_CheckDevice()函数,括号中参数填入 0xD0（MPU6050 设备地址）,将函数返回值赋给变量 status,最后通过串口打印出 status 的值。

```
uint8_t status; //检查设备

int main(void)
{
    CLOCK_Init();                        //初始化系统时钟
    I2C_Soft_Init();                     //I2C初始化函数
    UART_Init();

    while(1)
    {
        HAL_Delay(100);                  //延时

        status = I2C_CheckDevice(0x68);  //检查设备地址
        printf("%d\r\n", status);
    }
}
```

7.5.3 运行结果

将程序下载到开发板后,打开串口调试助手,可以看到窗口循环打印出 1,说明发送传感器地址成功, I^2C 时序正确,如图 7-44 所示。

练习

（1）简述 I^2C 通信流程中包含的信号以及对应的时序。

（2）简述模拟 I^2C 实现过程。

（3）利用模拟 I^2C 通信读取其他传感器数据。

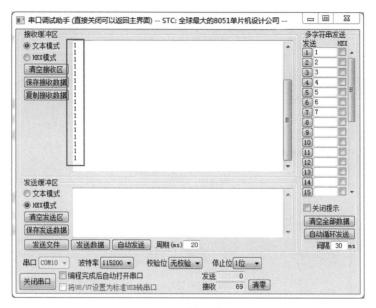

图 7-44　输出结果

视频 29

7.6　SPI 通信

学习目标

了解 SPI 的通信协议、架构组成和工作原理,掌握利用 SPI 通信协议检测 W25Q128 设备是否存在的方法。

7.6.1　开发原理

SPI(Serial Peripheral Interface)即串行外围设备接口,是 Motorola 首先在其 MC68HCXX 系列处理器上定义的。SPI 接口主要应用在 EEPROM、FLASH、实时时钟、AD 转换器,还有数字信号处理器和数字信号解码器之间。SPI 是一种高速的、全双工、同步的通信总线,并且在芯片的引脚上只占用 4 根线,节约了芯片的引脚,同时为节省 PCB 的布局空间提供方便,正是由于这种简单易用的特性,现在越来越多的芯片集成了这种通信协议,STM32F4 也有 SPI 接口。

1. SPI 物理层

SPI 内部简图如图 7-45 所示。

SPI 通信使用 3 条总线及片选线,3 条总线分别为 SCLK、MOSI、MISO,片选线为 CS(也称为 SS 或 NSS)。SPI 通信设备之间的常用连接方式如图 7-46 所示。

SS(Slave Select):从设备选择信号线,常称为片选信号线,也称为 NSS、CS。当有多个 SPI 从设备与 SPI 主机相连时,设备的其他信号线 SCK、MOSI 及 MISO 同时并联到相同的 SPI 总线上,即无论有多少个从设备,都共同使用这 3 条总线;而每个从设备都有独立的一条 NSS 信号线,该信号线独占主机的一个引脚,即有多少个从设备,就有多少条片选信号线。I^2C 协议中通过设备地址来寻址、选中总线上的某个设备并与其进行通信;而 SPI 协议中没有设备地址,它使用 NSS 信号线来寻址,当主机要选择从设备时,把该从设备的 NSS 信号线设置为低电平,该从设备即被选中,即片选有效,接着主机开始与被选中的从设备进行 SPI 通信。

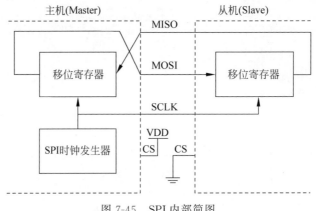

图 7-45　SPI 内部简图

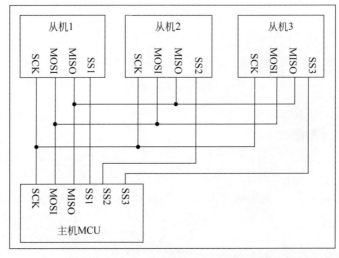

图 7-46　SPI 通信设备之间的常用连接方式

所以 SPI 通信以 NSS 线置低电平为开始信号，以 NSS 线被拉高作为结束信号。

SCK(Serial Clock)：时钟信号线，用于通信数据同步。它由通信主机产生，决定了通信的速率，不同的设备支持的最高时钟频率不一样，如 STM32 的 SPI 时钟频率最大为 fpclk/2，两个设备之间通信时，通信速率受限于低速设备。

MOSI(Master Output，Slave Input)：主设备输出/从设备输入引脚。主机的数据从这条信号线输出，从机由这条信号线读入主机发送的数据，即这条线上数据的方向为主机到从机。

MISO(Master Input，Slave Output)：主设备输入/从设备输出引脚。主机从这条信号线读入数据，从机的数据由这条信号线输出到主机，即在这条线上数据的方向为从机到主机。

2. 协议层

与 I^{2}C 的类似，SPI 协议定义了通信的起始和停止信号、数据有效性、时钟同步等环节，如图 7-47 所示。

这是一个主机的通信时序。NSS、SCK、MOSI 信号都由主机控制产生，而 MISO 的信号由从机产生，主机通过该信号线读取从机的数据。MOSI 与 MISO 的信号只在 NSS 为低电平的时候才有效，在 SCK 的每个时钟周期 MOSI 和 MISO 传输一位数据。

(1) 通信的起始和停止信号。

在图 7-47 的标号①处，NSS 信号线由高变低，是 SPI 通信的起始信号。NSS 是每个从机各自独占的信号线，当从机检在自己的 NSS 线检测到起始信号后，就知道自己被主机选中了，

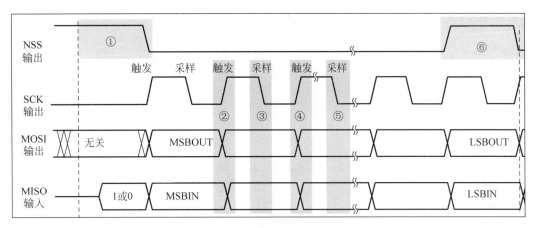

图 7-47　SPI 协议时序

开始准备与主机通信。在图 7-47 的标号⑥处,NSS 信号由低变高,是 SPI 通信的停止信号,表示本次通信结束,从机的选中状态被取消。

（2）数据有效性。

SPI 使用 MOSI 及 MISO 信号线来传输数据,使用 SCK 信号线进行数据同步。MOSI 及 MISO 数据线在 SCK 的每个时钟周期传输一位数据,且数据输入输出是同时进行的。数据传输时,MSB 先行或 LSB 先行并没有作硬性规定,但要保证两个 SPI 通信设备之间使用同样的协定,一般都会采用 MSB 先行模式。

观察图 7-47 的②③④⑤标号处,MOSI 及 MISO 的数据在 SCK 的上升沿期间变化输出,在 SCK 的下降沿时被采样。即 SCK 的下降沿时刻,MOSI 及 MISO 的数据有效,高电平时表示数据 1,为低电平时表示数据 0。在其他时刻,数据无效,MOSI 及 MISO 为下一次表示数据做准备。

SPI 每次数据传输可以 8 位或 16 位为单位,每次传输的单位数不受限制。

（3）CPOL/CPHA 及通信模式。

上面讲述的时序只是 SPI 中的其中一种通信模式,SPI 一共有 4 种通信模式,它们的主要区别是总线空闲时 SCK 的时钟状态以及数据采样时刻。为方便说明,在此引入"时钟极性 CPOL"和"时钟相位 CPHA"的概念,如图 7-48 所示。

时钟极性 CPOL 是指 SPI 通信设备处于空闲状态时,SCK 信号线的电平信号（即 SPI 通信开始前、NSS 线为高电平时 SCK 的状态）。CPOL＝0 时,SCK 在空闲状态时为低电平,CPOL＝1 时,则相反。

时钟相位 CPHA 是指数据的采样的时刻,当 CPHA＝0 时,MOSI 或 MISO 数据线上的信号将会在 SCK 时钟线的"奇数边沿"被采样。当 CPHA＝1 时,数据线在 SCK 的"偶数边沿"采样。

我们来分析这个 CPHA＝0 的时序图。首先,根据 SCK 在空闲状态时的电平,分为两种情况。SCK 信号线在空闲状态为低电平时,CPOL＝0;空闲状态为高电平时,CPOL＝1。

无论 CPOL 为 0 还是 1,因为我们配置的时钟相位 CPHA＝0,在图 7-48 中可以看到,采样时刻都是在 SCK 的奇数边沿。注意,当 CPOL＝0 的时候,时钟的奇数边沿是上升沿;而 CPOL＝1 的时候,时钟的奇数边沿是下降沿。所以 SPI 的采样时刻不是由上升/下降沿决定的。MOSI 和 MISO 数据线的有效信号在 SCK 的奇数边沿保持不变,数据信号将在 SCK 奇数边沿时被采样,在非采样时刻,MOSI 和 MISO 的有效信号才发生切换。

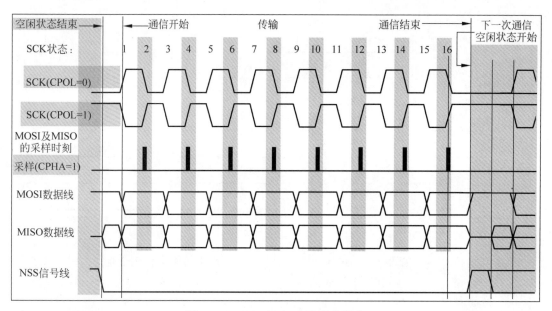

图 7-48 CPOL/CPHA 及通信模式

当 CPHA=1 时,不受 CPOL 的影响,数据信号在 SCK 的偶数边沿被采样,如图 7-49 所示。

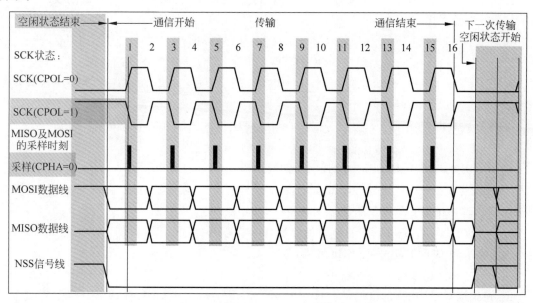

图 7-49 当 CPHA=1 时的数据信号

根据 CPOL 及 CPHA 的不同状态,SPI 分成了 4 种模式,如表 7-2 所示,主机与从机需要工作在相同的模式下才可以正常通信,实际中采用较多的是"模式 0"与"模式 3"。

表 7-2 SPI 的 4 种模式

SPI 模式	CPOL	CPHA	空闲时 SCK 时钟	采样时刻
0	0	0	低电平	奇数边沿
1	0	1	低电平	偶数边沿
2	1	0	高电平	奇数边沿
3	1	1	高电平	偶数边沿

3. STM32 的 SPI 外设简介

STM32 的 SPI 外设可用作通信的主机及从机,支持最高的 SCK 时钟频率为 $f_{pclk}/2$ (STM32F407 型号的芯片默认 f_{pclk1} 为 84MHz, f_{pclk2} 为 42MHz),完全支持 SPI 协议的 4 种模式,数据帧长度可设置为 8 位或 16 位,可设置数据 MSB 先行或 LSB 先行。它还支持双线全双工、双线单向以及单线模式。其中双线单向模式可以同时使用 MOSI 及 MISO 数据线向一个方向传输数据,传输速度可以加快一倍。而单线模式则可以减少硬件接线,当然这样速率会受到影响。这里只介绍双线全双工模式,如图 7-50 所示。

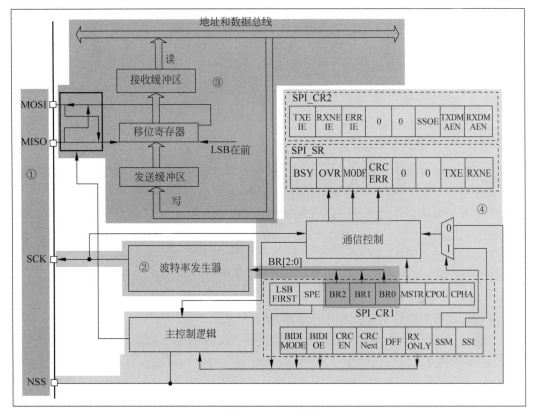

图 7-50 SPI 外设

1) 通信引脚

SPI 的所有硬件架构都从图左侧 MOSI、MISO、SCK 及 NSS 线展开的。

STM32 芯片有多个 SPI 外设,它们的 SPI 通信信号引出到不同的 GPIO 引脚上,使用时必须配置到这些指定的引脚。关于 GPIO 引脚的复用功能,可查阅 STM32F4xx 规格说明书,如图 7-51 所示。

引脚	SPI编号					
	SPI1	SPI2	SPI3	SPI4	SPI5	SPI6
MOSI	PA7/PB5	PB15/PC3/PI3	PB5/PC12/PD6	PE6/PE14	PF9/PF11	PG14
MISO	PA6/PB4	PB14/PC2/PI2	PB4/PC11	PE5/PE13	PF8/PH7	PG12
SCK	PA5/PB3	PB10/PB13/PD3	PB3/PC10	PE2/PE12	PF7/PH6	PG13
NSS	PA4/PA15	PB9/PB12/PI0	PA4/PA15	PE4/PE11	PF6/PH5	PG8

图 7-51 SPI 引脚

其中,SPI1、SPI4、SPI5、SPI6 是 APB2 上的设备,最高通信速率达 42Mbps,SPI2、SPI3 是 APB1 上的设备,最高通信速率为 21Mbps。其他功能没有差异。

2）时钟控制逻辑

SCK 线的时钟信号,由波特率发生器根据"控制寄存器 CR1"中的 BR[0:2]位控制,该位是对 f_{pclk} 时钟的分频因子,对 f_{pclk} 的分频结果就是 SCK 引脚的输出时钟频率,如图 7-52 所示。

BR[0:2]	分频结果(SCK频率)	BR[0:2]	分频结果(SCK频率)
000	$f_{pclk}/2$	100	$f_{pclk}/32$
001	$f_{pclk}/4$	101	$f_{pclk}/64$
010	$f_{pclk}/8$	110	$f_{pclk}/128$
011	$f_{pclk}/16$	111	$f_{pclk}/256$

图 7-52　时钟控制逻辑

其中的 f_{pclk} 是指 SPI 所在的 APB 总线频率,APB1 为 f_{pclk1},APB2 为 f_{pclk2}。

通过配置控制寄存器 CR 的 CPOL 位及 CPHA 位可以把 SPI 设置成前面分析的 4 种 SPI 模式。

3）数据控制逻辑

SPI 的 MOSI 及 MISO 都连接到数据移位寄存器上,数据移位寄存器的内容来源于接收缓冲区及发送缓冲区以及 MISO、MOSI 线。当向外发送数据的时候,数据移位寄存器以发送缓冲区为数据源,把数据一位一位地通过数据线发送出去;当从外部接收数据的时候,数据移位寄存器把数据线采样到的数据一位一位地存储到接收缓冲区中。通过写 SPI 的数据寄存器 DR 把数据填充到发送缓冲区中,通过数据寄存器 DR,可以获取接收缓冲区中的内容。其中数据帧长度可以通过控制寄存器 CR1 的 DFF 位配置成 8 位及 16 位模式;配置 LSBFIRST 位可选择 MSB 先行还是 LSB 先行。

4）整体控制逻辑

整体控制逻辑负责协调整个 SPI 外设,控制逻辑的工作模式根据我们配置的控制寄存器(CR1/CR2)的参数而改变,基本的控制参数包括前面提到的 SPI 模式、波特率、LSB 先行、主从模式、单双向模式等等。在外设工作时,控制逻辑会根据外设的工作状态修改状态寄存器(SR),我们只要读取状态寄存器相关的寄存器位,就可以了解 SPI 的工作状态。除此之外,控制逻辑还根据要求,负责控制产生 SPI 中断信号、DMA 请求及控制 NSS 信号线。

在实际应用中,一般不使用 STM32 SPI 外设的标准 NSS 信号线,而是以更简单的方式使用普通的 GPIO,由软件控制它的电平输出,从而产生通信起始信号和停止信号。

4. 通信过程

STM32 使用 SPI 外设通信时,在通信的不同阶段它会对状态寄存器 SR 的不同数据位写入参数,我们通过读取这些寄存器标志来了解通信状态,如图 7-53 所示。

主模式收发流程及事件说明如下:

(1) 控制 NSS 信号线,产生起始信号(图 7-53 中没有画出);

(2) 把要发送的数据写入到数据寄存器 DR 中,该数据会被存储到发送缓冲区;

(3) 通信开始,SCK 时钟开始运行。MOSI 把发送缓冲区中的数据一位一位地传输出去;MISO 则把数据一位一位地存储进接收缓冲区中;

(4) 当发送完一帧数据的时候,状态寄存器 SR 中的 TXE 标志位会被置 1,表示传输完一帧,发送缓冲区已空;类似地,当接收完一帧数据的时候,RXNE 标志位会被置 1,表示传输完一帧,接收缓冲区非空;

(5) 等待到 TXE 标志位为 1 时,若还要继续发送数据,则再次往数据寄存器 DR 写入数

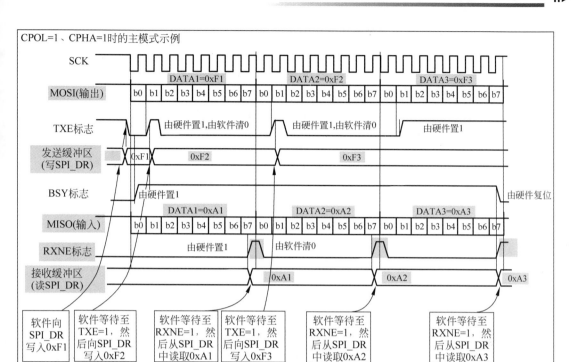

图 7-53　通信过程

据即可；等待到 RXNE 标志位为 1 时，通过读取数据寄存器 DR 可以获取接收缓冲区中的内容。

假如我们使能了 TXE 或 RXNE 中断，那么 TXE 或 RXNE 置 1 时会产生 SPI 中断信号，进入同一个中断服务函数，到 SPI 中断服务程序后，可通过检查寄存器位来了解是哪一个事件，再分别进行处理。也可以使用 DMA 方式来收发数据寄存器 DR 中的数据。

5. W25Q128

本节中使用的 Flash 芯片（型号：W25Q128）是一种使用 SPI 通信协议的 NOR Flash 存储器，它的 CS/CLK/DIO/DO 引脚分别连接到了 STM32 对应的 SDI 引脚 NSS/SCK/MOSI/MISO 上，其中 STM32 的 NSS 引脚是一个普通的 GPIO，不是 SPI 的专用 NSS 引脚，所以程序中要使用软件控制的方式，如图 7-54 所示。

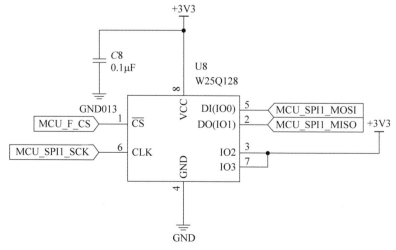

图 7-54　W25Q128 连接图

本节简单使用 SPI 发送指令读取 W25Q128 串行 Flash 的 ID 型号,发送 0x90 指令给 W25Q128,再连续发送地址命令(3 字节,地址为 0x00、0x00、0x00),最后读取 ID(2 字节)。

7.6.2 开发步骤

(1) 查看 F407 原理图,找到 SPI 总线连接的引脚。注意,CS 片选线使用的是普通 I/O 引脚 PB14,如图 7-55 所示。

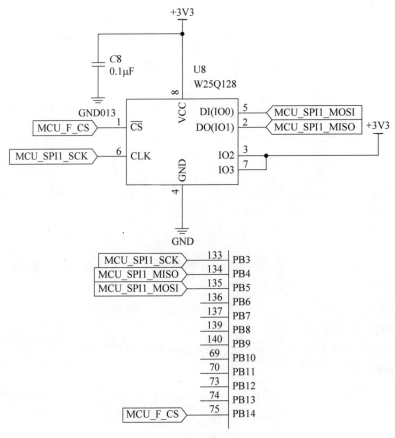

图 7-55 引脚连接图

(2) 新建两个文件 bsp_spi.c 和 bsp_spi.h,用于 SPI 相关配置。再新建两个文件 bsp_w25qxx.h 和 bsp_w25qxx.c 用于 W25Q128 相关读写配置。

```
#ifndef __BSP_SPI_H
#define __BSP_SPI_H

#include "stm32f4xx.h"

#define u8 uint8_t
#define u16 uint16_t
#define u32 uint32_t

void SPI1_Init(void);
void SPI1_SetSpeed(u8 SPI_BaudRatePrescaler);
u8 SPI1_ReadWriteByte(u8 TxData);

#endif
```

（3）在 bsp_spi.c 中引入头文件，实现 SPI 配置。

此部分代码主要初始化 SPI，这里选择的是 SPI1，所以在 SPI1_Init()函数中，相关的操作都是针对 SPI1 的，其初始化主要是通过函数 HAL_SPI_Init()来实现的，初始化之后同时开启 SPI1。在初始化之后，就可以开始使用 SPI1 了，这里特别注意，SPI 初始化函数的最后有一个启动传输，启动传输的作用就是维持 MOSI 为高电平，而且这句话也不是必需的，可以去掉。

在 SPI1_Init()函数中，我们把 SPI1 的频率设置成了最低（90MHz，256 分频），而在外部可以随时通过函数 SPI1_SetSpeed()来设置 SPI1 的速度。函数 SPI1_ReadWriteByte()主要通过调用 HAL 库函数 HAL_SPI_TransmitReceive()来实现数据的发送和接收。

```c
#include "bsp_spi.h"

SPI_HandleTypeDef SPI1_Handler;                         //SPI 句柄

void SPI1_Init(void)
{
    SPI1_Handler.Instance = SPI1;                       //SP1
    SPI1_Handler.Init.Mode = SPI_MODE_MASTER;           //设置 SPI 工作模式,设置为主模式
    SPI1_Handler.Init.Direction = SPI_DIRECTION_2LINES; //SPI 设置为双线模式
    SPI1_Handler.Init.DataSize = SPI_DATASIZE_8BIT;     //SPI 发送接收 8 位帧结构
    SPI1_Handler.Init.CLKPolarity = SPI_POLARITY_HIGH;  //同步时钟空闲状态为高电平
    SPI1_Handler.Init.CLKPhase = SPI_PHASE_2EDGE;       //同步时钟第 2 个跳变沿数据被采样
    SPI1_Handler.Init.NSS = SPI_NSS_SOFT;               //NSS 信号由 NSS 引脚控制
    SPI1_Handler.Init.BaudRatePrescaler = SPI_BAUDRATEPRESCALER_256; //定义波特率预分频的值:
                                                        //波特率预分频值为 256
    SPI1_Handler.Init.FirstBit = SPI_FIRSTBIT_MSB;      //指定数据传输从 MSB 位开始
    SPI1_Handler.Init.TIMode = SPI_TIMODE_DISABLE;      //关闭 TI 模式
    SPI1_Handler.Init.CRCCalculation = SPI_CRCCALCULATION_DISABLE;  //关闭 CRC
    SPI1_Handler.Init.CRCPolynomial = 7;                //CRC 值计算的多项式
    HAL_SPI_Init(&SPI1_Handler);                        //初始化

    __HAL_SPI_ENABLE(&SPI1_Handler);                    //使能 SPI1

    SPI1_ReadWriteByte(0xFF);                           //启动传输
}

//SPI1 底层驱动,时钟使能,引脚配置
//此函数会被 HAL_SPI_Init()调用
//hspi:SPI 句柄
void HAL_SPI_MspInit(SPI_HandleTypeDef * hspi)
{
    GPIO_InitTypeDef GPIO_Initure;

    __HAL_RCC_GPIOB_CLK_ENABLE();                       //使能 GPIOF 时钟
    __HAL_RCC_SPI1_CLK_ENABLE();                        //使能 SPI1 时钟

    //SPI1_SCK | SPI1_MISO | SPI1_MOSI
    GPIO_Initure.Pin = GPIO_PIN_3 | GPIO_PIN_4 | GPIO_PIN_5;
    GPIO_Initure.Mode = GPIO_MODE_AF_PP;                //复用推挽输出
    GPIO_Initure.Pull = GPIO_PULLUP;                    //上拉
    GPIO_Initure.Speed = GPIO_SPEED_FAST;               //快速
    GPIO_Initure.Alternate = GPIO_AF5_SPI1;             //复用为 SPI1
    HAL_GPIO_Init(GPIOB,&GPIO_Initure);
}
```

```
//SPI 速度设置函数
//SPI 速度 = fAPB1/分频系数
//@ref SPI_BaudRate_Prescaler:SPI_BAUDRATEPRESCALER_2 ～ SPI_BAUDRATEPRESCALER_2 256
//
//fAPB1 时钟一般为 45MHz:
void SPI1_SetSpeed(u8 SPI_BaudRatePrescaler)
{
    assert_param(IS_SPI_BAUDRATE_PRESCALER(SPI_BaudRatePrescaler));        //判断有效性
    __HAL_SPI_DISABLE(&SPI1_Handler);                                //关闭 SPI
    SPI1_Handler.Instance->CR1 &= 0xFFC7;                            //位 3～5 清零,用来设置波特率
    SPI1_Handler.Instance->CR1 |= SPI_BaudRatePrescaler;            //设置 SPI 速度
    __HAL_SPI_ENABLE(&SPI1_Handler);                                //使能 SPI
}

//SPI1 读写一个字节
//TxData:要写入的字节,返回值:读取到的字节
u8 SPI1_ReadWriteByte(u8 TxData)
{
    u8 RxData;
    HAL_SPI_TransmitReceive(&SPI1_Handler,&TxData,&RxData,1,1000);
    return RxData;
}
```

(4) 在 bsp_w25qxx.h 中定义宏和函数。

```
#ifndef __BSP_W25QXX_H
#define __BSP_W25QXX_H

#include "stm32f4xx.h"
#include "bsp_spi.h"

#define u8 uint8_t
#define u16 uint16_t
#define u32 uint32_t

//W25X 系列/Q 系列芯片列表
//W25Q80   ID   0XEF13
//W25Q16   ID   0XEF14
//W25Q32   ID   0XEF15
//W25Q64   ID   0XEF16
//W25Q128 ID   0XEF17
#define W25Q80 0XEF13
#define W25Q16 0XEF14
#define W25Q32 0XEF15
#define W25Q64 0XEF16
#define W25Q128 0XEF17

extern u16 W25QXX_TYPE;                                              //定义 W25QXX 芯片型号

#define W25QXX_CS_H HAL_GPIO_WritePin(GPIOB,GPIO_PIN_14,GPIO_PIN_SET) //W25QXX 的片选信号
#define W25QXX_CS_L HAL_GPIO_WritePin(GPIOB,GPIO_PIN_14,GPIO_PIN_RESET)

void W25QXX_Init(void);
u16  W25QXX_ReadID(void);                                           //读取 Flash ID

#endif
```

(5) 在 bsp_w25qxx.c 中读取 ID。在 W25QXX_Init(void)中初始化片选引脚 PB14。

W25QXX_ReadID(void)发送指令读取 ID。

```c
#include "bsp_w25qxx.h"

//4KB 为一个扇区(Sector)
//16 个扇区为 1 个块(Block)
//W25Q128
//容量为 16MB,共有 128 个块,4096 个扇区
u16 W25QXX_TYPE;                                //默认是 W25Q128

void W25QXX_Init(void)
{
    GPIO_InitTypeDef GPIO_Initure;

    __HAL_RCC_GPIOB_CLK_ENABLE();               //使能 GPIOF 时钟

    GPIO_Initure.Pin = GPIO_PIN_14;
    GPIO_Initure.Pull = GPIO_PULLUP;            //上拉
    GPIO_Initure.Mode = GPIO_MODE_OUTPUT_PP;
    GPIO_Initure.Speed = GPIO_SPEED_FAST;       //GPIO 速率为快速
    HAL_GPIO_Init(GPIOB,&GPIO_Initure);

    W25QXX_CS_H;                                //SPI Flash 不选中
    SPI1_Init();                                //初始化 SPI
    SPI1_SetSpeed(SPI_BAUDRATEPRESCALER_4);     //设置为 21MHz 时钟,高速模式
    W25QXX_TYPE = W25QXX_ReadID();              //读取 Flash ID
}

//读取芯片 ID
//返回值如下:
//0XEF13,表示芯片型号为 W25Q80
//0XEF14,表示芯片型号为 W25Q16
//0XEF15,表示芯片型号为 W25Q32
//0XEF16,表示芯片型号为 W25Q64
//0XEF17,表示芯片型号为 W25Q128
u16   W25QXX_ReadID(void)                       //读取 Flash ID
{
    u16 temp = 0;
    W25QXX_CS_L;
    SPI1_ReadWriteByte(0x90);                   //发送读取 ID 指令
    SPI1_ReadWriteByte(0x00);
    SPI1_ReadWriteByte(0x00);
    SPI1_ReadWriteByte(0x00);
    temp | = SPI1_ReadWriteByte(0xFF) << 8;
    temp | = SPI1_ReadWriteByte(0xFF);
    W25QXX_CS_H;
    return temp;
}
```

(6) 在 main.c 中读取 W25Q128ID,检测结果是否正确。

```c
#include "bsp_clock.h"
#include "bsp_uart.h"
#include "bsp_led.h"
#include "bsp_spi.h"
#include "bsp_w25qxx.h"

int main(void)
```

```
{
    CLOCLK_Init();                              //初始化系统时钟
    UART_Init();                                //串口初始化
    LED_Init();                                 //LED初始化
    W25QXX_Init();

    //检测 W25Q128 是否存在
    if(W25QXX_ReadID() == W25Q128){             //如果读取的 ID 和 W25Q128 相同
        LED1_ON;
        printf("W25Q128 is Exist");
    }
    else{
        LED2_ON;
    }

    while(1)
    {

    }
}
```

7.6.3 运行结果

打开串口助手,把编译好的程序下载到开发板。如果读取的 ID 和 W25Q128 相同,则点亮 LED1,并输出"W25Q128 is Exist",如图 7-56 所示。

图 7-56 输出结果

练习

(1) 简述 SPI 协议通信的起始和停止信号、数据有效性、时钟同步。

(2) 简述 STM32 下 SPI 的通信过程。

(3) 利用 SPI 通信读取其他设备的数据。

## 第8章

存储器开发

视频 30

8.1 EEPROM 读写

学习目标

熟悉 I^2C 通信协议和 EEPROM,通过 I^2C 协议实现从机设备 EEPROM 读写数据。

8.1.1 开发原理

EEPROM 是一种掉电后数据不丢失的存储器,常用来存储一些配置信息,以便系统重新上电的时候加载。EEPROM 芯片最常用的通信方式就是 I^2C 协议。

STM32F4 开发板板载的 EEPROM 芯片型号为 AT24C02。该芯片的总容量是 256B,该芯片通过 I^2C 总线与外部连接。

EEPROM 硬件连接图如图 8-1 所示。

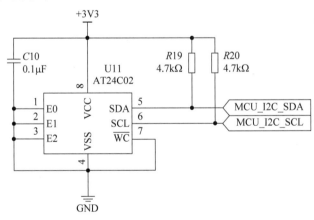

图 8-1　EEPROM 硬件连接图

本节使用的 EEPROM 芯片(型号:AT24C02)的 SCL 及 SDA 引脚连接到了 STM32 对应的 I^2C 引脚中,结合上拉电阻,构成了 I^2C 通信总线,它们通过 I^2C 总线交互。EEPROM 芯片的设备地址一共有 7 位,其中高 4 位固定为 1010b,低 3 位则由 $A_0/A_1/A_2$ 信号线的电平决定,图 8-2 中的 R/W 是读写方向位,与地址无关。

按照此处的连接,$A_0/A_1/A_2$ 均为 0,所以 EEPROM 的 7 位设备地址是 1010000b,即 0x50。由于 I^2C 通信时常常是地址跟读写方向连在一起构成一个 8 位数,且当 R/W 位为 0 时,表示写方向,所以加上 7 位地址,其值为

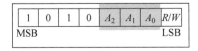

图 8-2　设备地址

0xA0,常称该值为 I^{2}C 设备的"写地址";当 R/W 位为 1 时,表示读方向,加上 7 位地址,其值为 0xA1,常称该值为"读地址"。

EEPROM 芯片中还有一个 WP 引脚,具有写保护功能,当该引脚电平为高时,禁止写入数据,当引脚为低电平时,可写入数据,此处直接接地,不使用写保护功能。

关于 EEPROM 的更多信息,可参考 AT24C02 的数据手册。

8.1.2 开发步骤

(1) 查看 STM32F407 电路原理图,找到 AT24C02 接线引脚。可以看到 AT24C02 时钟线 SCL 连接的是 PB8,数据线 SDA 连接的是 PB9,如图 8-3 所示。

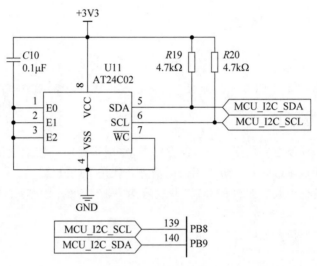

图 8-3 电路原理图

(2) 接着第 7 章 I^{2}C 通信实现 EEPROM 的读写,导入文件 bsp_hard_i2c.h 和 bsp_hard_i2c.c,在 bsp_hard_i2c.h 中添加宏和函数。

```
# ifndef __BSP_HARD_IIC_H
# define __BSP_HARD_IIC_H

# include "stm32f4xx.h"

# define u8 uint8_t
# define u16 uint16_t
# define u32 uint32_t

//I2C 时钟
# define I2C_Speed 400000
// STM32 自身的 I2C 地址,这个地址只要与 STM32 外挂的 I2C 器件地址不一样即可
# define I2C_OWN_ADDRESS7 0X0A

# define ADDR_24LCxx_Write 0xA0                    //EEPROM 设备地址 写方向
# define ADDR_24LCxx_Read 0xA1                     //EEPROM 设备地址 读方向

void IIC_MODE_Init(void);                          //I2C 模式初始化
u8 I2C_EE_IsDeviceReady(u8 DevAddress);            //检测 EEPROM 设备是否就绪

u8 I2C_EE_ByteWrite(u8 * TxData,u8 DevAddress,u8 WriteAddr);   //写一个字节
u8 I2C_EE_ByteRead(u8 * RxData,u8 DevAddress,u8 WriteAddr);    //读一个字节
```

```
u8 I2C_EE_NByteWrite(u8 * TxData,u8 DevAddress,u8 WriteAddr,u8 DataSize); //写多个字节
u8 I2C_EE_NByteRead(u8 * RxData,u8 DevAddress,u8 ReadAddr,u8 DataSize);   //读多个字节
#endif
```

（3）在 bsp_hard_i2c.c 中实现 EEPROM 读写函数。单字节的读写和多字节的读写。主要是调用 HAL 库函数 HAL_I2C_Mem_Write()写数据，调用 HAL_I2C_Mem_Read()读数据。

HAL_I2C_Mem_Write()函数解析：

```
HAL_StatusTypeDef HAL_I2C_Mem_Write(I2C_HandleTypeDef * hi2c, uint16_t DevAddress, uint16_t
MemAddress, uint16_t MemAddSize, uint8_t * pData, uint16_t Size, uint32_t Timeout)
/**
  * @brief 以阻塞模式将大量数据写入特定的内存地址
  * @param  hi2c: I2C_HandleTypeDef 句柄
  * @param  DevAddress:目标设备地址
  * @param  MemAddress:内存地址
  * @param  MemAddSize:内存地址的大小
  * @param  pData:数据缓冲区
  * @param  Size:连接次数
  * @param  Timeout:超时时间
  * @retval HAL status
  */
HAL_StatusTypeDef HAL_I2C_Mem_Read(I2C_HandleTypeDef * hi2c, uint16_t DevAddress, uint16_t
MemAddress, uint16_t MemAddSize, uint8_t * pData, uint16_t Size, uint32_t Timeout)
/**
  * @brief 从特定的内存地址以阻塞模式读取大量数据
  * @param  hi2c: I2C_HandleTypeDef 句柄
  * @param  DevAddress:目标设备地址
  * @param  MemAddress:内存地址
  * @param  MemAddSize:内存地址的大小
  * @param  pData:数据缓冲区
  * @param  Size:连接次数
  * @param  Timeout:超时时间
  * @retval HAL status
  */
```

完整代码如下：

```
#include "bsp_hard_i2c.h"

I2C_HandleTypeDef I2C1_Handle;

void IIC_MODE_Init(void)
{
    I2C1_Handle.Instance = I2C1;                                  //I2C1
    I2C1_Handle.Init.DutyCycle = I2C_DUTYCYCLE_2;                 //指定时钟占空比,可选 low/
                                                                 //high = 2:1 及 16:9 模式
    I2C1_Handle.Init.OwnAddress1 = I2C_OWN_ADDRESS7;             //指定地址
    I2C1_Handle.Init.OwnAddress2 = 0;                            //指定地址
    I2C1_Handle.Init.ClockSpeed = I2C_Speed;      //设置 SCL 时钟频率,此值要低于 40 0000
    I2C1_Handle.Init.AddressingMode = I2C_ADDRESSINGMODE_7BIT;  //指定地址的长度,可为 7 位
                                                                 //及 10 位
    I2C1_Handle.Init.DualAddressMode = I2C_DUALADDRESS_DISABLE; //指定是否选择双寻址模式
    I2C1_Handle.Init.GeneralCallMode = I2C_GENERALCALL_DISABLE; //指定是否选择通用调用模式
    I2C1_Handle.Init.NoStretchMode  = I2C_NOSTRETCH_DISABLE;    //指定是否选择 nostretch 模式
    HAL_I2C_Init(&I2C1_Handle);                                 //初始化
```

```
    }

    void HAL_I2C_MspInit(I2C_HandleTypeDef * hi2c)                    //HAL_I2C_Init()回调函数
    {
        GPIO_InitTypeDef I2C1_GPIO_Init;
        if(hi2c -> Instance == I2C1){
        __HAL_RCC_I2C1_CLK_ENABLE();
        __HAL_RCC_GPIOB_CLK_ENABLE();

        I2C1_GPIO_Init.Pin = GPIO_PIN_8 | GPIO_PIN_9;
        I2C1_GPIO_Init.Mode = GPIO_MODE_AF_OD;                        //开漏
        I2C1_GPIO_Init.Pull = GPIO_PULLUP;                           //上拉
        I2C1_GPIO_Init.Speed = GPIO_SPEED_FREQ_HIGH;
        I2C1_GPIO_Init.Alternate = GPIO_AF4_I2C1;                    //复用为 I2c
        HAL_GPIO_Init(GPIOB,&I2C1_GPIO_Init);
        }
    }

    / ** HAL_I2C_IsDeviceReady(I2C_HandleTypeDef * hi2c, uint16_t DevAddress, uint32_t Trials,
    uint32_t Timeout)
      * @brief   检查目标设备是否准备好通信
      * @note    此函数用于内存设备
      * @param   hi2c: I2C_HandleTypeDef
      * @param   DevAddress:目标设备地址
      * @param   Trials:次数
      * @param   Timeout:超时时间
      * @retval HAL status
      * /
    u8 I2C_EE_IsDeviceReady(u8 DevAddress)
    {
        //HAL_I2C_IsDeviceReady()检测设备是否就绪
        if(HAL_I2C_IsDeviceReady(&I2C1_Handle,DevAddress,1,0xFF) != HAL_OK){
            return 0;
        }
        return 1;
    }

    //写单个字节
    u8 I2C_EE_ByteWrite(u8 * TxData,u8 DevAddress,u8 WriteAddr)
    {
        if(HAL_I2C_Mem_Write(&I2C1_Handle, DevAddress, WriteAddr, I2C_MEMADD_SIZE_8BIT, TxData, 1,
    0xFF) != HAL_OK){
            return 0;
        }
        return 1;
    }

    //读单个字节
    u8 I2C_EE_ByteRead(u8 * RxData,u8 DevAddress,u8 ReadAddr)
    {
        if(HAL_I2C_Mem_Read(&I2C1_Handle,DevAddress,ReadAddr,I2C_MEMADD_SIZE_8BIT,RxData,1,0xFF)
    != HAL_OK){
            return 0;
        }
        return 1;
    }
```

```
//写多个字节
u8 I2C_EE_NByteWrite(u8 * TxData,u8 DevAddress,u8 WriteAddr,u8 DataSize)
{
    if(HAL_I2C_Mem_Write(&I2C1_Handle,DevAddress,WriteAddr,I2C_MEMADD_SIZE_8BIT,TxData,
DataSize,0xFF) != HAL_OK){
        return 0;
    }
    return 1;
}


//读多个字节
u8 I2C_EE_NByteRead(u8 * RxData,u8 DevAddress,u8 ReadAddr,u8 DataSize)
{
    if(HAL_I2C_Mem_Read(&I2C1_Handle,DevAddress,ReadAddr,I2C_MEMADD_SIZE_8BIT,RxData,
DataSize,0xFF) != HAL_OK){
        return 0;
    }
    return 1;
}
```

(4) 主函数 main() 主要功能如下：

第一步,初始化 I^2C。

第二步,判断 AT24C02 设备就绪,并在内存地址 0x10 写入单个字节数据 0x55。内存地址 0x50 写入多个数据。

第三步,按下 KEY2 键,读取单个字节。按下 KEY1 键读取多个字节。

```
# include "bsp_clock.h"
# include "bsp_uart.h"
# include "bsp_key.h"
# include "bsp_led.h"
# include "bsp_soft_i2c.h"
# include "bsp_hard_i2c.h"
# include <string.h>

int main(void)
{
    u8 tx = 0x55;
    u8 rx = 0;
    u8 txBuf[5] = {1,2,3,4,5};
    u8 rxBuf[5];

    CLOCLK_Init();              //初始化系统时钟
    UART_Init();               //串口初始化
    KEY_Init();                //按键初始化
    LED_Init();                //LED初始化
    IIC_MODE_Init();           //IIC初始化

    //从机设备就绪
    if(I2C_EE_IsDeviceReady(ADDR_24LCxx_Write)){
        //写入一个字节
        I2C_EE_ByteWrite(&tx,ADDR_24LCxx_Write,0x10);
        HAL_Delay(5);
        //写入多个字节
        I2C_EE_NByteWrite(txBuf,ADDR_24LCxx_Write,0x50,sizeof(txBuf));
    }

    while(1)
```

```
    {
        if(KEY_Scan(0) == 1){              //KEY2 读取单字节
        //读取单字节
        I2C_EE_ByteRead(&rx,ADDR_24LCxx_Read,0x10);
        //读取正确,打印数据
        if(rx == tx){
            printf("Read Byte: \n");
            printf("tx: 0x%x   rx: 0x%x \n",tx,rx);
        }
        else{
            printf("Read Byte Error! \n");
        }
    }

    if(KEY_Scan(0) == 2){                  //KEY1 读取多字节
        //读取多字节
        I2C_EE_NByteRead(rxBuf,ADDR_24LCxx_Read,0x50,sizeof(rxBuf));
        //读取正确,打印数据
        if(memcmp(txBuf,rxBuf,sizeof(rxBuf)) == 0){
            u8 i;
            printf("Read Buf: \n");
            for(i=0;i<5;i++){
                printf("%d ",rxBuf[i]);
            }
        }
        else{
            printf("Read Buf Error!");
        }
    }
}
}
```

8.1.3 运行结果

将程序下载到开发板中,如果检测设备存在就绪,则会在 0x10 写入单个数据,在 0x50 写入多个数据。按下 KEY2 键,读取单个字节,如果与写入的相同,则串口输出如图 8-4 所示。

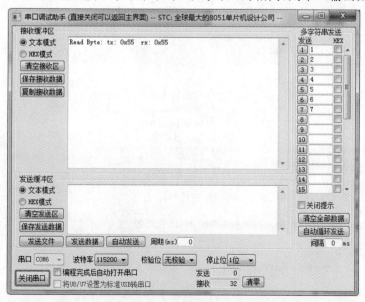

图 8-4 读取单个字节数据

按下 KEY1 键，读取多个字节数据，如果和写入的相同，则输出读取的数据，如图 8-5 所示。

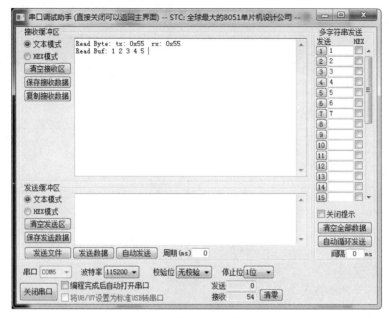

图 8-5　读取多个字节数据

练习

（1）简述 EEPROM 的读写过程。

（2）实现 EEPROM 的跨页读、写功能。

8.2　Flash 读写

视频 31

学习目标

了解内部 Flash 存储器工作原理，掌握对 Flash 的读写方法。

8.2.1　开发原理

在 STM32 芯片内部有一个 Flash 存储器，它主要用于存储代码，我们在计算机上编写好应用程序后，使用下载器把编译后的代码文件烧录到该内部 Flash 中，由于 Flash 的内容在掉电后不会丢失，所以芯片重新上电复位后，内核可从内部 Flash 中加载代码并运行，如图 8-6 所示。

除了使用外部的工具（如下载器）读写内部 Flash 外，STM32 芯片在运行的时候，也能对自身的内部 Flash 进行读写，因此，若内部 Flash 存储了应用程序后还有剩余的空间，我们可以把它像外部 SPI-Flash 那样利用起来，存储一些程序运行时产生的需要掉电保存的数据。

由于访问内部 Flash 的速度要比外部的 SPI-Flash 快得多，所以在紧急状态下常常会使用内部 Flash 存储关键记录；为了防止应用程序被抄袭，有的应用会禁止读写内部 Flash 中的内容，或者在第一次运行时计算加密信息并记录到某些区域，然后删除自身的部分加密代码，这些应用都涉及内部 Flash 的操作。

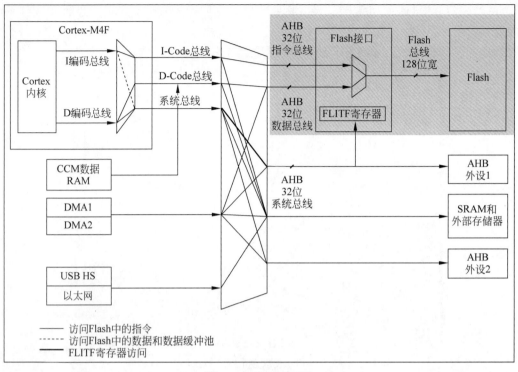

图 8-6　Flash 原理图

1. Flash 功能描述

1）Flash 结构

不同型号的 STM32F40xx/41xx，其 Flash 容量也有所不同，最小的只有 128KB，最大的则达到了 1024KB。STM32F4 开发板选择的 STM32F407ZGT6 的 Flash 容量为 1024KB，STM32F40xx/41xx 的闪存模块组织如图 8-7 所示。

块	名称	块基址	大小
主存储器	扇区0	0x0800 0000~0x0800 3FFF	16KB
	扇区1	0x0800 4000~0x0800 7FFF	16KB
	扇区2	0x0800 8000~0x0800 BFFF	16KB
	扇区3	0x0800 C000~0x0800 FFFF	16KB
	扇区4	0x0801 0000~0x0801 FFFF	64KB
	扇区5	0x0802 0000~0x0803 FFFF	128KB
	扇区6	0x0804 0000~0x0805 FFFF	128KB
	⋮	⋮	⋮
	扇区11	0x080E 0000~0x080F FFFF	128KB
系统存储器		0x1FFF 0000~0x1FFF 77FF	30KB
OTP区域		0x1FFF 7800~0x1FFF 7A0F	528B
选择字节		0x1FFF C000~0x1FFF C00F	16B

图 8-7　Flash 结构

STM32F4 的闪存模块由主存储器、系统存储器、OPT 区域和选项字节 4 部分组成。

2）主存储器

该部分用来存放代码和数据常数（如 const 类型的数据），分为 12 个扇区，前 4 个扇区为

16KB 大小,然后扇区 4 是 64KB 大小,扇区 5～11 是 128KB 大小,不同容量的 STM32F4,拥有的扇区数不一样,比如我们的 STM32F407ZGT6,则拥有全部 12 个扇区。从上图可以看出主存储器的起始地址就是 0x08000000,B0、B1 都接 GND 的时候,就是从 0x08000000 开始运行代码的。

3) 系统存储器

这个主要用来存放 STM32F4 的 bootloader 代码,此代码是出厂的时候就固化在 STM32F4 中了,专门来给主存储器下载代码的。当 B0 接 V3.3,B1 接 GND 的时候,从该存储器启动(即进入串口下载模式)。

4) OTP 区域

OTP 区域即一次性可编程区域,共 528B,被分成两部分,前面 512B(32B 为 1 块,共 16 块),可以用来存储一些用户数据,后面 16B 用于锁定对应块。

5) 选项字节

用于配置读保护、BOR 级别、软件/硬件看门狗以及器件处于待机或停止模式下的复位。

2. Flash 写和擦除操作

执行任何 Flash 编程操作(擦除或编程)时,CPU 时钟频率(HCLK)不能低于 1MHz。如果在 Flash 操作期间发生器件复位,无法保证 Flash 中的内容。

在对 STM32F4 的 Flash 执行写入或擦除操作期间,任何读取 Flash 的尝试都会导致总线阻塞。只有在完成编程操作后,才能正确处理读操作。这意味着,写/擦除操作进行期间不能从 Flash 中执行代码或数据获取操作。

STM32F4 的闪存编程由 6 个 32 位寄存器控制,它们分别是:

- Flash 访问控制寄存器(FLASH_ACR)。
- Flash 密钥寄存器(FLASH_KEYR)。
- Flash 选项密钥寄存器(FLASH_OPTKEYR)。
- Flash 状态寄存器(FLASH_SR)。
- Flash 控制寄存器(FLASH_CR)。
- Flash 选项控制寄存器(FLASH_OPTCR)。

STM32F4 复位后,Flash 编程操作是被保护的,不能写入 FLASH_CR 寄存器;通过写入特定的序列(0x45670123 和 0xCDEF89AB)到 FLASH_KEYR 寄存器才可解除写保护,只有在写保护被解除后,才能操作相关寄存器。

FLASH_CR 的解锁序列为:

- 写 0x45670123 到 FLASH_KEYR。
- 写 0xCDEF89AB 到 FLASH_KEYR。

通过这两个步骤,即可解锁 FLASH_CR,如果写入错误,那么 FLASH_CR 将被锁定,直到下次复位后才可以再次解锁。

STM32F4 闪存的编程位数可以通过 FLASH_CR 的 PSIZE 字段配置,PSIZE 的设置必须和电源电压匹配,如图 8-8 所示。

由于开发板用的电压是 3.3V,所以 PSIZE 必须设置为 10,即 32 位并行位数。擦除或者编程都必须以 32 位为基础进行。

STM32F4 的 Flash 在编程的时候,也必须要求其写入地址的 Flash 是被擦除了的(也就

	电压范围2.7~3.6V (使用外部V$_{PP}$)	电压范围 2.7~3.6V	电压范围 2.4~2.7V	电压范围 2.1~2.4V	电压范围 1.8~2.1V
并行位数	x64	x32	x16		x8
PSIZE(1:0)	11	10	01		00

图 8-8　PSIZE 大小

是其值必须是 0XFFFFFFFF),否则无法写入。

在对 STM32F4 的 Flash 编程的时候,要先判断缩写地址是否被擦除了,所以,有必要再介绍一下 STM32F4 的闪存擦除。STM32F4 的闪存擦除分为两种:扇区擦除和整片擦除。

扇区擦除步骤如下:

(1) 检查 FLASH_CR 的 LOCK 是否解锁,如果没有则先解锁。

(2) 检查 FLASH_SR 寄存器中的 BSY 位,确保当前未执行任何 Flash 操作。

(3) 在 FLASH_CR 寄存器中,将 SER 位置 1,并从主存储块的 12 个扇区中选择要擦除的扇区(SNB)。

(4) 将 FLASH_CR 寄存器中的 STRT 位置 1,触发擦除操作。

(5) 等待 BSY 位清零。

经过以上 5 步,就可以擦除某个扇区了。

STM32F4 的标准编程步骤如下:

(1) 检查 FLASH_SR 中的 BSY 位,确保当前未执行任何 Flash 操作。

(2) 将 FLASH_CR 寄存器中的 PG 位置 1,激活 Flash 编程。

(3) 针对所需存储器地址(主存储器块或 OTP 区域内)执行数据写入操作:

- 并行位数为 x8 时按字节写入(PSIZE=00)。
- 并行位数为 x16 时按半字写入(PSIZE=01)。
- 并行位数为 x32 时按字写入(PSIZE=02)。
- 并行位数为 x64 时按双字写入(PSIZE=03)。

(4) 等待 BSY 位清零,完成一次编程。

按以上 4 步操作,就可以完成一次 Flash 编程。不过有几点要注意:

(1) 编程前,要确保要写入地址的 Flash 已经擦除。

(2) 要先解锁(否则不能操作 FLASH_CR)。

(3) 编程操作对 OPT 区域也有效,方法一模一样。

3. 查看工程的空间分布

由于内部 Flash 本身存储有程序数据,若不是有意删除某段程序代码,一般不应修改程序空间的内容,所以在使用内部 Flash 存储其他数据前需要了解哪些空间中已经写入了程序代码,存储了程序代码的扇区都不应做任何修改。通过查询应用程序编译时产生的 .map 文件,可以了解程序存储到了哪些区域,它在工程中的打开方式如图 8-9 所示,也可以到工程目录中的 Listing 文件夹中找到。

打开 .map 文件后,查看文件最后部分的区域,可以看到一段以"Memory Map of the image"开头的记录(若找不到可用查找功能定位),如图 8-10 所示。

这一段是某工程的 ROM 存储器分布映像,在 STM32 芯片中,ROM 区域的内容就是指存储到内部 Flash 的代码。

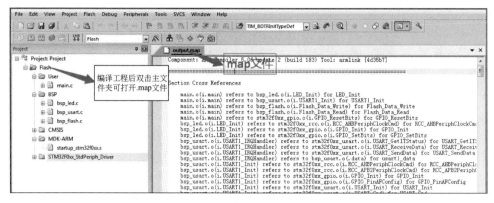

图 8-9　打开 .map 文件

```
1  =============================================================
2
3  Memory Map of the image  //存储分布映像
4
5  Image Entry point : 0x08000189
6  /*程序 ROM 加载空间*/
7  Load Region LR_IROM1 (Base: 0x08000000, Size: 0x00000aa4, Max: 0x00100000, ABSOLUTE)
8  /*程序 ROM 执行空间*/
9  Execution Region ER_IROM1 (Base: 0x08000000, Size: 0x00000a90, Max: 0x00100000, ABSOLUTE)
10 /*地址分布列表*/
11 Base Addr    Size        Type    Attr    Idx   E Section Name       Object
12
13 0x08000000   0x00000188  Data    RO      3       RESET               startup_stm32f40xx.o
14 0x08000188   0x00000000  Code    RO      4963  * .ARM.Collect$$$$00000000  mc_w.l(entry.o)
15 0x08000188   0x00000004  Code    RO      5226    .ARM.Collect$$$$00000001  mc_w.l(entry2.o)
16 0x0800018c   0x00000004  Code    RO      5229    .ARM.Collect$$$$00000004  mc_w.l(entry5.o)
17 0x08000190   0x00000000  Code    RO      5231    .ARM.Collect$$$$00000008  mc_w.l(entry7b.o)
18 0x08000190   0x00000000  Code    RO      5233    .ARM.Collect$$$$0000000A  mc_w.l(entry8b.o)
19 0x08000190   0x00000008  Code    RO      5234    .ARM.Collect$$$$0000000B  mc_w.l(entry9a.o)
20 0x08000198   0x00000000  Code    RO      5236    .ARM.Collect$$$$0000000D  mc_w.l(entry10a.o)
21 /*...此处省略大部分内容*/
22 0x08000902   0x00000002  PAD
23 0x08000904   0x00000010  Code    RO      4967    i.__0printf$bare    mc_w.l(printfb.o)
24 0x08000914   0x0000000e  Code    RO      5268    i.__scatterload_copy  mc_w.l(handlers.o)
25 0x08000922   0x00000002  Code    RO      5269    i.__scatterload_null  mc_w.l(handlers.o)
26 0x08000924   0x0000000e  Code    RO      5270    i.__scatterload_zeroinit  mc_w.l(handlers.o)
27 0x08000932   0x00000022  Code    RO      4974    i.__printf_core     mc_w.l(printfb.o)
28 0x08000954   0x00000024  Code    RO      4879    i.fputc             bsp_debug_usart.o
29 0x08000978   0x000000f8  Code    RO      4765    i.main              main.o
30 0x08000a70   0x00000020  Data    RO      5266    Region$$Table       anon$$obj.o
```

图 8-10　.map 文件

（1）程序 ROM 的加载与执行空间。

上述说明中有两段分别以 LoadRegionLR_ROM1 及 ExecutionRegionER_IROM1 开头的内容，它们分别描述程序的加载及执行空间。在芯片刚上电运行时，会加载程序及数据，例如，它会从程序的存储区域加载到程序的执行区域，还把一些已初始化的全局变量从 ROM 复制到 RAM 空间，以便程序运行时可以修改变量的内容。加载完成后，程序开始从执行区域开始执行。

在上面的 .map 文件的描述中，我们了解到加载及执行空间的基地址（Base）都是 0x08000000，它正好是 STM32 内部 Flash 的首地址，即 STM32 的程序存储空间就直接是执行空间；它们的大小（Size）分别为 0x00000aa4 及 0x00000a90，执行空间的 ROM 比较小的原因就是因为部分 RW-data 类型的变量被复制到 RAM 空间了；它们的最大空间（Max）均为 0x00100000，即 1MB，它指的是内部 Flash 的最大空间。

计算程序占用的空间时，需要使用加载区域的大小进行计算，本例子中应用程序使用的内部 Flash 是从 0x08000000 至（0x08000000+0x00000aa4）地址的空间区域。

（2）ROM 空间分布表。

在加载及执行空间总体描述之后，紧接着一个 ROM 详细地址分布表，它列出了工程中的各个段（如函数、常量数据）所在的地址 BaseAddr 及占用的空间 Size，列表中的 Type 说明了该段的类型，CODE 表示代码，DATA 表示数据，而 PAD 表示段之间的填充区域，它是无效的内容，PAD 区域往往是为了解决地址对齐的问题。

观察表中的最后一项，它的基地址是 0x08000a70，大小为 0x00000020，可知它占用的最高的地址空间为 0x08000a90，跟执行区域的最高地址 0x00000a90 一样，但它们比加载区域说明中的最高地址 0x8000aa4 要小，所以我们以加载区域的大小为准。对比内部 Flash 扇区地址分布表，可知仅使用扇区 0 就可以完全存储本应用程序，所以从扇区 1（地址 0x08004000）后的存储空间都可以作其他用途，使用这些存储空间时不会篡改应用程序空间的数据。

4. Flash 寄存器描述

Flash 寄存器必须按 32 位的方式访问（半字节访问是不允许的）。

（1）Flash 访问控制寄存器（FLASH_ACR），如图 8-11 所示。

地址偏移：0x00；

复位值：0x00000030。

31	30	29	28	27	26	25	24	23	22	21	20	19	18	17	16
Res.	Res.	Res.	Res.	Res.	Res.	Res.	Res.	Res.	Res.	Res.	Res.	Res.	Res.	Res.	Res.

15	14	13	12	11	10	9	8	7	6	5	4	3	2	1	0
Res.	Res.	Res.	Res.	Res.	Res.	Res.	Res.	Res.	Res.	PRFT BS	PRFT BE	Res.	LATENCY[2:0]		
										r	rw		rw	rw	rw

位 31:6　保留，必须保留复位值
位 5　　PRFTBS：预取缓冲区状态
　　　　该位提供预取缓冲区的状态
　　　　0：预取缓冲区被禁止
　　　　1：预取缓冲区被使能
位 4　　PRFTBS：预取缓冲区使能
　　　　0：禁止预取指
　　　　1：使能预取指
位 3　　保留，必须保留复位值
位 1:0　LATENCY[2:0]：潜伏期
　　　　本位预设SYSCLK周期和Flash访问时间的比率关系
　　　　000：零等待位，适用于0<SYSCLK≤24MHz
　　　　001：1个等待位适用于24MHz<SYSCLK≤48MHz

图 8-11　Flash 访问控制寄存器

（2）Flash 密钥寄存器（FLASH_KEYR），如图 8-12 所示。

地址偏移：0x04；

复位值：0x0000 0000。

31	30	29	28	27	26	25	24	23	22	21	20	19	18	17	16
FKEYR[31:16]															
w	w	w	w	w	w	w	w	w	w	w	w	w	w	w	w

15	14	13	12	11	10	9	8	7	6	5	4	3	2	1	0
FKEYR[15:0]															
w	w	w	w	w	w	w	w	w	w	w	w	w	w	w	w

注：　　该位全部只写，如果读之会返回0
　　　　位 31:0　　FKEYR：关键字
　　　　　　　　　该位用于输入关键字以解锁Flash

图 8-12　Flash 密钥寄存器

（3）Flash 选项密钥寄存器（FLASH_OPTKEYR），如图 8-13 所示。

地址偏移：0x08；

复位值：0x0000 0000。

31	30	29	28	27	26	25	24	23	22	21	20	19	18	17	16
OPTKEYR[31:16]															
w	w	w	w	w	w	w	w	w	w	w	w	w	w	w	w
15	14	13	12	11	10	9	8	7	6	5	4	3	2	1	0
OPTKEYR[15:0]															
w	w	w	w	w	w	w	w	w	w	w	w	w	w	w	w

Bits 31:0 OPTKEYR：选项字节关键字
该位用于输入关键字以解锁OPTWRE

图 8-13　Flash 选项密钥寄存器

（4）Flash 状态寄存器（FLASH_SR），如图 8-14 所示。

地址偏移：0x0C；

复位值：0x0000 0000。

31	30	29	28	27	26	25	24	23	22	21	20	19	18	17	16
Res.	Res.	Res.	Res.	Res.	Res.	Res.	Res.	Res.	Res.	Res.	Res.	Res.	Res.	Res.	Res.
15	14	13	12	11	10	9	8	7	6	5	4	3	2	1	0
Res.	Res.	Res.	Res.	Res.	Res.	Res.	Res.	Res.	Res.	EOP	WRPRT ERR	Res.	PG ERR	Res.	BSY
										rw	rw		rw		r

Bits 31:6　保留，必须保留复位值
Bit 5　　EOP：操作结束
　　　　　当Flash操作(写/擦除)完成时由硬件置位
　　　　　写1后可清零
　　　　　注：用EOP可以判断是否每次操作都顺利完成
Bit 4　　WRPRTERR：写保护错误标志
　　　　　当出现对写保护区域的写操作时被硬件置位
　　　　　写1后可清零
Bit 3　　保留，必须保留复位值
Bit 2　　PGERR：写入错误标志
　　　　　当被编程区域的状态不为0xFFFF的情况下，执行写入操作时被硬件置位
　　　　　写1后可清零
　　　　　注：在写操作之前FLASH_CR寄存器中的STRT位应该先被清零
Bit 1　　保留，必须保留复位值
Bit 0　　BSY：忙标志
　　　　　该位标明Flash操作处于过程中。当开始Flash操作的时候被硬件置位，当操作结
　　　　　束时或发生错误时被硬件清零

图 8-14　Flash 状态寄存器

（5）Flash 控制寄存器（FLASH_CR），如图 8-15 所示。

地址偏移：0x10；

复位值：0x00000080。

（6）Flash 地址寄存器（FLASH_AR），如图 8-16 所示。

地址偏移：0x14；

复位值：0x00000000。

本寄存器由硬件根据当前和上次操作的地址更新。对于页擦除操作，可由软件更新该寄存器，以便选择要擦除的页。

31	30	29	28	27	26	25	24	23	22	21	20	19	18	17	16
Res.	Res.	Res.	Res.	Res.	Res.	Res.	Res.	Res.	Res.	Res.	Res.	Res.	Res.	Res.	Res.

15	14	13	12	11	10	9	8	7	6	5	4	3	2	1	0
Res.	Res.	FORCE_OPTLOAD	EOPIE	Res.	ERRIE	OPTWRE	Res.	LOCK	STRT	OPTER	OPT PG	Res.	MER	PER	PG
		rw	rw		rw	rw		rw	rw	rw	rw		rw	rw	rw

Bits 31:14 保留，必须保留复位值

Bit 13   FORCE_OPTLOAD：选项字节强制更新
         当被写为1时，该位强制选项字节的重加载，该操作会引起系统复位
         0：无效
         1：有效

Bit 12   EOPIE：操作结束中断使能
         该位使能操作结束中断，使得FLASH_SR中的EOP位变成1的时候产生中断请求
         0：中断禁止
         1：中断使能

Bit 11   保留，必须保留复位值

Bit 10   ERRIE：错误中断使能
         该位使能操作错误中断，使得FLASH_SR中的PGERR/WRPRTERR位变成1的时候产生中断请求
         0：中断禁止
         1：中断使能

Bit 9   OPTWRE：选项字节写使能
         该位为1时，选项字节即允许改写。对FLASH_OPTKEYR寄存器写入正确的关键字序列就可以将它置1
         该位可软件清零

Bit 8   保留，必须保留复位值

Bit 7   LOCK：锁定Flash标志
         只能写1。当该位为1时，表明Flash为锁定状态。该位可以解锁关键时序来清零，当发现解锁不成功时，该位就一直为1了，除非下次复位重新操作。

Bit 6   STRT：启动
         该位会触发一个擦除操作，仅由软件置1，仅会在BSY被清零时清零

Bit 5   OPTER：选项字节擦除
         选项字节擦除时选择

Bit 4   OPTPG：选项字节写入
         选项字节写入时选择

Bit 3   保留，必须保留复位值

Bit 2   MER：整片擦除
         整片擦除时选择

Bit 1   PER：页擦除
         页擦除时选择

Bit 0   PG：写入
         Flash写入时选择

图 8-15   Flash 控制寄存器

31	30	29	28	27	26	25	24	23	22	21	20	19	18	17	16
FAR[31:16]															
w	w	w	w	w	w	w	w	w	w	w	w	w	w	w	w

15	14	13	12	11	10	9	8	7	6	5	4	3	2	1	0
FAR[15:0]															
w	w	w	w	w	w	w	w	w	w	w	w	w	w	w	w

Bits 31:0   FAR：Flash 地址
         当PG位被选中时，选择待写入的地址，或当PER位被选中时，选择待擦除的页。
         注：当FLASH_SR中的BSY位是1时，对这个寄存器的写访问将被阻塞。

图 8-16   Flash 地址寄存器

8.2.2 开发步骤

（1）新建两个文件 bsp_flash.c 和 bsp_flash.h，在 bsp_flash.h 中定义所需要的宏定义和函数。通过查看编译后的.map 文件可知，第 0 个扇区空间就可以存储完代码，所以从 0x08001000 后面的空间可以用来存储用户数据。

```
#ifndef __BSP_FLASH_H
#define __BSP_FLASH_H

#include "stm32f4xx.h"
#define u8  uint8_t
#define u16 uint16_t
#define u32 uint32_t

//扇区的基地址
#define ADDR_FLASH_SECTOR_0     ((uint32_t)0x08000000)
#define ADDR_FLASH_SECTOR_1     ((uint32_t)0x08004000)
#define ADDR_FLASH_SECTOR_2     ((uint32_t)0x08008000)
#define ADDR_FLASH_SECTOR_3     ((uint32_t)0x0800C000)
#define ADDR_FLASH_SECTOR_4     ((uint32_t)0x08010000)
#define ADDR_FLASH_SECTOR_5     ((uint32_t)0x08020000)
#define ADDR_FLASH_SECTOR_6     ((uint32_t)0x08040000)
#define ADDR_FLASH_SECTOR_7     ((uint32_t)0x08060000)
#define ADDR_FLASH_SECTOR_8     ((uint32_t)0x08080000)
#define ADDR_FLASH_SECTOR_9     ((uint32_t)0x080A0000)
#define ADDR_FLASH_SECTOR_10    ((uint32_t)0x080C0000)
#define ADDR_FLASH_SECTOR_11    ((uint32_t)0x080E0000)
#define ADDR_FLASH_SECTOR_12    ((uint32_t)0x08100000)
//系统存储器地址
#define ADDR_FLASH_SYS     ((uint32_t)0X1FFF0000)

//FLASH 读写地址   要比程序代码存储空间大
#define FLASH_SAVE_ADDR 0x08010000

//获取扇区号
u8 Flash_GetSector(u32 addr);
//写入多个字
void Flash_NwordWrite(u32 writeAddr,u32 * pBuff,u32 len);
//读取一个字
u32 Flash_ReadWord(u32 addr);
//读取多个字
void Flash_NWordRead(u32 readAddr,u32 * pBuff,u32 len);
#endif
```

（2）在 bsp_flash.c 中实现 Flash 读写函数。调用 FLASH_Erase_Sector()擦除扇区，调用 HAL_FLASH_Program()写入数据。

第一步，解锁 Flash。

第二步，擦除起始地址到结束地址所在扇区。

第三步，写入字数据。

第四步，写入数据后锁定 Flash。

```
#include "bsp_flash.h"

/**
```

```
* 函数名:GetFlashSector
* 描述:获取某个地址所在的 flash 扇区号
* 输入:addr flash 地址
* 输出:返回值:0~11,即 addr 所在的扇区
*/
u8 Flash_GetSector(u32 addr)
{
    if(addr < ADDR_FLASH_SECTOR_1)      return FLASH_SECTOR_0;
    else if(addr < ADDR_FLASH_SECTOR_2)     return FLASH_SECTOR_1;
    else if(addr < ADDR_FLASH_SECTOR_3)     return FLASH_SECTOR_2;
    else if(addr < ADDR_FLASH_SECTOR_4)     return FLASH_SECTOR_3;
    else if(addr < ADDR_FLASH_SECTOR_5)     return FLASH_SECTOR_4;
    else if(addr < ADDR_FLASH_SECTOR_6)     return FLASH_SECTOR_5;
    else if(addr < ADDR_FLASH_SECTOR_7)     return FLASH_SECTOR_6;
    else if(addr < ADDR_FLASH_SECTOR_8)     return FLASH_SECTOR_7;
    else if(addr < ADDR_FLASH_SECTOR_9)     return FLASH_SECTOR_8;
    else if(addr < ADDR_FLASH_SECTOR_10)     return FLASH_SECTOR_9;
    else if(addr < ADDR_FLASH_SECTOR_11)     return FLASH_SECTOR_10;
    else if(addr < ADDR_FLASH_SECTOR_12)     return FLASH_SECTOR_11;
    return 0;
}


/**
*   函数名:Flash_NwordWrite
*   描述:从指定地址开始写入指定长度的数据
*   输入:writeAddr:起始地址(此地址必须为 4 的倍数)
        pBuffer:数据指针
        len:字(32 位)数(就是要写入的 32 位数据的个数)
* 输出:
*/
void Flash_NwordWrite(u32 writeAddr,u32 * pBuff,u32 len)
{
    u32 wAddr = 0,endAddr = 0;
    u32 SectorNum;

    if(writeAddr < ADDR_FLASH_SECTOR_0 || writeAddr % 4){        //小于基地址或不是 4 的倍数
        return ;
    }
    //解锁
    HAL_FLASH_Unlock();

    wAddr = writeAddr;                                  //写入的起始地址
    endAddr = writeAddr + len * 4;                      //写入的结束地址

    if(wAddr < ADDR_FLASH_SYS){
        while(wAddr < endAddr){                        //对非 FFFFFFFF 的位置,先擦除

        if(Flash_ReadWord(wAddr) != 0xFFFFFFFF){
            SectorNum = Flash_GetSector(wAddr);              //获取扇区号
            FLASH_Erase_Sector(SectorNum,FLASH_VOLTAGE_RANGE_3);   //擦除扇区
        }
        else{
            wAddr += 4;                                //地址后移 4 字节
        }
        FLASH_WaitForLastOperation(0xFF);               //等待操作完成
        }
    }
}
```

```
        if(FLASH_WaitForLastOperation(0xFF) == HAL_OK){
            while(writeAddr < endAddr){
                //写入数据
                if(HAL_FLASH_Program(FLASH_TYPEPROGRAM_WORD,writeAddr, * pBuff) != HAL_OK){
                    break;
                }
                writeAddr += 4;
                pBuff++;
            }
        }
        HAL_FLASH_Lock(); //写完上锁
}

/**
 *   函数名:Flash_Readword
 *   描述:读取指定地址的字(32位数据)
 *   输入: faddr:读地址
 *   输出: 返回值:对应数据
 */
u32 Flash_ReadWord(u32 addr)
{
    return * (u32 * )addr;
}


/**
 *   函数名:Flash_NWordRead
 *   描述:从指定地址开始读出指定长度的数据
 *   输入:ReadAddr:起始地址,pBuffer:数据指针 NumToRead:字(32位)数
 *   输出:
 */
void Flash_NWordRead(u32 readAddr,u32 * pBuff,u32 len)
{
    u32 i;
    for(i = 0; i < len; i++){
        pBuff[i] = Flash_ReadWord(readAddr);          //读取一个字
        readAddr += 4;                                //地址后移4字节
    }
}
```
实现数据读取函数Flash_ReadWord(u32 addr).直接使用 * 对地址取值.
```
/**
 *   函数名:Flash_Readword
 *   描述:读取指定地址的字(32位数据)
 *   输入: faddr:读地址
 *   输出: 返回值:对应数据
 */
u32 Flash_ReadWord(u32 addr)
{
    return * (u32 * )addr;
}
```
(3) 在main.c的主函数中实现Flash的读写。

```
# include "bsp_clock.h"
# include "bsp_uart.h"
# include "bsp_key.h"
# include "bsp_flash.h"
# include "bsp_led.h"
```

```c
int main(void)
{
    u8 Txbuf[] = {"FLASH Write&Read Test"};          //发送的数据
    u8 size = sizeof(Txbuf)/4 + (sizeof(Txbuf) % 4 ? 1:0);
    u8 Rxbuf[size];                                   //接收数组

    CLOCLK_Init();                                    //初始化系统时钟
    UART_Init();                                      //串口初始化
    KEY_Init();                                       //按键初始化
    LED_Init();                                       //LED 初始化

    while(1)
    {
        if(KEY_Scan(0) == 1){                         //KEY2 按下,写数据
            LED1_Toggle;
            Flash_NwordWrite(FLASH_SAVE_ADDR,(u32 * )Txbuf,size);
            printf("Tx: % s \n",Txbuf);
        }

        if(KEY_Scan(1) == 2){                         //KEY1 按下,读数据
            LED2_Toggle;
            Flash_NWordRead(FLASH_SAVE_ADDR,(u32 * )Rxbuf,size);
            printf("Rx: % s \n",Rxbuf);
        }

        HAL_Delay(50);
    }
}
```

8.2.3　运行结果

把编译好的程序下载到开发板,打开串口助手,按下 KEY2 键写入数据。按下 KEY1 键从 Flash 读取数据并输出,如图 8-17 所示。

图 8-17　运行结果

练习

（1）简述 Flash 的写和擦除操作过程。

（2）实现 Flash 的增、删、改、查功能。

8.3 W25Q128 读写

视频 32

学习目标

熟悉 W25Q128 串行 FLASH 的特性和操作指令。掌握通过 SPI 通信读写 W25Q128 数据。

8.3.1 开发原理

本节是结合 SPI 通信对串行 Flash 读写，通过 SPI 发送指令向 W25Q128 中读写数据。SPI 相关概念不再讲解，重点介绍 W25Q128 串行 Flash。

W25Q128 是华邦公司推出的一款 SPI 接口的 NORFlash 芯片，其存储空间为 128Mb，相当于 16MB。

W25Q128 将 16MB 的容量分为 256 块（Block），每个块大小为 64KB，每个块又分为 16 个扇区（Sector），每个扇区 4KB。W25Q128 的最小擦除单位为一个扇区，也就是每次必须擦除4KB。这样我们需要给 W25Q128 开辟一个至少 4KB 的缓存区，这样对 SRAM 要求比较高，要求芯片必须有 4KB 以上 SRAM 才能很好地操作。

W25Q128 可以支持 SPI 的模式 0 和模式 3，也就是 CPOL＝0/CPHA＝0 和 CPOL＝1/CPHA＝1 这两种模式。

写入数据时，需要注意以下两个重要问题：

（1）Flash 写入数据时和 EEPROM 类似，不能跨页写入，一次最多写入一页，W25Q128的一页是 256B。写入数据一旦跨页，必须在写满上一页的时候，等待 Flash 将数据从缓存搬移到非易失区，然后才能继续写入。

（2）Flash 有一个特点，就是可以将 1 写成 0，但是不能将 0 写成 1，要想将 0 写成 1，必须进行擦除操作。因此通常要改写某部分空间的数据，必须首先进行一定物理存储空间擦除，最小的擦除空间，通常称之为扇区，扇区擦除就是将这整个扇区每个字节全部变成 0xFF。

每款 Flash 的扇区大小不一定相同，W25Q128 的一个扇区是 4096B。为了提高擦除效率，使用不同的擦除指令还可以一次性进行 32KB（8 个扇区）、64KB（16 个扇区）以及整片擦除。

W25Q128 芯片自定义了很多指令，我们通过控制 STM32 利用 SPI 总线向 FLASH 芯片发送指令，Flash 芯片收到后就会执行相应的操作。

而这些指令，对主机端（STM32）来说，它遵守最基本的 SPI 通信协议，但在设备端（Flash芯片）把这些数据解释成不同的意义，所以才成为指令。查看 W25Q128 的数据手册，可了解各种它定义的各种指令的功能及指令格式，如图 8-18 所示。

该表中的第一列为指令名，第二列为指令编码，第三之后各列的具体内容根据指令的不同而有不同的含义。其中带括号的字节参数，方向为 Flash 向主机传输，即命令响应，不带括号的则为主机向 Flash 传输。表中 A0～A23 指 Flash 芯片内部存储器组织的地址；M0～M7 为厂商编号（MANUFACTURERID）；ID0～ID15 为 Flash 芯片的 ID；dummy 指该处可为任意数据；D0～D7 为 Flash 内部存储矩阵的内容。

指令	第一字节(指令编码)	第二字节	第三字节	第四字节	第五字节	第六字节	第七~N字节
写使能	06h						
写禁止	04h						
读取状态寄存器	05h	(S7~S0)					
写状态寄存器	01h	(S7~S0)					
读取数据	03h	A23~A16	A15~A8	A7~A0	(D7~D0)	(下一个字节)	继续
快速阅读	0BH	A23~A16	A15~A8	A7~A0	假	(D7~D0)	(下一个字节)继续
快速读指令	3BH	A23~A16	A15~A8	A7~A0	假	I/O=(D6,D4,D2,D0) O=(D7,D5,D3,D1)	(每4个时钟一个字节,继续)
页编程指令	02h	A23~A16	A15~A8	A7~A0	D7~D0	下一个字节	最多256字节
块擦除(64KB)	D8h	A23~A16	A15~A8	A7~A0			
扇区擦除(4KB)	20h	A23~A16	A15~A8	A7~A0			
芯片擦除	C7h						
电源休眠	B9h						
唤醒休眠/读取ID	ABh	假	假	假	(ID7~ID0)		
读制造商和芯片ID	90h	假	假	00h	(M7~M0)	(ID7~ID0)	
读JEDEC ID	9Fh	(M7~M0)生产厂商	(ID15~ID8)存储器类型	(ID7~ID0)容量			

图 8-18 W25Q128 指令功能及指令格式

在 Flash 芯片内部,存储有固定的厂商编号(M7~M0)和不同类型 Flash 芯片独有的编号(ID15~ID0),如表 8-1 所示。

表 8-1 厂商编号和芯片编号

Flash 型号	厂商编号 M7~M0	芯片编号 ID15~ID0
W25Q64	EF h	4017H
W25Q128	EF h	4018H

通过指令表中的读 ID 指令 JEDECID 可以获取这两个编号,该指令编码为 9Fh,其中 9Fh 是指十六进制数 9F(相当于 C 语言中的 0x9F)。紧跟指令编码的 3 个字节分别为 Flash 芯片输出的 M7~M0、ID15~ID8 和 ID7~ID0。

此处以该指令为例,配合其指令时序图进行讲解,如图 8-19 所示。

主机首先通过 MOSI 线向 Flash 芯片发送第一个字节数据为 9Fh,当 Flash 芯片收到该数据后,它会解读成主机向它发送了 JEDEC 指令,然后它就作出该命令的响应:通过 MISO 线把它的厂商 ID(M7~M0)及芯片类型(ID15~ID0)发送给主机,主机接收到指令响应后可进行校验。常见的应用是主机端通过读取设备 ID 来测试硬件是否连接正常,或用于识别设备。

Flash 芯片的其他指令都是类似的,只是有的指令包含多个字节,或者响应包含更多的

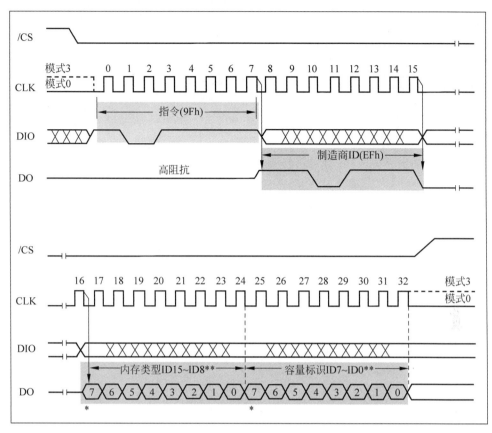

图 8-19 指令时序

数据。

实际上,编写设备驱动都是有一定的规律可循的。首先要确定设备使用的是什么通信协议。如第 7 章的 EEPROM 使用的是 I2C,本章的 Flash 使用的是 SPI。然后根据它的通信协议,选择好 STM32 的硬件模块,进行相应的 I2C 或 SPI 模块初始化。接着,我们要了解目标设备的相关指令,因为不同的设备会有相应的不同的指令。如 EEPROM 中会把第一个数据解释为内部存储矩阵的地址(实质就是指令)。而 Flash 则定义了更多的指令,有写指令、读指令、读 ID 指令等。最后,根据这些指令的格式要求,使用通信协议向设备发送指令,达到控制设备的目的。

8.3.2 开发步骤

(1) 本节接着 SPI 通信添加编写 W25Q128 的相关读写函数。导入 bsp_spi.h 和 bsp_spi.c 文件,bsp_w25qxx.h 和 bsp_w25qxx.c,在 bsp_w25qxx.h 添加指令和相关读写函数。

```
#ifndef __BSP_W25QXX_H
#define __BSP_W25QXX_H

#include "stm32f4xx.h"
#include "bsp_spi.h"

#define u8 uint8_t
#define u16 uint16_t
#define u32 uint32_t
```

```
//W25X 系列/Q 系列芯片列表
//W25Q80   ID   0XEF13
//W25Q16   ID   0XEF14
//W25Q32   ID   0XEF15
//W25Q64   ID   0XEF16
//W25Q128  ID   0XEF17
#define   W25Q80   0XEF13
#define   W25Q16   0XEF14
#define   W25Q32   0XEF15
#define   W25Q64   0XEF16
#define   W25Q128  0XEF17

extern u16 W25QXX_TYPE;                                          //定义 W25QXX 芯片型号

#defineW25QXX_CS_H HAL_GPIO_WritePin(GPIOB,GPIO_PIN_14,GPIO_PIN_SET)   //W25QXX 的片选信号
#defineW25QXX_CS_L HAL_GPIO_WritePin(GPIOB,GPIO_PIN_14,GPIO_PIN_RESET)
/////////////////////////////////////////////////////////////////////////
//指令表
#define W25X_WriteEnable            0x06
#define W25X_WriteDisable           0x04
#define W25X_ReadStatusReg          0x05
#define W25X_WriteStatusReg         0x01
#define W25X_ReadData               0x03
#define W25X_FastReadData           0x0B
#define W25X_FastReadDual           0x3B
#define W25X_PageProgram            0x02
#define W25X_BlockErase             0xD8
#define W25X_SectorErase            0x20
#define W25X_ChipErase              0xC7
#define W25X_PowerDown              0xB9
#define W25X_ReleasePowerDown       0xAB
#define W25X_DeviceID               0xAB
#define W25X_ManufactDeviceID       0x90
#define W25X_JedecDeviceID          0x9F


void W25QXX_Init(void);
u16  W25QXX_ReadID(void);                                        //读取 Flash ID
u8   W25QXX_ReadSR(void);                                        //读取状态寄存器
void W25QXX_Write_SR(u8 sr);                                     //写状态寄存器
void W25QXX_Write_Enable(void);                                  //写使能
void W25QXX_Write_Disable(void);                                 //写保护
void W25QXX_Write_NoCheck(u8 * pBuffer,u32 WriteAddr,u16 NumByteToWrite);
void W25QXX_Read(u8 * pBuffer,u32 ReadAddr,u16 NumByteToRead);   //读取 Flash
void W25QXX_Write(u8 * pBuffer,u32 WriteAddr,u16 NumByteToWrite); //写入 Flash
void W25QXX_Erase_Chip(void);                                    //整片擦除
void W25QXX_Erase_Sector(u32 Dst_Addr);                          //扇区擦除
void W25QXX_Wait_Busy(void);                                     //等待空闲
void W25QXX_PowerDown(void);                                     //进入掉电模式
void W25QXX_WAKEUP(void);                                        //唤醒
#endif
```

(2) 在 bsp_w25qxx.c 中实现读写操作函数。

```
#include "bsp_w25qxx.h"


//4kbytes 为一个 Sector
//16 个扇区为 1 个 Block
//W25Q128
```

```c
//容量为 16M 字节,共有 128 个 Block,4096 个 Sector
u16 W25QXX_TYPE;                                        //默认是 W25Q128

void W25QXX_Init(void)
{
    GPIO_InitTypeDef GPIO_Initure;

    __HAL_RCC_GPIOB_CLK_ENABLE();                       //使能 GPIOF 时钟

    GPIO_Initure.Pin = GPIO_PIN_14;
    GPIO_Initure.Pull = GPIO_PULLUP;                    //上拉
    GPIO_Initure.Mode = GPIO_MODE_OUTPUT_PP;
    GPIO_Initure.Speed = GPIO_SPEED_FAST;               //GPIO 速度为快速
    HAL_GPIO_Init(GPIOB,&GPIO_Initure);

    W25QXX_CS_H;                                        //SPI Flash 不选中
    SPI1_Init();                                        //初始化 SPI
    SPI1_SetSpeed(SPI_BAUDRATEPRESCALER_4);            //设置为 21MHz 时钟,高速模式
    W25QXX_TYPE = W25QXX_ReadID();                      //读取 Flash ID
}

//读取芯片 ID
//返回值如下:
//0XEF13,表示芯片型号为 W25Q80
//0XEF14,表示芯片型号为 W25Q16
//0XEF15,表示芯片型号为 W25Q32
//0XEF16,表示芯片型号为 W25Q64
//0XEF17,表示芯片型号为 W25Q128
u16  W25QXX_ReadID(void)                                //读取 Flash ID
{
    u16 temp = 0;
    W25QXX_CS_L;
    SPI1_ReadWriteByte(0x90);
    SPI1_ReadWriteByte(0x00);
    SPI1_ReadWriteByte(0x00);
    SPI1_ReadWriteByte(0x00);
    temp |= SPI1_ReadWriteByte(0xFF) << 8;
    temp |= SPI1_ReadWriteByte(0xFF);
    W25QXX_CS_H;
    return temp;
}

//读取 W25QXX 的状态寄存器
//BIT7  6    5    4    3   2   1    0
//SPR   RV   TB  BP2  BP1 BP0 WEL BUSY
//SPR:默认 0,状态寄存器保护位,配合 WP 使用
//TB,BP2,BP1,BP0:Flash区域写保护设置
//WEL:写使能锁定
//BUSY:忙标记位(1,忙;0,空闲)
//默认:0x00
u8 W25QXX_ReadSR(void)                                  //读取状态寄存器
{
    u8 type = 0;
    W25QXX_CS_L;                                        //使能器件
    SPI1_ReadWriteByte(W25X_ReadStatusReg);            //发送读取状态寄存器命令
    type = SPI1_ReadWriteByte(0xFF);                   //读取一个字节
    W25QXX_CS_H;                                        //取消片选
```

```
        return type;
    }

    //写 W25QXX 状态寄存器
    //只有 SPR,TB,BP2,BP1,BP0(bit 7,5,4,3,2)可以写
    void W25QXX_Write_SR(u8 sr)                                //写状态寄存器
    {
        W25QXX_CS_L;
        SPI1_ReadWriteByte(W25X_WriteStatusReg);
        SPI1_ReadWriteByte(sr);
        W25QXX_CS_H;
    }

    //W25QXX 写使能
    //将 WEL 置位
    void W25QXX_Write_Enable(void)                             //写使能
    {
        W25QXX_CS_L;
        SPI1_ReadWriteByte(W25X_WriteEnable);
        W25QXX_CS_H;
    }

    //W25QXX 写禁止
    //将 WEL 清零
    void W25QXX_Write_Disable(void)                            //写保护
    {
        W25QXX_CS_L;
        SPI1_ReadWriteByte(W25X_WriteDisable);
        W25QXX_CS_H;
    }

    //SPI 在一页(0~65535)内写入少于 256B 的数据
    //在指定地址开始写入最大 256B 的数据
    //pBuffer:数据存储区
    //WriteAddr:开始写入的地址(24bit)
    //NumByteToWrite:要写入的字节数(最大 256),该数不应该超过该页的剩余字节数
    void W25QXX_Write_Page(u8 * pBuffer,u32 WriteAddr,u16 NumByteToWrite)
    {
        u16 i;
        W25QXX_Write_Enable();
        W25QXX_CS_L;
        SPI1_ReadWriteByte(W25X_PageProgram);                  //发送写页命令
        SPI1_ReadWriteByte((u8)(WriteAddr >> 16));             //发送 24bit 地址
        SPI1_ReadWriteByte((u8)(WriteAddr >> 8));
        SPI1_ReadWriteByte((u8)(WriteAddr));

        for(i = 0;i < NumByteToWrite;i++)
        { //循环写数
            SPI1_ReadWriteByte(pBuffer[i]);
        }
        W25QXX_CS_H;
        W25QXX_Wait_Busy();
    }

    //无检验写 SPI Flash
    //必须确保所写的地址范围内的数据全部为 0XFF,否则在非 0XFF 处写入的数据将失败!
    //具有自动换页功能
```

```
//在指定地址开始写入指定长度的数据,但是要确保地址不越界!
//pBuffer:数据存储区
//WriteAddr:开始写入的地址(24bit)
//NumByteToWrite:要写入的字节数(最大 65535)
//CHECK OK
void W25QXX_Write_NoCheck(u8 * pBuffer,u32 WriteAddr,u16 NumByteToWrite)
{
    u16 pageremain;
    pageremain = 256 - WriteAddr % 256;                 //单页剩余的字节数
    if(NumByteToWrite <= pageremain)
    { //不大于 256B
        pageremain = NumByteToWrite;
    }
    while(1)
    {
        W25QXX_Write_Page(pBuffer,WriteAddr,pageremain);
        if(NumByteToWrite == pageremain)
        { //写入结束了
            break;
        }
        else
        {
            pBuffer += pageremain;
            WriteAddr += pageremain;

            NumByteToWrite -= pageremain;               //减去已经写入的字节数
            if(NumByteToWrite > 256)
            { //一次可以写入 256B
              pageremain = 256;
            }
            else
            {
              pageremain = NumByteToWrite;              //不够 256B 了
            }
        }
    }
}
//读取 SPI Flash
//在指定地址开始读取指定长度的数据
//pBuffer:数据存储区
//ReadAddr:开始读取的地址(24bit)
//NumByteToRead:要读取的字节数(最大 65535)
void W25QXX_Read(u8 * pBuffer,u32 ReadAddr,u16 NumByteToRead)  //读取 Flash
{
    u16 i;
    W25QXX_CS_L;
    SPI1_ReadWriteByte(W25X_ReadData);                  //发送读指令
    SPI1_ReadWriteByte((u8)(ReadAddr >> 16));           //发送 24bit 地址
    SPI1_ReadWriteByte((u8)(ReadAddr >> 8));
    SPI1_ReadWriteByte((u8)(ReadAddr));

    for(i = 0;i < NumByteToRead;i++)
    {
        pBuffer[i] = SPI1_ReadWriteByte(0xFF);          //读取数据
    }
    W25QXX_CS_H;
}
```

```c
//写 SPI Flash
//在指定地址开始写入指定长度的数据
//该函数带擦除操作!
//pBuffer:数据存储区
//WriteAddr:开始写入的地址(24bit)
//NumByteToWrite:要写入的字节数(最大 65535)
u8 W25QXX_BUFFER[4096];
void W25QXX_Write(u8 * pBuffer,u32 WriteAddr,u16 NumByteToWrite)     //写入 Flash
{
    u32 secpos;
    u16 secoff;
    u16 secremain;
    u16 i;
    u8 * W25QXX_BUF;
    W25QXX_BUF = W25QXX_BUFFER;
    secpos = WriteAddr /4096;                               //扇区地址
    secoff = WriteAddr % 4096;                              //在扇区内的偏移
    secremain = 4096 − secoff;                             //扇区剩余空间大小
    if(NumByteToWrite <= secremain)
    { //不大于 4096B
        secremain = NumByteToWrite;
    }
    while(1)
    {
        W25QXX_Read(W25QXX_BUF,secpos * 4096,4096);         //读出整个扇区的内容
        for(i = 0;i < secremain;i++)
        { //校验数据
            if(W25QXX_BUF[secoff + i] != 0xFF)
            { //需要擦除
                break;
            }
        }
        if(i < secremain)
        { //需要擦除
            W25QXX_Erase_Sector(secpos);                    //擦除这个扇区
            for(i = 0;i < secremain;i++)
            { //复制
                W25QXX_BUF[i + secoff] = pBuffer[i];
            }
            W25QXX_Write_NoCheck(W25QXX_BUF,secpos * 4096,4096);  //写入整个扇区
        }
        else
        {
            W25QXX_Write_NoCheck(pBuffer,WriteAddr,secremain);    //写入扇区剩余区间
        }

        if(NumByteToWrite == secremain)
        { //写入结束了
            break;
        }
        else
        { //写入未结束
            secpos++;                                       //扇区地址增 1
            secoff = 0;                                     //偏移位置为 0
            pBuffer += secremain;                           //指针偏移
            WriteAddr += secremain;                         //写地址偏移
```

```
                NumByteToWrite -= secremain;                 //字节数递减
                if(NumByteToWrite > 4096)
                { //下一个扇区还是写不完
                    secremain = 4096;
                }
                else
                { //下一个扇区可以写完了
                    secremain = NumByteToWrite;
                }
            }

    }
}


//擦除整个芯片
//等待时间超长
void W25QXX_Erase_Chip(void)                                 //整片擦除
{
    W25QXX_Write_Enable();                                   //SET WEL
    W25QXX_Wait_Busy();

    W25QXX_CS_L;                                             //使能器件
    SPI1_ReadWriteByte(W25X_ChipErase);                     //发送片擦除命令
    W25QXX_CS_H;                                             //取消片选

    W25QXX_Wait_Busy();                                     //等待芯片擦除结束
}

//擦除一个扇区
//Dst_Addr:扇区地址 根据实际容量设置
//擦除一个扇区的最少时间:150ms
void W25QXX_Erase_Sector(u32 Dst_Addr)                       //扇区擦除
{
    Dst_Addr *= 4096;
    W25QXX_Write_Enable();                                   //SET WEL
    W25QXX_Wait_Busy();
    W25QXX_CS_L;
    SPI1_ReadWriteByte(W25X_SectorErase);                   //发送扇区擦除指令
    SPI1_ReadWriteByte((u8)(Dst_Addr >> 16));              //发送24bit地址
    SPI1_ReadWriteByte((u8)(Dst_Addr >> 8));
    SPI1_ReadWriteByte((u8)Dst_Addr);
    W25QXX_CS_H;                                             //取消片选
    W25QXX_Wait_Busy();                                     //等待擦除完成
}

void W25QXX_Wait_Busy(void)                                  //等待空闲
{
    while((W25QXX_ReadSR() & 0x01) == 1);
}
void W25QXX_PowerDown(void)                                  //进入掉电模式
{
    W25QXX_CS_L;
    SPI1_ReadWriteByte(W25X_PowerDown);
    W25QXX_CS_H;
    HAL_Delay(3);
}
void W25QXX_WAKEUP(void)                                     //唤醒
```

```
{
    W25QXX_CS_L;
    SPI1_ReadWriteByte(W25X_ReleasePowerDown);
    W25QXX_CS_H;
    HAL_Delay(3);
}
```

(3) 在 main.c 中读写指定地址数据。

```
# include "bsp_clock.h"
# include "bsp_uart.h"
# include "bsp_key.h"
# include "bsp_led.h"
# include "bsp_spi.h"
# include "bsp_w25qxx.h"

//要写入到 W25Q128 的字符串数组
const u8 TEXT_Buffer[] = {"W25Q128 SPI ReadWrite TEST"};
# define SIZE sizeof(TEXT_Buffer)

int main(void)
{
    u8 datatemp[SIZE];
    u32 FLASH_SIZE;

    CLOCLK_Init();                                        //初始化系统时钟
    UART_Init();                                          //串口初始化
    KEY_Init();                                           //按键初始化
    LED_Init();                                           //LED 初始化
    W25QXX_Init();

    FLASH_SIZE = 16 * 1024 * 1024;                        //读写地址

    while(1)
    {
        u8 key = KEY_Scan(0);
        if(key == 2)                                      //按下 KEY1 键
        {
            LED2_Toggle;
            W25QXX_Read((u8 * )datatemp,FLASH_SIZE - 300,SIZE);   //读数据
            printf("Read : % s \n",datatemp);
        }

        if(key == 1)                                      //按下 KEY0 键
        {
            LED1_Toggle;

            W25QXX_Write((u8 * )TEXT_Buffer,FLASH_SIZE - 300,SIZE); //写数据
            printf("Write : % s \n",TEXT_Buffer);
        }


        HAL_Delay(50);
    }
}
```

8.3.3　运行结果

打开串口助手,把编译好的程序下载到开发板。按下 KEY0 键写入数据。按下 KEY1 键

从地址读取数据,如图 8-20 所示。

图 8-20　运行结果

练习

(1) 对 W25Q128 写入数据时,需要注意什么?

(2) 实现 W25Q128 的增、删、改、查功能。

8.4　SD 卡读写

学习目标

熟悉 SD 卡和 SDIO 的工作原理,掌握 SD 卡的读写过程。

8.4.1　开发原理

大多单片机系统都需要大容量存储设备,以存储数据。目前常用的有 U 盘、Flash 芯片、SD 卡等。它们各有优点,综合比较,最适合单片机系统的莫过于 SD 卡了,它不仅容量可以做到很大(32GB 以上),支持 SPI/SDIO 驱动,而且有多种尺寸可供选择(标准的 SD 卡尺寸以及 TF 卡尺寸等),能满足不同应用的要求。只需要少数几个 I/O 口即可外扩一个 32GB 以上的外部存储器,容量选择范围很大,更换很方便,编程也简单,因此,SD 卡是单片机大容量外部存储器的首选。

控制器对 SD 卡进行读写通信操作一般有两种通信接口可选:一种是 SPI 接口,另一种就是 SDIO 接口。

SDIO 的全称是安全数字输入/输出接口,多媒体卡(MMC)、SD 卡、SD I/O 卡都有 SDIO 接口,如图 8-21 所示。

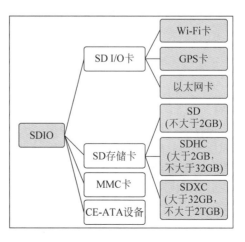

图 8-21　SDIO 接口

　　SD I/O 卡本身不是用于存储的卡,它是利用 SDIO 传输协议的一种外设。比如 Wi-Fi 卡,它主要是提供 WiFi 功能,有些 WiFi 模块是使用串口或者 SPI 接口进行通信的,但 Wi-Fi SD I/O 卡是使用 SDIO 接口进行通信的。一般的 SD I/O 卡可以插入到 SD 的插槽中。

1. SD 卡物理结构

　　一张 SD 卡包括有存储单元、存储单元接口、电源检测、卡及接口控制器和接口驱动器 5 个部分。

　　存储单元是存储数据部件,存储单元通过存储单元接口与卡控制单元进行数据传输;电源检测单元保证 SD 卡工作在合适的电压下,如出现掉电或上电状态时,它会使控制单元和存储单元接口复位;卡及接口控制单元控制 SD 卡的运行状态,它包括 8 个寄存器;接口驱动器控制 SD 卡引脚的输入/输出,如图 8-22 所示。

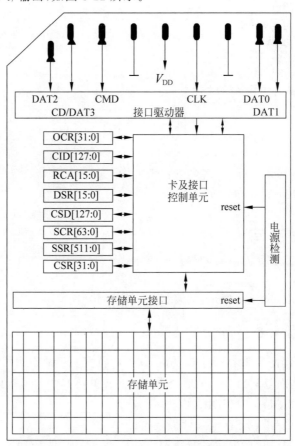

图 8-22　SD 卡物理结构

　　SD 卡总共有 8 个寄存器,用于设定或表示 SD 卡信息。这些寄存器只能通过对应的命令访问,对 SD 卡进行控制操作并不是像操作控制器 GPIO 的相关寄存器那样一次读写一个寄存器,它是通过命令来控制的,SDIO 定义了 64 个命令,每个命令都有特殊的含义,可以实现某一特定功能,SD 卡接收到命令后,根据命令要求对 SD 卡内部寄存器进行修改,程序控制中只需要发送组合命令就可以实现 SD 卡的控制以及读写操作,如图 8-23 所示。

2. SDIO 总线

　　SD 卡总线拓扑如图 8-24 所示。虽然可以共用总线,但不推荐多卡槽共用总线信号,要求一个单独 SD 总线连接一个单独的 SD 卡。

　　SD 卡使用 9 引脚接口通信,其中 3 根电源线、1 根时钟线、1 根命令线和 4 根数据线,具体

名称	宽度	描述
CID	128	卡识别号(Card Identification Number)：用来识别的卡的个体号码(唯一的)
RCA	16	相对地址(Relative Card Address)：卡的本地系统地址，初始化时，动态地由卡建议，主机核准
DSR	16	驱动级寄存器(Driver Stage Register)：配置卡的输出驱动
CSD	128	卡的特定数据(Card Specific Data)：卡的操作条件信息
SCR	64	SD配置寄存器(SD Configuration Register)：SD卡特殊特性信息
OCR	32	操作条件寄存器(Operation Conditions Register)
SSR	512	SD状态寄存器(SD Status Register)
CSR	32	卡状态寄存器(Card Status Register)

图 8-23   SD 卡命令

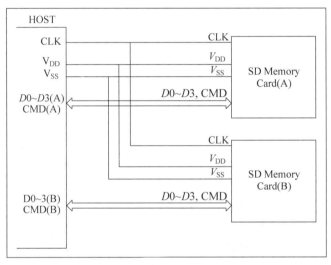

图 8-24   SD 卡总线

说明如下：

CLK：时钟线，由 SDIO 主机产生，即由 STM32 控制器输出；

CMD：命令控制线，SDIO 主机通过该线发送命令控制 SD 卡，如果命令要求 SD 卡提供应答(响应)，SD 卡也是通过该线传输应答信息；

$D0 \sim D3$：数据线，传输读写数据；SD 卡可将 $D0$ 拉低表示忙状态；

V_{DD}、V_{SS}：电源和地信号。

SDIO 不管是从主机控制器向 SD 卡传输，还是 SD 卡向主机控制器传输都只以 CLK 时钟线的上升沿为有效。SD 卡操作过程会使用两种不同频率的时钟同步数据，一个是识别卡阶段时钟频率 FOD，最高为 400kHz，另外一个是数据传输模式下时钟频率 FPP，默认最高为 25MHz，如果通过相关寄存器配置使 SDIO 工作在高速模式，此时数据传输模式最高频率为 50MHz。

SD 总线通信是基于命令和数据传输的。通信以一个起始位(0)开始，以一个停止位(1)终止。SD 通信一般是主机发送一个命令(Command)，从设备在接收到命令后作出响应(Response)，如有需要会有数据传输参与。

SD 数据是以块形式传输的，SDHC 卡数据块长度一般为 512B，数据可以从主机到卡，也可以是从卡到主机。数据块需要 CRC 位来保证数据传输成功。CRC 位由 SD 卡系统硬件生成。STM32 控制器可以控制使用单线或 4 线传输,本开发板设计使用 4 线传输。

3. 命令格式

SD 命令由主机发出,以广播命令和寻址命令为例,广播命令是针对与 SD 主机总线连接的所有从设备发送的,寻址命令是指定某个地址设备进行命令传输。

SD 命令格式固定为 48b,都是通过 CMD 线连续传输的(数据线不参与),如图 8-25 所示。

图 8-25　SD 命令格式

1) SD 命令的组成

- 起始位和终止位:命令的主体包含在起始位与终止位之间,它们都只包含一个数据位,起始位为 0,终止位为 1。
- 传输标志:用于区分传输方向,该位为 1 时表示命令,方向为主机传输到 SD 卡,该位为 0 时表示响应,方向为 SD 卡传输到主机。
- 命令主体内容包括命令、地址信息/参数和 CRC 校验 3 个部分。
- 命令号:它固定占用 6b,所以总共有 64 个命令(代号:CMD0~CMD63),每个命令都有特定的用途,部分命令不适用于 SD 卡操作,只是专门用于 MMC 卡或者 SD I/O 卡。
- 地址/参数:每个命令有 32b 地址信息/参数用于命令附加内容,例如,广播命令没有地址信息,这 32b 用于指定参数,而寻址命令这 32b 用于指定目标 SD 卡的地址。
- CRC7 校验:长度为 7b 的校验位用于验证命令传输内容正确性,如果发生外部干扰导致传输数据个别位状态改变,则导致校准失败,这意味着命令传输失败,SD 卡不执行命令。

2) 命令类型

SD 命令有 4 种类型:

- 无响应广播命令(bc),发送到所有卡,不返回任务响应;
- 带响应广播命令(bcr),发送到所有卡,同时接收来自所有卡响应;
- 寻址命令(ac),发送到选定卡,DAT 线无数据传输;
- 寻址数据传输命令(adtc),发送到选定卡,DAT 线有数据传输。

3) 命令描述

SD 卡系统的命令被分为多个类,每个类支持一种"卡的功能设置",如图 8-26 所示仅部分功能。

4. 响应

响应由 SD 卡向主机发出,部分命令要求 SD 卡作出响应,这些响应多用于反馈 SD 卡的状态。SDIO 总共有 7 个响应类型(代号:R1~R7),其中 SD 卡没有 R4、R5 类型响应。特定的命令对应有特定的响应类型,比如当主机发送 CMD3 命令时,可以得到响应 R6。与命令一样,SD 卡的响应也是通过 CMD 线连续传输的。根据响应内容大小可以分为短响应和长响应。短响应长度为 48b,只有 R2 类型是长响应,其长度为 136b,如图 8-27 所示。

5. SD 卡初始化流程

SD 卡初始化流程如图 8-28 所示。

基本命令（类0和类1）

命令索引	类型	参数	响应	缩写	描述
CMD0	bc	[31:0] 填充位	—	GO_IDLE_STATE	重置所有卡到空闲状态
CMD2	bcr	[31:0] 填充位	R2	ALL_SEND_CID	要求所有卡发送CID号
CMD3	Bcr	[31:0] 填充位	R6	SEND_RELATIVE_ADDR	要求所有卡发布一个新的相对地址RCA
CMD4		不支持			
CMD7	ac	[31:16]RCA [15:0] 填充位	R1b	选中/不选中卡	选择取消选择RCA地址卡
CMD8		保留			
CMD9	ac	[31:16] RCA [15:0] 填充位	R2	SEND_CSD	寻址卡并让其发送卡定义数据CSD
CMD10	ac	[31:16] RCA [15:0] 填充位	R2	SEND_CID	寻址卡并让其发送卡识别号CID
CMD12	ac	[31:0] 填充位	R1b	STOP	中止多个块的读/写操作
CMD13	ac	[31:16] RCA [15:0] 填充位	Rl	SEND_STATUS	寻址卡并发送卡状态寄存器
CMD15	ac	[31:16] RCA [15:0] 填充位	—	GO_INACTIVE_STATE	设置卡到不活动状态
块读操作命令（类2）					
CMD16	ac	[31:0] 块长度	R1	SET_BLOCKLEN	为接下来的块操作指令设置块长度
CMD17	adtc	[31:0] 数据地址	R1	READ_SINGLE_BLOCK	读取一个块
CMD18	adtc	[31:0] 数据地址	R1	READ_MULTIPLE_BLOCK	连续读取多个块，直到停止命令
块写操作命令（类4）					
CMD24	adtc	[31:0] 数据地址	R1	WRITE_BLOCK	写一个长度由SET_BLOCKLEN指定的块
CMD25	adtc	[31:0] 数据地址	R1	WRITE_MULTIPLE_BLOCK	连续写多个块直到 STOP_TRANSMISSION命令
CMD27	adtc	[31:0] 填充位	R1	PROGRAM_CSD	编辑CSD位
擦除命令（类5）					
CMD32	ac	[31:0] 数据地址	R1	ERASE_WR_BLK_START	设置要擦除的起始地址
CMD33	ac	[31:0] 数据地址	R1	ERASE_WR_BLK_END	设置要擦除的结束地址
CMD38	ac	[31:0] 填充位	R1b	ERASE	擦除所有选中的写数据块
卡锁命令（类7）					
CMD42	adtc	[31:0] 保留	R1	LOCK_UNLOCK	加锁/解锁SD卡
应用相关（Application Specific）命令（类8）					
CMD55	ac	[31:16] RCA [15:0] 填充位	R1	APP_CMD	告诉卡接下来的命令是应用相关命令，而非标准命令
CMD56	adtc	[31:1] 填充位 [0]:RD/WR,1 读，0 写	R1	GEN_CMD	应用相关(通用目的)的数据块读写命令
SD卡特定应用命令					
ACMD6	ac	[31:2] 填充位 [1:0]总线宽度	R1	SET_BUS_WIDTH	00:1bit 10:4bit
ACMD13	adtc	[31:0] 填充位	R1	SD_STATUS	设置SD卡状态
ACMD41	bcr	[31:0]OCR空闲	R3	SD_APP_OP_COND	要求访问的卡发送它的操作条件寄存器(OCR)内容
ACMD51	adtc	[31:0] 填充位	R1	SEND_SCR	读取SD配置寄存器SCR

图 8-26　SD 卡部分命令描述

R1 (正常响应命令)					
描述	起始位	传输位	命令号	卡状态	CRC7	终止位
Bit	47	46	[45:40]	[39:8]	[7:1]	0
位宽	1	1	6	32	7	1
值	"0"	"0"	x	x	x	"1"
备注	如果有传输到卡的数据,那么在数据线可能有 busy 信号					

R2 (CID, CSD 寄存器)					
描述	起始位	传输位	保留	[127:1]	终止位
Bit	135	134	[133:128]	127	0
位宽	1	1	6	x	1
值	"0"	"0"	"111111"	CID 或者 CSD 寄存器[127:1]位的值	"1"
备注	CID 寄存器内容作为 CMD2 和 CMD10 响应, CSD 寄存器内容作为 CMD9 响应				

R3 (OCR 寄存器)					
描述	起始位	传输位	保留	OCR 寄存器	保留	终止位
Bit	47	46	[45:40]	[39:8]	[7:1]	0
位宽	1	1	6	32	7	1
值	"0"	"0"	"111111"	x	"1111111"	"1"
备注	OCR 寄存器的值作为 ACMD41 的响应					

R6 (发布的 RCA 寄存器响应)					
描述	起始位	传输位	CMD3	RCA 寄存器	卡状态位	CRC7	终止位
Bit	47	46	[45:40]		[39:8]	[7:1]	0
位宽	1	1	6	16	16	7	1
值	"0"	"0"	"000011"	x	x	x	"1"
备注	专用于命令 CMD3 的响应						

R7 (发布的 RCA 寄存器响应)					
描述	起始位	传输位	CMD8	保留	接收电压	检测模式	CRC7	终止位
Bit	47	46	[45:40]	[39:20]	[19:16]	[15:8]	[7:1]	0
位宽	1	1	6	20	4	8	7	1
值	"0"	"0"	"001000"	00000h	x	x	x	"1"
备注	专用于命令 CMD8 的响应, 返回卡支持电压范围和检测模式						

图 8-27　SD 卡响应

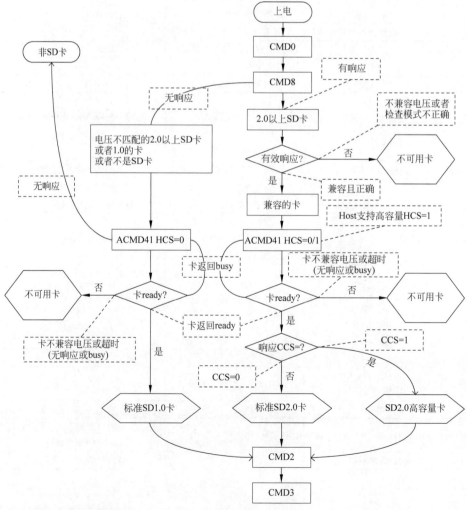

图 8-28　SD 卡初始化流程

从图 8-28 可以了解到不管什么卡(这里将卡分为 4 类: SD2.0 高容量卡(SDHC,最大 32GB)、SD2.0 标准容量卡(SDSC,最大 2GB)、SD1.x 卡和 MMC 卡),首先要执行的是卡上电 (需要设置 SDIO_POWER[1:0]=11),上电后发送 CMD0,对卡进行软复位,之后发送 CMD8 命令,用于区分 SD2.0 卡,只有 2.0 及以后的卡才支持 CMD8 命令,MMC 卡和 1.x 版本的 卡,是不支持该命令的。CMD8 的格式如表 8-2 所示。

表 8-2   CMD8 的格式

位的位置	47	46	[45:40]	[39:20]	[19:16]	[15:8]	[7:1]	0
宽度(b)	1	1	6	20	4	8	7	1
值	'0'	'1'	'001000'	'00000h'	x	x	x	'1'
描述	起始位	传输位	命令索引	保留位	电源供给 (VHS)	检查模式	CRC7	终止位

我们需要在发送 CMD8 的时候,通过所使用的参数可以设置 VHS 位,以告诉 SD 卡,主 机的供电情况,VHS 位定义如表 8-3 所示。

表 8-3   VHS 位定义

电源供给	值 定 义	电源供给	值 定 义
0000b	无定义	0100b	保留
0001b	2.7~3.6V	1000b	保留
0010b	低电压范围保留位	其他	无定义

这里使用参数 0X1AA,即告诉 SD 卡,主机供电为 2.7~3.6V,如果 SD 卡支持 CMD8,且 支持该电压范围,则会通过 CMD8 的响应(R7)将参数部分原本返回给主机;如果不支持 CMD8,或者不支持这个电压范围,则不响应。

在发送 CMD8 后,发送 ACMD41(注意,发送 ACMD41 之前要先发送 CMD55),来进一步 确认卡的操作电压范围,并通过 HCS 位来告诉 SD 卡,主机是不是支持高容量卡(SDHC)。 ACMD41 的命令格式如表 8-4 所示。

表 8-4   ACMD41 的命令

ACMD 索引	类型	论点	应答	缩写	命 令 描 述
ACMD41	bcr	[31]保留位 [30] HCS(OCR [30]) [29:24]保留位 [23:0]VDD 电压窗口(OCR[23:0])	R3	SD_SEND_OP_COND	发送主机容量支持信息(HCS),并要求访问卡在 CMD 行上的响应中发送其操作条件寄存器(OCR)内容。 HCS 在卡收到 SEND_IF_COND 命令时有效。保留位应设置为 0。CCS 位分配给 OCR[30]

ACMD41 得到的响应(R3)包含 SD 卡 OCR 寄存器内容,OCR 寄存器内容定义如表 8-5 所示。

对于支持 CMD8 指令的卡,主机通过 ACMD41 的参数设置 HCS 位为 1 来告诉 SD 卡主 机支持 SDHC 卡;如果设置为 0,则表示主机不支持 SDHC 卡。SDHC 卡如果接收到 HCS 为 0,则永远不会返回卡就绪状态。对于不支持 CMD8 的卡,HCS 位设置为 0 即可。

SD 卡在接收到 ACMD41 后,返回 OCR 寄存器内容,如果是 2.0 的卡,主机可以通过判断 OCR 的 CCS 位来判断是 SDHC 还是 SDSC;如果是 1.x 的卡,则忽略该位。OCR 寄存器的

表 8-5　OCR 寄存器

OCR 位的位置	OCR 字段定义	OCR 位的位置	OCR 字段定义
0～6	保留	20	3.2～3.3
7	为低电压范围保留	21	3.3～3.4
8～14	保留	22	3.4～3.5
15	2.7～2.8	23	3.5～3.6
16	2.8～2.9	24～29	保留
17	2.9～3.0	30	卡容量状态(CCS)[1]
18	3.0～3.1	31	卡上电状态位(busy)[2]
19	3.1～3.2		

(1) 此位仅在设置卡上电状态位时有效。

(2) 如果卡没有完成上电程序,这个位将设置为 LOW。

最后一个位用于告诉主机 SD 卡是否上电完成,如果上电完成,该位将会被置 1。

对于 MMC 卡,则不支持 ACMD41,不响应 CMD55,对 MMC 卡,只需要在发送 CMD0 后,再发送 CMD1(作用同 ACMD41),检查 MMC 卡的 OCR 寄存器,实现 MMC 卡的初始化。

至此,便实现了对 SD 卡的类型区分,在图 8-28 中,最后发送了 CMD2 和 CMD3 命令,用于获得卡 CID 寄存器数据和卡相对地址(RCA)。

CMD2,用于获得 CID 寄存器的数据,CID 寄存器数据各位定义如表 8-6 所示。

表 8-6　CID 寄存器

名　　称	信　　息	宽　　度	CID-slice
制造商 ID	MID	8	[127:120]
OEM/应用程序 ID	OID	16	[119:104]
产品名称	PNM	40	[103:64]
产品修改	PRV	8	[63:56]
产品序列号	PSN	32	[55:24]
保留	—	4	[23:20]
生产日期	MDT	12	[19:8]
CRC7 校验	CRC	7	[7:1]
未使用,总是 1	—	1	[0:0]

SD 卡在收到 CMD2 后,将返回 R2 长响应(136 位),其中包含 128 位有效数据(CID 寄存器内容),存放在 SDIO_RESP1～SDIO_RESP4 这 4 个寄存器里面。通过读取这 4 个寄存器,就可以获得 SD 卡的 CID 信息。

CMD3,用于设置卡相对地址(RCA,必须为非 0),对于 SD 卡(非 MMC 卡),在收到 CMD3 后,将返回一个新的 RCA 给主机,方便主机寻址。RCA 的存在允许一个 SDIO 接口挂多个 SD 卡,通过 RCA 来区分主机要操作的是哪个卡。而对于 MMC 卡,则不是由 SD 卡自动返回 RCA,而是主机主动设置 MMC 卡的 RCA,即通过 CMD3 命令(高 16 位用于 RCA 设置),实现 RCA 设置。同样,MMC 卡也支持一个 SDIO 接口挂接多个 MMC 卡,不同于 SD 卡的是所有的 RCA 都是由主机主动设置的,而 SD 卡的 RCA 则是 SD 卡发给主机的。

在获得卡 RCA 之后,便可以发送 CMD9(带 RCA 参数),获得 SD 卡的 CSD 寄存器内容,从 CSD 寄存器可以得到 SD 卡的容量和扇区大小等重要信息。

至此,SD 卡初始化基本就结束了,最后通过 CMD7 命令,选中要操作的 SD 卡,即可开始对 SD 卡的读写操作。

8.4.2 开发步骤

（1）查看芯片原理图，明确 SD 卡接口和芯片引脚连接关系，如图 8-29 所示。

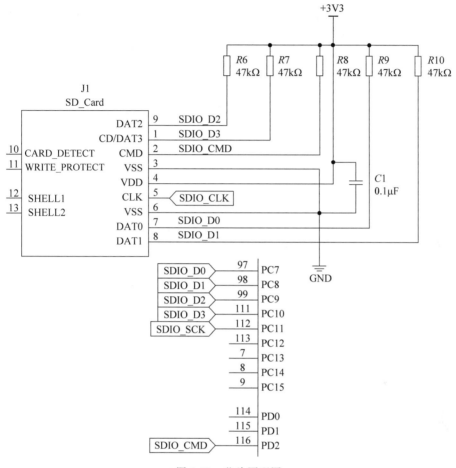

图 8-29 芯片原理图

（2）新建 bsp_sd.h 和 bsp_sd.c。在 bsp_sd.h 中定义需要的宏和函数。

```
#ifndef __BSP_SD_H
#define __BSP_SD_H

#include "stm32f4xx.h"

//支持的 SD 卡定义
#define SDIO_STD_CAPACITY_SD_CARD_V1_1            ((uint32_t)0x00000000)
#define SDIO_STD_CAPACITY_SD_CARD_V2_0            ((uint32_t)0x00000001)
#define SDIO_HIGH_CAPACITY_SD_CARD                ((uint32_t)0x00000002)
#define SDIO_MULTIMEDIA_CARD                      ((uint32_t)0x00000003)
#define SDIO_SECURE_DIGITAL_IO_CARD               ((uint32_t)0x00000004)
#define SDIO_HIGH_SPEED_MULTIMEDIA_CARD           ((uint32_t)0x00000005)
#define SDIO_SECURE_DIGITAL_IO_COMBO_CARD         ((uint32_t)0x00000006)
#define SDIO_HIGH_CAPACITY_MMC_CARD               ((uint32_t)0x00000007)

//GPIOC D0 - D3  SCK
#define Pin_SDIO_D0_D3 GPIO_PIN_8 | GPIO_PIN_9 | GPIO_PIN_10 | GPIO_PIN_11
#define Pin_SDIO_SCK          GPIO_PIN_12
```

```c
//GPIOD CMD
#define Pin_SDIO_CMD        GPIO_PIN_2

uint8_t SDCard_Init(void);                                          //初始化函数
uint8_t SD_GetCardInfo(HAL_SD_CardInfoTypeDef * cardinfo);         //获取 SD 卡信息
void    SDCard_Show_Info(HAL_SD_CardInfoTypeDef * cardinfo);       //打印 SD 卡信息
uint8_t SD_ReadDisk(uint8_t * buf, uint32_t sector, uint32_t cnt); //读取数据
uint8_t SD_WriteDisk(uint8_t * buf, uint32_t sector, uint32_t cnt);//写入数据
#endif
```

(3) 在 bsp_sd.c 中实现 SD 卡初始化和读写操作函数。

```c
#include "bsp_sd.h"

SD_HandleTypeDef SD_Handle;

/**
*    函数名:SD_Init
*    描述:SD 卡初始化
*    输入:
*    输出:返回值:0 初始化正确
*/
uint8_t SDCard_Init(void)
{
    uint8_t sta;

    __HAL_RCC_SDIO_CLK_ENABLE();
    __SDIO_CLK_ENABLE();

    SD_Handle.Instance = SDIO;
    SD_Handle.Init.BusWide = SDIO_BUS_WIDE_1B;                          //1 位数据线
    SD_Handle.Init.ClockBypass = SDIO_CLOCK_BYPASS_DISABLE;            //不使用 bypass 模式
    SD_Handle.Init.ClockDiv = SDIO_TRANSFER_DIR_TO_SDIO;              //SD 传输时钟频率
    SD_Handle.Init.ClockEdge = SDIO_CLOCK_EDGE_RISING;               //上升沿
    SD_Handle.Init.ClockPowerSave = SDIO_CLOCK_POWER_SAVE_DISABLE; //空闲时不关闭时钟电源
    SD_Handle.Init.HardwareFlowControl = SDIO_HARDWARE_FLOW_CONTROL_DISABLE; //关闭硬件流控制

    sta = HAL_SD_Init(&SD_Handle);

    HAL_SD_ConfigWideBusOperation(&SD_Handle,SDIO_BUS_WIDE_4B);      //使能 4 位宽总线模式

    return sta;
}

/**
*    函数名:HAL_SD_MspInit
*    描述:SD 卡初始化回调函数,用于引脚初始化
*    输入:hsd 句柄
*    输出:返回值 0 表示初始化正确
*/
void HAL_SD_MspInit(SD_HandleTypeDef * hsd)
{
    GPIO_InitTypeDef  GPIO_InitStruct;

    __HAL_RCC_GPIOC_CLK_ENABLE();
    __HAL_RCC_GPIOD_CLK_ENABLE();

    GPIO_InitStruct.Mode = GPIO_MODE_AF_PP;
    GPIO_InitStruct.Pull = GPIO_PULLUP;
    GPIO_InitStruct.Speed = GPIO_SPEED_FAST;
```

```
    GPIO_InitStruct.Alternate = GPIO_AF12_SDIO;

    GPIO_InitStruct.Pin = Pin_SDIO_D0_D3 | Pin_SDIO_SCK;        //D0～D3 SCK 引脚
    HAL_GPIO_Init(GPIOC, &GPIO_InitStruct);
    GPIO_InitStruct.Pin = Pin_SDIO_CMD;                         //CMD 引脚
    HAL_GPIO_Init(GPIOD, &GPIO_InitStruct);
}

/**
 *   函数名:SD_GetCardInfo
 *   描述:获取卡信息
 *   输入:HAL_SD_CardInfoTypeDef
 *   输出:状态值
 */
uint8_t SD_GetCardInfo(HAL_SD_CardInfoTypeDef * cardinfo)
{
    uint8_t sta;
    sta = HAL_SD_GetCardInfo(&SD_Handle, cardinfo);            //获取 SD 卡信息
    return sta;
}

//打印 SD 卡信息
void SDCard_Show_Info(HAL_SD_CardInfoTypeDef * cardinfo)
{
    switch(cardinfo->CardType)                                 //卡类型
    {
        case SDIO_STD_CAPACITY_SD_CARD_V1_1:
            printf("Card Type:SDSC V1.1\r\n");
        break;
        case SDIO_STD_CAPACITY_SD_CARD_V2_0:
            printf("Card Type:SDSC V2.0\r\n");
        break;
        case SDIO_HIGH_CAPACITY_SD_CARD:
            printf("Card Type:SDHC V2.0\r\n");
        break;
        case SDIO_MULTIMEDIA_CARD:
            printf("Card Type:MMC Card\r\n");
        break;
    }
    printf("Card CardVersion: % d\r\n", cardinfo->CardVersion);  //版本号
    printf("Card RelCardAdd: % d\r\n", cardinfo->RelCardAdd);    //卡相对地址
    printf("Card BlockNbr: % d\r\n", cardinfo->BlockNbr);        //显示块数量
    printf("Card BlockSize: % d\r\n", cardinfo->BlockSize);      //显示块大小
}

/**
 *   函数名:SD_ReadDisk
 *   描述:读 SD 卡
 *   输入:buf:读数据缓存区,sector:扇区地址,cnt:扇区个数
 *   输出:返回值:错误状态;0,正常
 */
uint8_t SD_ReadDisk(uint8_t * buf, uint32_t sector, uint32_t cnt)
{
    uint8_t sta;

    sta = HAL_SD_ReadBlocks(&SD_Handle, buf, sector, cnt, 1000);

    return sta;
}
```

```c
/**
 *    函数名:SD_WriteDisk
 *    描述:写 SD 卡
 *    输入:buf:写数据缓存区 sector:扇区地址 cnt:扇区个数
 *    输出:返回值:错误状态;0,正常
 */
uint8_t SD_WriteDisk(uint8_t * buf, uint32_t sector, uint32_t cnt)
{
    uint8_t sta;

    sta = HAL_SD_WriteBlocks(&SD_Handle, buf, sector, cnt, 1000);

    return sta;
}
```

(4) main.c 中读写指定扇区数据。

```c
# include "bsp_clock.h"
# include "bsp_uart.h"
# include "bsp_key.h"
# include "bsp_sd.h"
# include "bsp_led.h"

HAL_SD_CardInfoTypeDef pCardInfo;

int main(void)
{
    uint8_t sta,size;
    uint8_t txbuf[] = {"SD Card ReadWrite Test"};
    size = sizeof(txbuf);
    uint8_t rxbuf[size];

    CLOCLK_Init();                          //初始化系统时钟
    UART_Init();                            //串口初始化
    KEY_Init();                             //按键初始化
    LED_Init();                             //LED 初始化

    sta = SDCard_Init();                    //SD 卡初始化返回状态

    if(sta == HAL_OK)                       //初始化成功
    {
        LED1_ON;
        SD_GetCardInfo(&pCardInfo);         //获取 SD 卡设备信息
        HAL_Delay(50);
        SDCard_Show_Info(&pCardInfo);       //显示 SD 卡设备信
    }

    while(1)
    {
        uint8_t key = KEY_Scan(0);

        if( key == 1)                       //按下 KEY0 键
        {
            SD_WriteDisk(txbuf, 0, 1);      //发送测试数据
            printf("Write buf: % s \n", txbuf);
        }

        if( key == 2)                       //按下 KEY1 键
```

```
    {
        SD_ReadDisk(rxbuf, 0, 1);              //读取
        printf("Read  buf: % s \n", rxbuf);
    }

        HAL_Delay(50);
    }
}
```

8.4.3　运行结果

打开串口助手,把编译好的程序下载到开发板。首先读取 SD 卡信息,如图 8-30 所示。

图 8-30　读取 SD 卡信息

按下 KEY0 键写入数据。按下 KEY1 键读取数据,如图 8-31 所示。

图 8-31　读取 SD 数据

练习

（1）简要说明 SD 卡各个引脚的功能。

（2）SD 命令有哪些类型？

（3）实现 SD 卡的增、删、改、查的功能。

8.5 外部 SRAM 读写

学习目标

了解 FSMC 和外部 SRAM，实现对外部 SRAM 的访问控制。

8.5.1 开发原理

STM32 控制器芯片内部有一定大小的 SRAM 及 Flash 作为内存和程序存储空间，但当程序较大，内存和程序空间不足时，就需要在 STM32 芯片的外部扩展存储器了。扩展内存时一般使用 SRAM 和 SDRAM 存储器，但 STM32F407 系列的芯片不支持扩展 SDRAM（STM32F429 系列支持），它仅支持使用 FSMC 外设扩展 SRAM。下面以 SRAM 为例讲解如何为 STM32 扩展内存。

给 STM32 芯片扩展内存与给 PC 扩展内存的原理是一样的，只是 PC 上一般以内存条的形式扩展，内存条实质是由多个内存颗粒（即 SRAM 芯片）组成的通用标准模块，而 STM32直接与 SRAM 芯片连接。

IS62WV51216 的 SRAM 芯片内部结构框图如图 8-32 所示。

SRAM 的内部结构如图 8-33 所示。

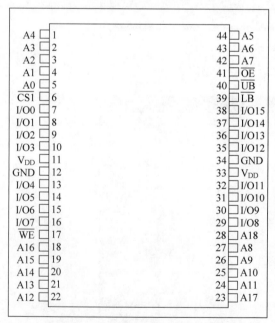

图 8-32　SRAM 芯片内部结构框图

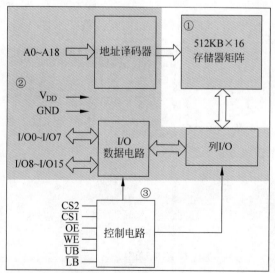

图 8-33　SRAM 内部结构

1. SRAM 信号线

左侧引出的是 SRAM 芯片的控制引脚，如表 8-7 所示。

表 8-7 SRAM 芯片的控制引脚

信 号 线	类 型	说 明
A0～A18	I	地址输入
I/O0～I/O7	I/O	数据输入输出信号,低字节
I/O8～I/O15	I/O	数据输入输出信号,高字节
CS2 和 $\overline{CS1}$	I	片选信号,CS2 高电平有效,$\overline{CS1}$ 低电平有效,部分芯片只有其中一个引脚
$\overline{OE}$	I	输出使能信号,低电平有效
$\overline{WE}$	I	写入使能,低电平有效
$\overline{UB}$	I	数据掩码信号 Upper Byte,高位字节允许访问,低电平有效
$\overline{LB}$	I	数据掩码信号 Lower Byte,低位字节允许访问,低电平有效

SRAM 的控制比较简单,只要控制信号线使能了访问,从地址线输入要访问的地址,即可从 I/O 数据线写入或读出数据。

2. 存储器矩阵

对于 SRAM 内部包含的存储阵列,可以把它理解成一张表格,数据就填在这张表格中。与表格查找一样,指定一个行地址和列地址,就可以精确地找到目标单元格,这是 SRAM 芯片寻址的基本原理。这样的每个单元格被称为存储单元,这样的表被称为存储矩阵,如图 8-34 所示。

地址译码器把 N 根地址线转换成 2^N 根信号线,每根信号线对应一行或一列存储单元,通过地址线找到具体的存储单元,实现寻址。如果存储阵列比较大,那么地址线会分成行和列地址,或者行、列分时复用同一地址总线,访问数据寻址时先用地址线传输行地址再传输列地址。

本实例中的 SRAM 比较小,没有列地址线,它的数据宽度为 16 位,即一个行地址对应 2 字节空间,框图中左侧的 A0～A18 是行址信号,18 根地址线一共可以表示 $2^{18}=2^8 \times 1024 = 512$K 行存储单元,所以它一共能访问 512K×16bit 大

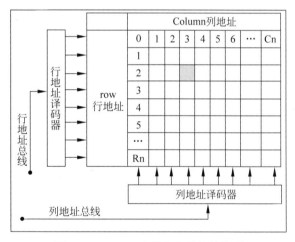

图 8-34 SRAM 内部包含的存储阵列

小的空间。访问时,使用 $\overline{UB}$ 或 $\overline{LB}$ 线控制数据宽度,例如,当要访问宽度为 16 位的数据时,使用行地址线指出地址,然后把 $\overline{UB}$ 和 $\overline{LB}$ 线都设置为低电平,那么 I/O0～I/O15 线都有效,它们一起输出该地址的 16 位数据(或者接收 16 位数据到该地址);当要访问宽度为 8 位的数据时,使用行地址线指出地址,然后把 $\overline{UB}$ 或 $\overline{LB}$ 中的一个设置为低电平,I/O 会对应输出该地址的高 8 位和低 8 位数据,因此它们被称为数据掩码信号。

3. 控制电路

控制电路主要包含了片选、读写使能以及上面提到的宽度控制信号 $\overline{UB}$ 和 $\overline{LB}$。利用 CS2 或 $\overline{CS1}$ 片选信号,可以把多个 SRAM 芯片组成一个大容量的内存条。$\overline{OE}$ 和 $\overline{WE}$ 可以控制读写使能,防止误操作。

4. SRAM 的读写流程

对 SRAM 进行读写数据时,它各个信号线的时序流程简图,如图 8-35 所示。

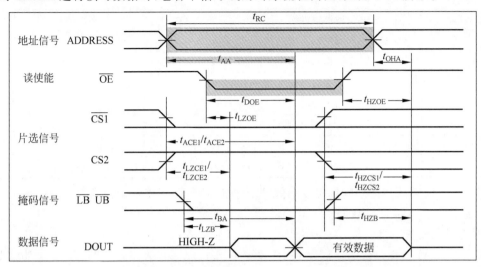

图 8-35　SRAM 进行读写数据流程

读写时序的流程:

- 主机使用地址信号线发出要访问的存储器目标地址;
- 控制片选信号 $\overline{CS1}$ 及 $\overline{CS2}$ 使能存储器芯片;
- 若是要进行读操作,则控制读使能信号 $\overline{OE}$ 表示要读数据,若进行写操作则控制写使能信号 $\overline{WE}$ 表示要写数据;
- 使用掩码信号 $\overline{LB}$ 与 $\overline{UB}$ 指示要访问目标地址的高、低字节部分;
- 若是读取过程,存储器会通过数据线向主机输出目标数据,若是写入过程,主要使用数据线向存储器传输目标数据。

在读写时序中,有几个比较重要的时间参数,在使用 STM32 控制的时候需要参考,如表 8-8 所示。

表 8-8　时间参数

时 间 参 数	IS62WV51216BLL_55ns 型号的时间要求	说　　　明
t_{RC}	不小于 55ns	读操作的总时间
t_{AA}	最迟不大于 55ns	从接收到地址信号到给出有效数据的时间
t_{DOE}	最迟不大于 25ns	从接收到读使能信号到给出有效数据的时间
t_{WC}	不小于 55ns	写操作的总时间
t_{SA}	大于 0ns	从发送地址信号到给出写有使能信号的时间
t_{PWE}	不小于 40ns	从接收到写使能信号到数据采样的时间

5. FSMC 简介

STM32F407 系列芯片使用 FSMC 外设来管理扩展的存储器,FSMC 是 FlexibleStatic-MemoryController 的缩写,译为灵活的静态存储控制器。它可以用于驱动包括 SRAM、NORFLASH 以及 NANDFLSAH 类型的存储器,不能驱动如 SDRAM 这种动态的存储器。

FSMC 框图如图 8-36 所示。

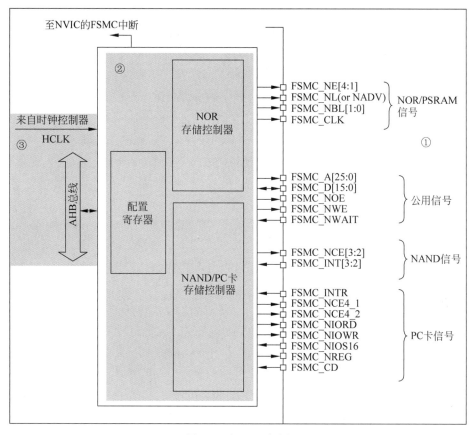

图 8-36　FSMC 框图

1）通信引脚

在图 8-36 的右侧是 FSMC 外设相关的控制引脚，由于控制不同类型存储器的时候会有一些不同的引脚，其中地址线 FSMC_A 和数据线 FSMC_D 是所有控制器都共用的，如表 8-9所示。

表 8-9　通信引脚

FSMC 引脚名称	对应 SRAM 引脚名	说　　明
FSMC_NBL[1:0]	$\overline{LB}$、$\overline{UB}$	数据掩码信号
FSMC_A[18:0]	A[18:0]	行地址线
FSMC_D[15:0]	I/O[15:0]	数据线
FSMC_NWE	$\overline{WE}$	写入使能
FSMC_NOE	$\overline{OE}$	输出使能（读使能）
FSMC_NE[1:4]	$\overline{CE}$	片选信号

其中比较特殊的 FSMC_NE 是用于控制 SRAM 芯片的片选控制信号线，STM32 具有FSMC_NE1/FSMC_NE2/FSMC_NE3/FSMC_NE4 号引脚，不同的引脚对应 STM32 内部不同的地址区域。例如，当 STM32 访问 0x6C000000～0x6FFFFFFF 地址空间时，FSMC_NE3引脚会自动设置为低电平，由于它连接到 SRAM 的 $\overline{CE}$ 引脚，所以 SRAM 的片选被使能；当访问 0x60000000～0x63FFFFFF 地址时，FSMC_NE1 会输出低电平。当使用不同的 FSMC_NE 引脚连接外部存储器时，STM32 访问 SRAM 的地址不一样，从而达到控制多块 SRAM 芯片的目的。

2) 存储器控制器

上面不同类型的引脚是连接到 FSMC 内部对应的存储控制器中的。

NOR/PSRAM/SRAM 设备使用相同的控制器,NAND/PC 卡设备使用相同的控制器,不同的控制器有专用的寄存器用于配置其工作模式。

控制 SRAM 的有 FSMC_BCR1/FSMC_BCR2/FSMC_BCR3/FSMC_BCR4 控制寄存器、FSMC_BTR1/FSMC_BTR2/FSMC_BTR3/FSMC_BTR4 片选时序寄存器以及 FSMC_BWTR1/FSMC_BWTR2/FSMC_BWTR3/FSMC_BWTR4 写时序寄存器。每种寄存器都有 4 个,分别对应 4 个不同的存储区域,各种寄存器介绍如下:

- FSMC_BCR 控制寄存器可配置要控制的存储器类型、数据线宽度以及信号有效性能参数。
- FMC_BTR 时序寄存器用于配置 SRAM 访问时的各种时间延迟,如数据保持时间、地址保持时间等。
- FMC_BWTR 写时序寄存器与 FMC_BTR 寄存器控制的参数类似,它专门用于控制写时序的时间参数。

3) 时钟控制逻辑

FSMC 外设挂载在 AHB 总线上,时钟信号来自 HCLK(默认 168MHz),控制器的同步时钟输出就是由它分频得到的。例如,NOR 控制器的 FSMC_CLK 引脚输出的时钟,它可用于与同步类型的 SRAM 芯片进行同步通信,它的时钟频率可通过 FSMC_BTR 寄存器的 CLKDIV 位配置,可以配置为 HCLK 的 1/2 或 1/3,也就是说,若它与同步类型的 SRAM 通信时,同步时钟最高频率为 84MHz。本示例中的 SRAM 为异步类型的存储器,不使用同步时钟信号,所以时钟分频配置不起作用。

6. FSMC 的地址映射

FSMC 连接好外部的存储器并初始化后,就可以直接通过访问地址来读写数据,这种地址访问与 I2CEEPROM、SPIFLASH 的不一样,后两种方式都需要控制 I^2C 或 SPI 总线给存储器发送地址,然后获取数据;在程序里,这个地址和数据都需要分开使用不同的变量存储,并且访问时还需要使用代码控制发送读写命令。而使用 FSMC 外接存储器时,其存储单元是映射到 STM32 的内部寻址空间的;在程序里,先定义一个指向这些地址的指针,然后就可以通过指针直接修改该存储单元的内容,FSMC 外设会自动完成数据访问过程,读写命令之类的操作不需要程序控制,如图 8-37 所示。

图 8-37 中左侧的是 Cortex-M4 内核的存储空间分配,右侧是 STM32FSMC 外设的地址映射。可以看到,FSMC 的 NOR/PSRAM/SRAM/NANDFLASH 以及 PC 卡的地址都在外部 RAM 地址空间内。正是因为存在这样的地址映射,使得访问 FSMC 控制的存储器时,就跟访问 STM32 的片上外设寄存器一样(片上外设的地址映射即图 8-37 中左侧的"外设"区域)。

FSMC 把整个外部 RAM 存储区域分成了 4 个 Bank 区域,并分配了地址范围及适用的存储器类型,如 NOR 及 SRAM 存储器只能使用 Bank1 的地址。在每个 Bank 的内部又分成了 4 个小块,每个小块有相应的控制引脚用于连接片选信号,如 FSMC_NE[4:1]信号线可用于选择 Bank1 内部的 4 小块地址区域,当 STM32 访问 0x6C000000~0x6FFFFFFF 地址空间时,会访问 Bank1 的第 3 小块区域,相应的 FSMC_NE3 信号线会输出控制信号,如图 8-38 所示。

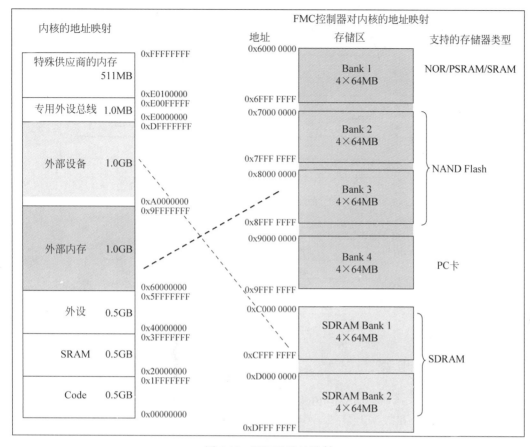

图 8-37 FSMC 地址映射

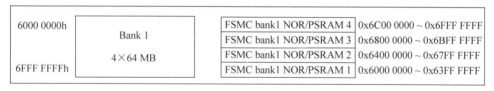

图 8-38 Bank1

7. FSMC 控制 SRAM 的时序

FSMC 外设支持输出多种不同的时序以便于控制不同的存储器,它具有 A、B、C、D 四种模式,下面我们仅针对控制 SRAM 使用的模式 A 进行讲解,如图 8-39 所示。

当内核发出访问某个指向外部存储器地址时,FSMC 外设会根据配置控制信号线产生时序访问存储器,图 8-39 中是访问外部 SRAM 时 FSMC 外设的读写时序。

以读时序为例,图 8-39 表示一个存储器操作周期由地址建立周期(ADDSET)、数据建立周期(DATAST)以及 2 个 HCLK 周期组成。在地址建立周期中,地址线发出要访问的地址,数据掩码信号线指示出要读取地址的高、低字节部分,片选信号使能存储器芯片;地址建立周期结束后读使能信号线发出读使能信号,接着存储器通过数据信号线把目标数据传输给 FSMC,FSMC 把它交给内核。

写时序类似,区别是它的一个存储器操作周期仅由地址建立周期(ADDSET)和数据建立周期(DATAST)组成,且在数据建立周期期间写使能信号线发出写信号,接着 FSMC 把数据通过数据线传输到存储器中。

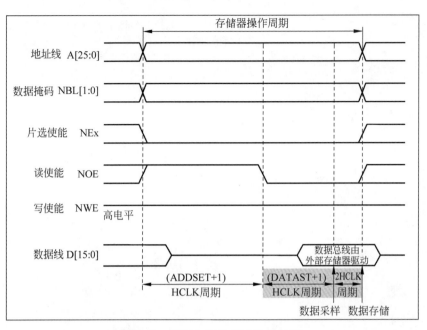

图 8-39 FSMC 控制 SRAM 的时序

8.5.2 开发步骤

（1）导入需要文件，新建 bsp_sram. h 和 bsp_sram. c。查看原理图，明确 SRAM 连接引脚。地址线 $A0\sim A18$ 和数据 I/O 线 $D0\sim D15$ 分别连接在芯片 FSMC 上，如图 8-40 所示。

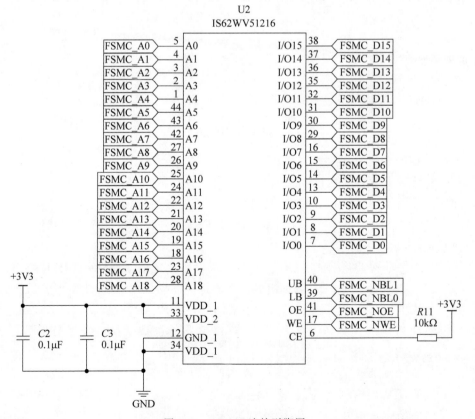

图 8-40 SRAM 连接引脚图

（2）在 bsp_sram.h 定义引脚和相关读写函数。

```
#ifndef __BSP_SRAM_H
#define __BSP_SRAM_H

#include "stm32f4xx.h"
#define u8 uint8_t
#define u16 uint16_t
#define u32 uint32_t

//首地址 0x60000000,每块 0x40000000  块 1 区域 3
#define Bank1_SRAM3_ADDR    ((u32)(0x68000000))

void SRAM_Init(void);
void SRAM_Test(u8 * data1, u16 * data2);
void SRAM_WriteBuff(u32 * p, u8 * pBuffer, u32 n);
void SRAM_ReadnBuff(u32 * p, u8 * pBuffer, u32 n);

//地址线
//FSMC_A0 ～ A5 GPIOF PF0～PF5
#define Pin_FSMC_A0_A5 GPIO_PIN_0 | GPIO_PIN_1 | GPIO_PIN_2 | GPIO_PIN_3 | GPIO_PIN_4 | GPIO_PIN_5
//FSMC_A6 ～ A9 GPIOF PF12～PF15
#define Pin_FSMC_A6_A9 GPIO_PIN_12 | GPIO_PIN_13 | GPIO_PIN_14 | GPIO_PIN_15
//FSMC_A10 ～ A15 GPIOG PG0～PG5
#define Pin_FSMC_A10_A15 GPIO_PIN_0 | GPIO_PIN_1 | GPIO_PIN_2 | GPIO_PIN_3 | GPIO_PIN_4 | GPIO_PIN_5
//FSMC_A16 ～ A18 GPIOD PD0～PD5
#define Pin_FSMC_A16_A18 GPIO_PIN_11 | GPIO_PIN_12 | GPIO_PIN_13

//数据线
//FSMC_D0 ～ D3  D0 ～ D1 GPIOD PD14～PD15 D2 ～ D3 GPIOD PD0～PD1
#define Pin_FSMC_D0_D3 GPIO_PIN_14 | GPIO_PIN_15 | GPIO_PIN_0 | GPIO_PIN_1
//FSMC_D13 ～ D15 GPIOD PD8～PD10
#define Pin_FSMC_D13_D15 GPIO_PIN_8 | GPIO_PIN_9 | GPIO_PIN_10
//FSMC_D4 ～ D12 GPIOE PE7～PE15
#define Pin_FSMC_D4_D12 GPIO_PIN_7 | GPIO_PIN_8 | GPIO_PIN_9 | GPIO_PIN_10 | GPIO_PIN_11 | GPIO_PIN_12 | GPIO_PIN_13 | GPIO_PIN_14 | GPIO_PIN_15

//控制线
//FSMC_NBL0 - L1 PE0 - 1
#define Pin_FSMC_NBL0 GPIO_PIN_0
#define Pin_FSMC_NBL1 GPIO_PIN_1
//FSMC_NOE PD
#define Pin_FSMC_NOE GPIO_PIN_4
//FSMC_NWE PD
#define Pin_FSMC_NWE GPIO_PIN_5
//FSMC_NE3 PG
#define Pin_FSMC_NE3 GPIO_PIN_10
#endif
```

（3）在 bsp_sram.c 中实现读写操作函数。

```
#include "bsp_sram.h"

SRAM_HandleTypeDef SRAM_Handler;

/**
*  函数名:SRAM_Init
*  描述:SRAM 初始化
```

```
*   输入:
*   输出:
*/
void SRAM_Init(void)
{

    FMC_NORSRAM_TimingTypeDef FMC_Timing;

    SRAM_Handler.Instance = FSMC_NORSRAM_DEVICE;              //bank1
    SRAM_Handler.Extended = FSMC_NORSRAM_EXTENDED_DEVICE;
    SRAM_Handler.Init.NSBank = FSMC_NORSRAM_BANK3;           //设置存储器的类型 区域 3
    SRAM_Handler.Init.PageSize = FSMC_PAGE_SIZE_512;        //每页大小
    SRAM_Handler.Init.MemoryType = FSMC_MEMORY_TYPE_SRAM;   //设置存储器的类型
    SRAM_Handler.Init.MemoryDataWidth = FSMC_NORSRAM_MEM_BUS_WIDTH_16; //设置存储器的数据宽度
    SRAM_Handler.Init.ExtendedMode = FSMC_EXTENDED_MODE_ENABLE; //设置是否使能扩展模式
    SRAM_Handler.Init.DataAddressMux = FSMC_DATA_ADDRESS_MUX_DISABLE; //设置地址总线与数据
//总线是否复用
    SRAM_Handler.Init.BurstAccessMode = FSMC_BURST_ACCESS_MODE_DISABLE; //设置是否支持突发
//访问模式,只支持同步类型的存储器
    SRAM_Handler.Init.AsynchronousWait = FSMC_ASYNCHRONOUS_WAIT_DISABLE; //设置是否使能在同
//步传输时的等待信号
    SRAM_Handler.Init.WriteOperation = FSMC_WRITE_OPERATION_ENABLE;  //写操作使能


    FMC_Timing.AccessMode = FSMC_ACCESS_MODE_A;   //设置访问模式
    FMC_Timing.AddressHoldTime = 0;                //地址保持时间,0~0xF 个 HCLK 周期
    FMC_Timing.AddressSetupTime = 0;               //地址建立时间,0~0xF 个 HCLK 周期
    FMC_Timing.BusTurnAroundDuration = 0;    //总线转换周期,0~0xF 个 HCLK 周期,在 NOR FLASH
    FMC_Timing.CLKDivision = 0;       //时钟分频因子,1~0xF,若控制异步存储器,本参数无效
    FMC_Timing.DataLatency = 0;       //数据延迟时间,若控制异步存储器,本参数无效
    FMC_Timing.DataSetupTime = 0x06; //地址建立时间,0~0xF 个 HCLK 周期

    HAL_SRAM_Init(&SRAM_Handler, &FMC_Timing, &FMC_Timing);    //读写时序相同
    HAL_SRAM_WriteOperation_Enable(&SRAM_Handler);
}

/**
*   函数名:HAL_SRAM_MspInit
*   描述:引脚初始化
*   输入:
*   输出:
*/
void HAL_SRAM_MspInit(SRAM_HandleTypeDef * hsram)
{
    GPIO_InitTypeDef GPIO_Initure;

    __HAL_RCC_FSMC_CLK_ENABLE();                          //FSMC 时钟使能
    __HAL_RCC_GPIOF_CLK_ENABLE();
    __HAL_RCC_GPIOG_CLK_ENABLE();
    __HAL_RCC_GPIOD_CLK_ENABLE();
    __HAL_RCC_GPIOE_CLK_ENABLE();

    GPIO_Initure.Mode = GPIO_MODE_AF_PP;
    GPIO_Initure.Pull = GPIO_PULLUP;
    GPIO_Initure.Speed = GPIO_SPEED_FREQ_HIGH;
    GPIO_Initure.Alternate = GPIO_AF12_FSMC;                //复用
```

```
    //A 地址线
    GPIO_Initure.Pin = Pin_FSMC_A0_A5 | Pin_FSMC_A6_A9;
    HAL_GPIO_Init(GPIOF,&GPIO_Initure);
    GPIO_Initure.Pin = Pin_FSMC_A10_A15;
    HAL_GPIO_Init(GPIOG,&GPIO_Initure);
    GPIO_Initure.Pin = Pin_FSMC_A16_A18;
    HAL_GPIO_Init(GPIOD,&GPIO_Initure);

    //D IO 线
    GPIO_Initure.Pin = Pin_FSMC_D0_D3 | Pin_FSMC_D13_D15;
    HAL_GPIO_Init(GPIOD,&GPIO_Initure);
    GPIO_Initure.Pin = Pin_FSMC_D4_D12;
    HAL_GPIO_Init(GPIOE,&GPIO_Initure);

    //控制线
    GPIO_Initure.Pin = Pin_FSMC_NBL0;
    HAL_GPIO_Init(GPIOE,&GPIO_Initure);
    GPIO_Initure.Pin = Pin_FSMC_NBL1;
    HAL_GPIO_Init(GPIOE,&GPIO_Initure);

    GPIO_Initure.Pin = Pin_FSMC_NOE | Pin_FSMC_NWE;
    HAL_GPIO_Init(GPIOD,&GPIO_Initure);
    GPIO_Initure.Pin = Pin_FSMC_NE3;
    HAL_GPIO_Init(GPIOG,&GPIO_Initure);


}

/**
*    函数名:SRAM_WriteBuff
*    描述:指定 SRAM 区域地址写入
*    输入:p:写入地址 pBuffer:数据地址 n:数据大小
*    输出:
*/
void SRAM_WriteBuff(u32 * p, u8 * pBuffer, u32 n)
{
    //直接操作地址写
//while(n--){
//*     p = * pBuffer;
//      p++;
//      pBuffer++;
//  }
    HAL_SRAM_Write_8b(&SRAM_Handler, p, pBuffer, n);
}

/**
*    函数名:SRAM_ReadnBuff
*    描述:指定 SRAM 区域地址读出
*    输入:p:写入地址 pBuffer:数据地址 n:数据大小
*    输出:
*/
void SRAM_ReadnBuff(u32 * p, u8 * pBuffer, u32 n)
{
    //直接操作地址读
//  while(n--){
//      * pBuffer = * p;
//      p++;
```

```
//        pBuffer++;
//    }
    HAL_SRAM_Read_8b(&SRAM_Handler, p, pBuffer, n);
}


/**
 *   函数名:SRAM_Test
 *   描述:读写测试
 *   输入:
 *   输出:
 */
void SRAM_Test(u8 * data1, u16 * data2)
{
    u8   value1 = 0x55;
    u16 value2 = 0x1010;

    //直接操作地址 读写
//   * (u8 *)(Bank1_SRAM3_ADDR) = (u8)0x55;                //写 8 位数据
//   * data1 = * (u8 *)(Bank1_SRAM3_ADDR);                //读 8 位数据
//
//   * (u16 *)(Bank1_SRAM3_ADDR + 16) = (u16)0x1010;
//   * data2 = * (u16 *)(Bank1_SRAM3_ADDR + 16);
//

    //函数读写
    HAL_SRAM_Write_8b(&SRAM_Handler, (u32 *)Bank1_SRAM3_ADDR, &value1, 1);
    HAL_SRAM_Read_8b(&SRAM_Handler,( u32 *)Bank1_SRAM3_ADDR, data1, 1);

    HAL_SRAM_Write_16b(&SRAM_Handler, (u32 *)(Bank1_SRAM3_ADDR + 16), &value2, 1);
    HAL_SRAM_Read_16b(&SRAM_Handler, (u32 *)(Bank1_SRAM3_ADDR + 16), data2, 1);
}
```

(4) main.c 中读写指定地址数据。

```
# include "bsp_clock.h"
# include "bsp_uart.h"
# include "bsp_key.h"
# include "bsp_sram.h"
# include "bsp_led.h"

int main(void)
{
    u8 data1;
    u16 data2;

    u8 Txbuf[] = "SRAM ReadWrite Test";
    u32 n = sizeof(Txbuf);
    u8 Rxbuf[n];

    CLOCLK_Init();                     //初始化系统时钟
    UART_Init();                       //串口初始化
    KEY_Init();                        //按键初始化
    LED_Init();                        //LED 初始化
    SRAM_Init();                       //SRAM 初始化

    while(1)
    {
        u8 KEY = KEY_Scan(0);
```

```
    if(KEY == 1)                      //按下 KEY0 键判断、读取写入的数据为 8 位还是 16 位
    {
        SRAM_Test(&data1, &data2);    //读写数据

        if(data1 == 0x55){            //读取写入的 8 位数据
            LED1_ON;
        }

        if(data2 == 0x1010){          //读取写入的 16 位数据
            LED2_ON;
        }
    }

    if(KEY == 2)                      //按下 KEY1 键,字符串读写
    {
        SRAM_WriteBuff((u32 * )(Bank1_SRAM3_ADDR + 64), Txbuf, n);    //写
        HAL_Delay(50);
        SRAM_ReadnBuff((u32 * )(Bank1_SRAM3_ADDR + 64), Rxbuf, n);    //读
        printf(" % s",Rxbuf);
    }
    HAL_Delay(50);
    }
}
```

8.5.3 运行结果

把编译好的程序下载到开发板。

按下 KEY0 键,测试 8b 和 16b 单个数据读写,读写正确,会点亮 LED1、LED2。

按下 KEY1 键,测试字符串读写,读出的数据打印出来,如图 8-41 所示。

图 8-41 输出结果

练习

(1) 简述 SRAM 的读写流程。

（2）简述 FSMC 的工作原理。

（3）实现外部 SRAM 的增、删、改、查的功能。

8.6　内存管理

学习目标

了解内部内存,外部内存,实现对内存的动态管理。

8.6.1　开发原理

内存管理是指软件运行时对计算机内存资源的分配和使用的技术。其最主要的目的是如何高效、快速地分配内存资源,并且在适当的时候释放和回收内存资源。内存管理的实现方法有很多种,其实最终都是要实现 2 个函数:malloc()和 free();malloc()函数用于内存申请,free()函数用于内存释放。

内存管理可通过一种比较简单的办法来实现:分块式内存管理,从图 8-42 可以看出,分块式内存管理由内存池和内存管理表两部分组成。内存池被等分为 n 块,对应的内存管理表,大小也为 n,内存管理表的每一个项对应内存池的一块内存。内存管理表的项值代表的意义为:当该项值为 0 的时候,代表对应的内存块未被占用,当该项值非零的时候,代表该项对应的内存块已经被占用,其数值则代表被连续占用的内存块数。比如某项值为 10,那么说明包括本项对应的内存块在内,总共分配了 10 个内存块给外部的某个指针。

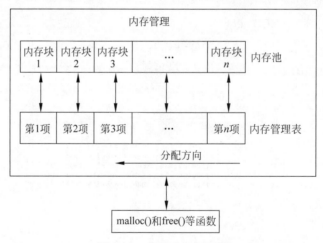

图 8-42　分块式内存管理

内存分配方向是从顶向底的分配方向。即首先从最末端开始找空内存。当内存管理刚初始化的时候,内存表全部清零,表示没有任何内存块被占用。

1. 分配原理

当指针 p 调用 malloc()申请内存的时候,先判断 p 要分配的内存块数(m),然后从第 n 项开始,向下查找,直到找到 m 块连续的空内存块(即对应内存管理表项为 0),然后将这 m 个内存管理表项的值都设置为 m(标记被占用),最后,把最后的这个空内存块的地址返回指针 p,完成一次分配。注意,如果当内存不够的时候(找到最后也没找到连续的 m 块空闲内存),则返回 NULL 给 p,表示分配失败。

2. 释放原理

当 p 申请的内存用完,需要释放的时候,调用 free 函数实现。free 函数先判断 p 指向的内存地址所对应的内存块,然后找到对应的内存管理表项目,得到 p 所占用的内存块数目 m(内存管理表项目的值就是所分配内存块的数目),将这 m 个内存管理表项目的值都清零,标记释放,完成一次内存释放。

8.6.2 开发步骤

(1) 导入 bsp_sram.h 和 bsp_sram.c 文件,新建 bsp_mallco.h 和 bsp_mallco.c。在 bsp_mallco.h 定义引脚和相关读写函数。

```
#ifndef __BSP_SRAM_H
#ifndef __BSP_MALLOC_H
#define __BSP_MALLOC_H

#include "stm32f4xx.h"

#ifndef NULL
#define NULL 0
#endif

//定义三个内存池
#define SRAMIN   0          //内部内存池
#define SRAMEX   1          //外部内存池
#define SRAMCCM  2          //CCM 内存池(此部分 SRAM 仅仅 CPU 可以访问)

#define SRAMBANK   3        //定义支持的 SRAM 块数

//mem1 内存参数设定.mem1 完全处于内部 SRAM 里面
#define MEM1_BLOCK_SIZE         32                       //内存块大小为 32B
#define MEM1_MAX_SIZE           100 * 1024               //最大管理内存 100KB
#define MEM1_ALLOC_TABLE_SIZE   MEM1_MAX_SIZE/MEM1_BLOCK_SIZE   //内存表大小

//mem2 内存参数设定.mem2 的内存池处于外部 SRAM 里面
#define MEM2_BLOCK_SIZE         32                       //内存块大小为 32B
#define MEM2_MAX_SIZE           960 * 1024               //最大管理内存 960KB
#define MEM2_ALLOC_TABLE_SIZE   MEM2_MAX_SIZE/MEM2_BLOCK_SIZE   //内存表大小

//mem3 内存参数设定.mem3 处于 CCM,用于管理 CCM(应特别注意,这部分 SRAM,仅 CPU 可以访问)
#define MEM3_BLOCK_SIZE         32                       //内存块大小为 32B
#define MEM3_MAX_SIZE           60 * 1024                //最大管理内存 60KB
#define MEM3_ALLOC_TABLE_SIZE   MEM3_MAX_SIZE/MEM3_BLOCK_SIZE   //内存表大小

//内存管理控制器
struct _m_mallco_dev
{
    void ( * init)(uint8_t);                    //初始化
    uint8_t ( * perused)(uint8_t);              //内存使用率
    uint8_t * membase[SRAMBANK];                //内存池 管理 SRAMBANK 个区域的内存
    uint16_t * memmap[SRAMBANK];                //内存管理状态表
    uint8_t   memrdy[SRAMBANK];                 //内存管理是否就绪
};
extern struct _m_mallco_dev mallco_dev;         //在 mallco.c 中定义

void mymemset(void * s, uint8_t c, uint32_t count);     //设置内存
```

```
void mymemcpy(void * des, void * src, uint32_t n);          //复制内存
void my_mem_init(uint8_t memx);                             //内存管理初始化函数(外/内部调用)
uint32_t my_mem_malloc(uint8_t memx, uint32_t size);        //内存分配(内部调用)
uint8_t my_mem_free(uint8_t memx, uint32_t offset);         //内存释放(内部调用)
uint8_t my_mem_perused(uint8_t memx);                       //获得内存使用率(外/内部调用)
/////////////////////////////////////////////////////////////////////////////
//用户调用函数
void myfree(uint8_t memx, void * ptr);                      //内存释放(外部调用)
void * mymalloc(uint8_t memx, uint32_t size);              //内存分配(外部调用)
void * myrealloc(uint8_t memx, void * ptr, uint32_t size); //重新分配内存(外部调用)
#endif
```

(2) 在 bsp_mallco.c 中实现读写操作函数。

```
#include "bsp_mallco.h"

/*** 内存池(32 字节对齐) ***/
//内部 SRAM 内存池
__align(32) uint8_t mem1base[MEM1_MAX_SIZE];
//外部 SRAM 内存池
__align(32) uint8_t mem2base[MEM2_MAX_SIZE] __attribute__((at(0x68000000)));
//内部 CCM 内存池
__align(32) uint8_t mem3base[MEM3_MAX_SIZE] __attribute__((at(0x10000000)));


/*** 内存管理表 ***/
//内部 SRAM 内存池 MAP
uint16_t mem1mapbase[MEM1_ALLOC_TABLE_SIZE];
//外部 SRAM 内存池 MAP
uint16_t mem2mapbase[MEM2_ALLOC_TABLE_SIZE] __attribute__((at(0X68000000 + MEM2_MAX_SIZE)));
//内部 CCM 内存池 MAP
uint16_t mem3mapbase[MEM3_ALLOC_TABLE_SIZE] __attribute__((at(0X10000000 + MEM3_MAX_SIZE)));


/*** 内存管理参数 ***/
//内存表大小 总字节/分块大小(32B)
const uint32_t memtblsize[SRAMBANK] = {MEM1_ALLOC_TABLE_SIZE, MEM2_ALLOC_TABLE_SIZE, MEM3_
ALLOC_TABLE_SIZE};
//内存分块大小 32B
const uint32_t memblksize[SRAMBANK] = {MEM1_BLOCK_SIZE, MEM2_BLOCK_SIZE, MEM3_BLOCK_SIZE};
//内存总大小 总字节数
const uint32_t memsize[SRAMBANK] = {MEM1_MAX_SIZE, MEM2_MAX_SIZE, MEM3_MAX_SIZE};

/*** 内存管理控制器 ***/
struct _m_mallco_dev mallco_dev =
{
    my_mem_init,                                   //内存初始化
    my_mem_perused,                                //内存使用率
    {mem1base, mem2base, mem3base},                //内存池
    {mem1mapbase, mem2mapbase, mem3mapbase},       //内存管理状态表
    {0,0,0}                                        //内存管理未就绪
};

/**
* 函数名:mymemset
* 描述:写内存
*     输入:* s:内存首地址
*          c:要设置的值
```

```
 *       count:需要设置的内存大小(字节为单位)
 * 输出:void
 */
void mymemset(void * s, uint8_t c, uint32_t count)//写内存
{
    uint8_t * xs = s;
    while(count -- )
    {
        * xs++ = c;
    }
}


/**
 *    函数名:mymemcpy
 *    描述:复制内存
 *    输入: * des:目的地址
 *                   * src:源地址
 *                      n:需要复制的内存长度(以字节为单位)
 *    输出:void
 */
void mymemcpy(void * des,void * src,uint32_t n)                //复制内存
{
    uint8_t * xdes = des;
    uint8_t * xsrc = des;
    while(n -- )
    {
        * xdes++ =  * xsrc++;
    }
}


/**
 *    函数名:my_mem_init
 *    描述:内存管理初始化函数(外/内部调用)
 *    输入:memx 所属内存块
 *    输出:void
 */
void my_mem_init(uint8_t memx)
{
    //内存状态表数据清零
    mymemset(mallco_dev.memmap[memx], 0, memtblsize[memx] * 2);
    //内存池所有数据清零
    mymemset(mallco_dev.membase[memx], 0, memsize[memx]);
    //内存管理初始化 OK
    mallco_dev.memrdy[memx] = 1;
}


/**
 *    函数名:my_mem_malloc
 *    描述:内存分配(内部调用)
 *    输入: memx:所属内存块 size:要分配的内存大小(字节)
 *    输出: 0XFFFFFFFF,代表错误;其他,内存偏移地址
 */
uint32_t my_mem_malloc(uint8_t memx, uint32_t size)
{
    signed long offset = 0;
    uint32_t nmemb;                               //需要的内存块数
    uint32_t cmemb = 0;                           //连续空内存块数
```

```
        uint32_t i;
    if(!mallco_dev.memrdy[memx])                    //未初始化,先执行初始化
        {
            mallco_dev.init(memx);
        }
        if(size == 0)                               //不需要分配
        {
            return 0xFFFFFFFF;
        }
        nmemb = size/memblksize[memx];              //获取需要分配的连续内存块数
        if(size % memblksize[memx]){
            nmemb++;
        }
        for(offset = memtblsize[memx] - 1;offset >= 0;offset -- )  //搜索整个内存控制区
    {
            if(!mallco_dev.memmap[memx][offset])    //连续空内存块数增加
            {
                cmemb++;
            }
            else                                    //连续内存块清零
            {
                cmemb = 0;
            }
            if(cmemb == nmemb)                      //找到了连续 nmemb 个空内存块
            {
                for(i = 0;i < nmemb;i++)            //标注内存块非空
                {
                    mallco_dev.memmap[memx][offset + i] = nmemb;
                }
                return offset * memblksize[memx];   //返回偏移地址
            }
        }

        return 0xFFFFFFFF;                          //未找到符合分配条件的内存块
    }


    /**
    *   函数名:my_mem_free
    *   描述:内存释放(内部调用)
    *   输入: memx:所属内存块 offset:内存地址偏移
    *   输出: 0,释放成功;1,释放失败
    */
    uint8_t my_mem_free(uint8_t memx, uint32_t offset)
    {
        uint32_t i;
    if(!mallco_dev.memrdy[memx])                    //未初始化,先执行初始化
        {
            mallco_dev.init(memx);
            return 1;
        }
        if(offset < memsize[memx])                  //在内存池内偏移
        {
            uint32_t index = offset/memblksize[memx];       //偏移所在内存块号码
            uint32_t nmemb = mallco_dev.memmap[memx][index];    //内存块数量
            for(i = 0;i < nmemb;i++)                //内存块清零
            {
                mallco_dev.memmap[memx][index + i] = 0;
```

```
        }
        return 0;
    }
    else{
        return 2;                                    //偏移超出范围
    }
}


/**
 *  函数名:my_mem_perused
 *  描述:获得内存使用率(外/内部调用)
 *  输入:memx:所属内存块
 *  输出:使用率(0~100)
 */
uint8_t my_mem_perused(uint8_t memx)
{
    uint32_t used = 0,i;
    for(i = 0;i < memtblsize[memx];i++)
    {
        if(mallco_dev.memmap[memx][i])
        {
            used++;
        }
    }

    return (used * 100)/memblksize[memx];
}


/////////////////////////////////////////////////////////////////////
//用户调用函数
/**
 *  函数名:myfree
 *  描述:内存释放(外部调用)
 *  输入:memx:所属内存块
 *  输出:ptr:内存首地址
 */
void myfree(uint8_t memx, void * ptr)
{
    uint32_t offset;
    if(ptr == NULL)
    {
        return;
    }
    offset = (uint32_t)ptr - (uint32_t)mallco_dev.membase[memx];
    my_mem_free(memx, offset);
}


/**
 *  函数名:mymalloc
 *  描述:内存分配(外部调用)
 *  输入:memx:所属内存块,size:内存大小(字节)
 *  输出:分配到的内存首地址
 */
void * mymalloc(uint8_t memx, uint32_t size)
{
    uint32_t offset;
```

```
        offset = my_mem_malloc(memx, size);
        if(offset == 0xFFFFFFFF)
        {
            return NULL;
        }
        else
        {
            return (void *)((uint32_t)mallco_dev.membase[memx] + offset);
        }
    }

    /**
    *    函数名:myrealloc
    *    描述:重新分配内存(外部调用)
    *    输入:memx:所属内存块, * ptr:旧内存首地址,size:要分配的内存大小(字节)
    *    输出:新分配到的内存首地址
    */
    void * myrealloc(uint8_t memx, void * ptr, uint32_t size)
    {
        uint32_t offset;
        offset = my_mem_malloc(memx,size);
        if(offset == 0xFFFFFFFF)
        {
            return NULL;
        }
        else
        {
            //拷贝旧内存内容到新内存
            mymemcpy((void *)((uint32_t)mallco_dev.membase[memx] + offset), ptr, size);
            //释放旧内存
            myfree(memx, ptr);
            //返回新内存首地址
            return (void *)((uint32_t)mallco_dev.membase[memx] + offset);
        }
    }
```

(3) 在 main.c 中切换不同的内存区域,读写指定地址的数据。

```
# include "bsp_clock.h"
# include "bsp_uart.h"
# include "bsp_key.h"
# include "bsp_sram.h"
# include "bsp_led.h"
# include "bsp_mallco.h"
# include < string.h>

int main(void)
{
    uint8_t i = 0;
    uint8_t * p = 0;
    uint8_t sramx = 0;                        //默认为内部 SRAM
    uint8_t tx[] = "SRAMEX Malloc Test";
    uint32_t n = sizeof(tx);
    uint8_t rx[n];

    CLOCLK_Init();                            //初始化系统时钟
    UART_Init();                              //串口初始化
    KEY_Init();                               //按键初始化
```

```
    LED_Init();                                      //LED 初始化
    SRAM_Init();                                     //SRAM 初始化

    my_mem_init(SRAMIN);                             //初始化内部内存池
    my_mem_init(SRAMEX);                             //初始化外部内存池
    my_mem_init(SRAMCCM);                            //初始化 CCM 内存池

    while(1)
    {
        uint8_t key = KEY_Scan(0);
        if(key == 1)                                 //按下 KEY0 键
        {
            p = mymalloc(sramx,2048);                //申请 2KB

            if(p!= NULL && sramx == 0)               //内部内存池
            {
                strcpy((char * )p,"SRAMIN Malloc Test");  //向内部内存池写入一些内容
                HAL_Delay(100);
        printf(" % s \n",p);
            }
            else if(p!= NULL && sramx == 2)          //CCM 内存池
            {
                strcpy((char * )p,"SRAMCCM Malloc Test");  //向 CCM 内存池写入一些内容
                HAL_Delay(100);
            printf(" % s \n",p);
            }
            else if(p!= NULL && sramx == 1)          //外部内存池
            {
                SRAM_WriteBuff(p,tx,n);              //向 CCM 内存池写入一些内容
                HAL_Delay(100);
                SRAM_ReadnBuff(p,rx,n);
                printf(" % s \n",rx);
            }

            myfree(sramx,p);
            p = 0;
            i++;
        }

        if(key == 2)
        { //按下 KEY1 键 切换 SRAM
            sramx++;
            if(sramx > 2)
            {
                sramx = 0;
            }

            if(sramx == 0) printf("SRAMIN \n");
            if(sramx == 1) printf("SRAMEX \n");
            if(sramx == 2) printf("SRAMCCM \n");
        }

        HAL_Delay(50);
    }
}
```

8.6.3　运行结果

把编译好的程序下载到开发板。按 KEY1 键切换内存,按 KEY0 键在对应内存中写入数据后再读出数据并打印出来,如图 8-43 所示。

图 8-43　输出结果

练习

(1) 简述内存分配原理与释放原理。

(2) 如何利用内存的动态管理实现内存优化?

第9章

CHAPTER 9

高级外设开发

9.1 MPU6050 传感器

学习目标

掌握 MPU6050 传感器驱动原理，通过 I^2C 通信协议测出 MPU6050 的陀螺仪和加速度值，并计算欧拉角。

9.1.1 开发原理

在 STM32F4 开发板上有一个 MPU6050 芯片，它是一种六轴传感器模块，能同时检测三轴加速度、三轴陀螺仪(三轴角速度)的运动数据以及温度数据。通过测出的加速度值和角速度值可以计算出姿态角，如图 9-1 所示，通常应用于手机、智能手环、四轴飞行器及计步器等的姿态检测。

传感器通过 I^2C 接口进行控制，并且内部含有主 I^2C 接口，可用于连接外部从设备，传感器内部结构如图 9-2 所示。

其中，SCL 和 SDA 是连接 MCU 的 I^2C 接口，MCU 通过这个 I^2C 接口来控制 MPU6050，另外还有一对 I^2C 引脚：AUX_CL 和 AUX_DA，这个接口可用于连接外部从设备，比如磁传感器，这样就可以组成一个九轴传感器。VLOGIC 是 I/O 口电压，该引脚最低可以到 1.8V，一般直接接 VDD 即可。AD0 是从 I^2C 接口(接 MCU)的地址控制引脚，该引脚控制 I^2C 地址的最低位。如果接 GND，

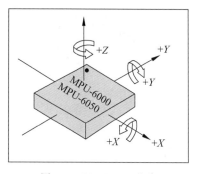

图 9-1　MPU6050 芯片

则 MPU6050 的 I^2C 地址是 0x68；如果接 VDD，则是 0x69，注意：这里的地址是不包含数据传输的最低位的(最低位用来表示读写)。

接下来介绍一下传感器中几个重要的寄存器。

(1) 电源管理寄存器 1，地址 0x6B，如图 9-3 所示。

DEVICE_RESET 位：用来控制复位，设置为 1，复位 MPU6050，复位结束后，MPU 硬件自动清零该位。

SLEEP 位：用于控制 MPU6050 的工作模式，复位后，该位为 1，即进入了睡眠模式(低功耗)，所以我们要清零该位，以进入正常工作模式。

CYCLE 位：当失能 SLEEP 且 CYCLE 为 1 时，MPU6050 进入循环模式。在循环模式，

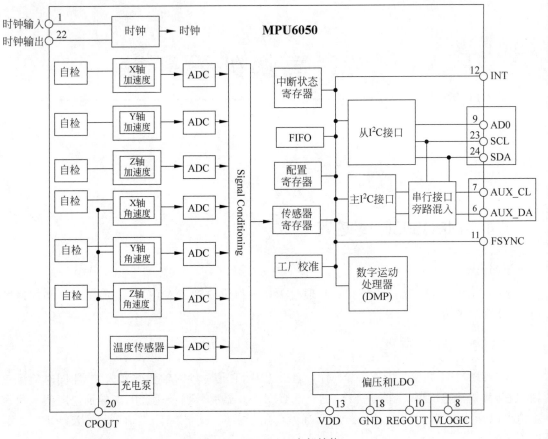

图 9-2 MPU6050 内部结构

Register (Hex)	Register (Decimal)	Bit7	Bit6	Bit5	Bit4	Bit3	Bit2	Bit1	Bit0
6B	107	DEVICE_RESET	SLEEP	CYCLE	—	TEMP_DIS	CLKSEL[2:0]		

图 9-3 电源管理寄存器

设备在睡眠模式和唤醒模式间循环。

　　TEMP_DIS 位：用于设置是否使能温度传感器，设置为 0，则使能。

　　CLKSEL[2:0]：用于选择系统时钟源，选择关系如表 9-1 所示。

表 9-1　选择系统时钟源

CLKSEL[2:0]	时　钟　源
000	内部 8M RC 晶振
001	PLL，使用 X 轴陀螺作为参考
010	PLL，使用 Y 轴陀螺作为参考
011	PLL，使用 Z 轴陀螺作为参考
100	PLL，使用外部 32.768kHz 作为参考
101	PLL，使用外部 19.2MHz 作为参考
110	保留
111	关闭时钟，保持时序产生电路复位状态

　　默认是使用内部 8MHz RC 振荡器的，精度不高，所以一般选择陀螺仪 X/Y/Z 轴的 PLL 作为时钟源。

（2）陀螺仪配置寄存器，该寄存器地址为 0x1B，如图 9-4 所示。

Register (Hex)	Register (Decimal)	Bit7	Bit6	Bit5	Bit4	Bit3	Bit2	Bit1	Bit0
1B	27	XG_ST	YG_ST	ZG_ST	FS_SEL[1:0]		—	—	—

图 9-4　陀螺仪配置寄存器

XG_ST：该位置位 X 轴进行自检。

YG_ST：该位置位 Y 轴进行自检。

ZG_ST：该位置位 Z 轴进行自检。

FS_SEL[1:0]：这两位用于设置陀螺仪的满量程范围，如表 9-2 所示。

表 9-2　陀螺仪量程

FS_SEL	满量程范围	FS_SEL	满量程范围
0	±250°/s	2	±1000°/s
1	±500°/s	3	±2000°/s

（3）加速度传感器配置寄存器，寄存器地址为 0x1C，如图 9-5 所示。

Register (Hex)	Register (Decimal)	Bit7	Bit6	Bit5	Bit4	Bit3	Bit2	Bit1	Bit0
1C	28	XA_ST	YA_ST	ZA_ST	AFS_SEL[1:0]			—	

图 9-5　加速度传感器配置寄存器

XA_ST：该位置 1，加速度计 X 轴自检。

YA_ST：该位置 1，加速度计 Y 轴自检。

ZA_ST：该位置 1，加速度计 Z 轴自检。

AFS_SEL[1:0]：这两位用于设置加速度传感器的满量程范围，如表 9-3 所示。

表 9-3　加速度计量程

AFS_SEL	满量程范围	AFS_SEL	满量程范围
0	±2g	2	±8g
1	±4g	3	±16g

（4）FIFO 使能寄存器，寄存器地址为 0x23，如图 9-6 所示。

Register (Hex)	Register (Decimal)	Bit7	Bit6	Bit5	Bit4	Bit3	Bit2	Bit1	Bit0
23	35	TEMP_FIFO_EN	XG_FIFO_EN	YG_FIFO_EN	ZG_FIFO_EN	ACCEL_FIFO_EN	SLV2_FIFO_EN	SLV1_FIFO_EN	SLV0_FIFO_EN

图 9-6　FIFO 使能寄存器

该寄存器用于控制 FIFO 使能，在简单读取传感器数据的时候，可以不用 FIFO，设置对应位为 0 即可禁止 FIFO，设置为 1，则使能 FIFO。注意：加速度传感器的 3 个轴，全由 1 位（ACCEL_FIFO_EN）控制，只要该位置 1，则加速度传感器的 3 个通道都会开启 FIFO。

参数：

TEMP_FIFO_EN：该位置 1，该位使能 TEMP_OUT_H 和 TEMP_OUT_L 可以加载到 FIFO 缓冲区。

XG_FIFO_EN：该位置 1，该位使能 GYRO_XOUT_H 和 GYRO_XOUT_L 可以加载到 FIFO 缓冲区。

YG_FIFO_EN：该位置 1，该位使能 GYRO_YOUT_H 和 GYRO_YOUT_L 可以加载到

FIFO 缓冲区。

ZG_FIFO_EN:该位置1,该位使能 GYRO_ZOUT_H 和 GYRO_ZOUT_L 可以加载到 FIFO 缓冲区。

ACCEL_FIFO_EN:该位置1,该位使能 ACCEL_XOUT_H、ACCEL_XOUT_L、ACCEL_YOUT_H、ACCEL_YOUT_L、ACCEL_ZOUT_H 和 ACCEL_ZOUT_L 可以加载到 FIFO 缓冲区。

SLV2_FIFO_EN:该位置1,该位使能 EXT_SENS_DATA 寄存器和从机 2 可以加载到 FIFO 缓冲区。

SLV1_FIFO_EN:该位置1,该位使能 EXT_SENS_DATA 寄存器和从机 1 可以加载到 FIFO 缓冲区。

SLV0_FIFO_EN:该位置1,该位使能 EXT_SENS_DATAregisters 和从机 0 可以加载到 FIFO 缓冲区。

(5) 陀螺仪采样率分频寄存器,寄存器地址为 0x19,如图 9-7 所示。

Register (Hex)	Register (Decimal)	Bit7	Bit6	Bit5	Bit4	Bit3	Bit2	Bit1	Bit0
19	25	SMPLRT_DIV[7:0]							

图 9-7 陀螺仪采样率分频寄存器

该寄存器用于设置 MPU6050 的陀螺仪采样频率,计算公式为:

$$采样频率 = \frac{陀螺仪输出频率}{1 + SMPLRT\_DIV}$$

这里陀螺仪的输出频率,是 1kHz 或者 8kHz,与数字低通滤波器(DLPF)的设置有关,当 DLPF_CFG 为 0 或 7 的时候,频率为 8kHz,其他情况是 1kHz。

参数:

SMPLRT_DIV8 位无符号值。陀螺仪输出频率由这个值的分频所确定。

(6) 配置寄存器,寄存器地址为 0x1A,如图 9-8 所示。

Register (Hex)	Register (Decimal)	Bit7	Bit6	Bit5	Bit4	Bit3	Bit2	Bit1	Bit0
1A	26	—	—	EXT_SYNC_SET[2:0]			DLPF_CFG[2:0]		

图 9-8 配置寄存器

说明:该寄存器配置外部 FrameSynchronization(FSYNC)引脚采样,陀螺仪和加速度计的数字低通滤波器。

通过配置 EXT_SYNC_SET 可以使用一个外部信号连接到 FSYNC 引脚进行采样。

FSYNC 引脚的信号的变化被锁存,使短的选通信号可能被捕获。锁存 FSYNC 信号将作为采样的采样频率,定义在寄存器 25。采样结束后,锁存器将复位到当前的 FSYNC 信号状态。

DLPF_CFG[2:0]:数字低通滤波器(DLPF 的设置位)、加速度计和陀螺仪都是根据这 3 位的配置进行过滤的,如图 9-9 所示。

这里的加速度传感器输出频率(Fs)固定是 1kHz,而角速度传感器的输出速率(Fs)则据 DLPF_CFG 的配置有所不同。

第 6、7 位保留。

我们通过寄存器读出来的数据为加速度和角速度,根据加速度计和角速度传感器的原始数据可以计算出欧拉角:航向角(yaw)、横滚角(roll)和俯仰角(pitch),有了这 3 个角,就可以

DLPF_CFG [2:0]	加速度传感器Fs=1kHz		角速度传感器		
	带宽（Hz）	延迟（ms）	带宽（Hz）	延迟（ms）	Fs（kHz）
000	260	0	256	0.98	8
001	184	2.0	188	1.9	1
010	94	3.0	98	2.8	1
011	44	4.9	42	4.8	1
100	21	8.5	20	9.3	1
101	10	13.8	10	13.4	1
110	5	19.0	5	18.6	1
111	保留		保留		8

图 9-9 数字低通滤波器

得到当前的姿态。

9.1.2 开发步骤

（1）首先定义 MPU6050 传感器初始化函数 MPU6050_Init()，函数中分别调用写寄存器函数 MPU6050_Write_Byte() 来配置传感器的相应参数。

```
//MPU6050 初始化
//1: 复位设备
//2: 关闭复位模式,使用 Z 轴陀螺仪作为参考时钟
//3: 设定陀螺仪的输出频率为 1kHz
//4: 设置低通滤波频率为 42
//5: 陀螺仪最大量程 ±2000 度每秒
//6: 加速度计最大量程 ±8G
void MPU6050_Init(void)
{
    MPU6050_Write_Byte(MPU6050_RA_PWR_MGMT_1, 0x80);    //复位 MPU6050
    HAL_Delay(100);

    MPU6050_Write_Byte(MPU6050_RA_PWR_MGMT_1, MPU6050_CLOCK_PLL_ZGYRO);  //使用 Z 轴参考时钟

    //采样频率 = 陀螺仪输出频率/(1 + SMPLRT_DIV)
    //陀螺仪输出频率 = 1kHz;
    MPU6050_Write_Byte(MPU6050_RA_SMPLRT_DIV,1000/(1000) - 1);

    MPU6050_Write_Byte(MPU6050_RA_CONFIG, MPU6050_DLPF_BW_42); //设置低通滤波频率,当滤波频
//率超过 90Hz 时无明显滤波效果

    MPU6050_Write_Byte(MPU6050_RA_GYRO_CONFIG, MPU6050_GYRO_FS);    //陀螺仪最大量程为 ±2000
//度每秒

    MPU6050_Write_Byte(MPU6050_RA_ACCEL_CONFIG, MPU6050_ACCEL_AFS);  //加速度计最大量程为 ±8G
}
```

（2）定义 MPU6050_Write_Byte() 函数,函数实现向指定传感器寄存器写数据功能。

```
//向指定寄存器写入指定的数据
static bool MPU6050_Write_Byte(uint8_t REG_Address, uint8_t REG_data)
{
        return I2C_Write_REG(MPU6050_DEFAULT_ADDRESS << 1, REG_Address, REG_data);
}
```

（3）定义 MPU6050_Write_Nbyte() 函数,用于向传感器写多个字节数据。

```
//向 MPU6050 寄存器写入多个数据
```

```
bool MPU6050_Write_NByte(uint8_t SlaveAddress, uint8_t REG_Address, uint8_t len, uint8_t * buf)
{
        return I2C_Write_NByte(MPU6050_DEFAULT_ADDRESS << 1, REG_Address, len,  buf);
}
```

(4) 定义 MPU6050_Read_Nbyte()函数,函数实现从指定的寄存器中读取多个字节数据。

```
//从指定的寄存器中读取多个字节数据
bool MPU6050_Read_NByte(uint8_t SlaveAddress, uint8_t REG_Address, uint8_t len, uint8_t * buf)
{
        return I2C_Read_NByte(MPU6050_DEFAULT_ADDRESS << 1, REG_Address, len, buf);
}
```

(5) 定义存储 x、y、z 加速度和角速度以及 3 个欧拉角的结构体,结构体如下:

```
typedef struct
{
    float pitch;                    //俯仰角
    float roll;                     //横滚角
    float yaw;                      //航向角
}Attitude;
extern Attitude attitude;           //姿态角

typedef struct
{
    int16_t x;
    int16_t y;
    int16_t z;
}Vector3i;

typedef struct
{
    Vector3i acc;
    Vector3i gyro;
}MPU6050;
extern MPU6050 mpu6050;
```

(6) 创建 MPU6050_Read()函数,实现从 MPU6050 传感器中获取陀螺仪、加速度计的原始值。

```
//从 MPU6050 传感器中获取陀螺仪、加速度计的原始值
//acc :加速度计的值
//gyro:陀螺仪的值
void MPU6050_Read(void)
{
    uint8_t buf[14] = {0};
    MPU6050_Read_NByte(MPU6050_ADDRESS_AD0_LOW, MPU6050_RA_ACCEL_XOUT_H, 14, buf);

    mpu6050.acc.x = (int16_t)(buf[0]<< 8 | buf[1]);
    mpu6050.acc.y = (int16_t)(buf[2]<< 8 | buf[3]);
    mpu6050.acc.z = (int16_t)(buf[4]<< 8 | buf[5]);

    mpu6050.gyro.x = (int16_t)(buf[8]<< 8 | buf[9]);
    mpu6050.gyro.y = (int16_t)(buf[10]<< 8 | buf[11]);
    mpu6050.gyro.z = (int16_t)(buf[12]<< 8 | buf[13]);
}
```

(7) 创建 AHRS(),函数中通过加速度和角速度的值,使用四元数法分别计算出 3 个欧拉角(此部分对四元数不做详细介绍)。

```
static float Rot_matrix[9];                          //方向余弦矩阵
MPU6050 mpu6050;
#define KpDef (0.5f)
#define KiDef (0.025f)

volatile float AHRS_Kp = KpDef;
volatile float AHRS_Ki = KiDef;
volatile float integralFBx = 0.0f,  integralFBy = 0.0f, integralFBz = 0.0f; //integral error
//terms scaled by Ki

void AHRS(float dt)
{
    float recipNorm;
    static float q0 = 1.0f, q1 = 0.0f, q2 = 0.0f, q3 = 0.0f;
    static float q0q0, q0q1, q0q2, q0q3, q1q1, q1q2, q1q3, q2q2, q2q3, q3q3;
    float ex = 0.0f, ey = 0.0f, ez = 0.0f;
    float ax = mpu6050.acc.x ;
    float ay = mpu6050.acc.y ;
    float az = mpu6050.acc.z ;
    floatgx = mpu6050.gyro.x   / MPU6050_GYRO_LSB * DEG2RAD;;
    floatgy = mpu6050.gyro.y   / MPU6050_GYRO_LSB * DEG2RAD;;
    floatgz = mpu6050.gyro.z   / MPU6050_GYRO_LSB * DEG2RAD;;

    //如果加速计各轴的数均是0,那么忽略该加速度数据.否则在加速计数据归一化处理的时候,会
    //导致除以0的错误
    if(ax * ay * az != 0.0f)
    {
        //把加速度计的数据进行归一化处理
        recipNorm = sqrtf3(ax, ay, az);
        ax /= recipNorm;
        ay /= recipNorm;
        az /= recipNorm;

        //根据当前四元数的姿态值来估算出各重力分量 Vx,Vy,Vz
        float vx = Rot_matrix[2];
        float vy = Rot_matrix[5];
        float vz = Rot_matrix[8];

        //使用叉积来计算重力误差
        ex += ay * vz - az * vy;
        ey += az * vx - ax * vz;
        ez += ax * vy - ay * vx;
    }

    //只有当从加速度计或磁计中收集有效数据时才应用反馈
    if(ex != 0.0f && ey != 0.0f && ez != 0.0f)
    {
        //把上述计算得到的重力和磁力差进行积分运算,
        if(AHRS_Ki > 0.0f)
        {
            integralFBx += AHRS_Ki * ex * dt;
            integralFBy += AHRS_Ki * ey * dt;
            integralFBz += AHRS_Ki * ez * dt;
            gx += integralFBx;
            gy += integralFBy;
            gz += integralFBz;
        }
        else
        {
```

```
            integralFBx = 0.0f;
            integralFBy = 0.0f;
            integralFBz = 0.0f;
        }

        //把上述计算得到的重力差和磁力差进行比例运算
        gx += AHRS_Kp * ex;
        gy += AHRS_Kp * ey;
        gz += AHRS_Kp * ez;
    }

    float dq0 = 0.5f * ( - q1 * gx - q2 * gy - q3 * gz);
    float dq1 = 0.5f * ( q0 * gx + q2 * gz - q3 * gy);
    float dq2 = 0.5f * ( q0 * gy - q1 * gz + q3 * gx);
    float dq3 = 0.5f * ( q0 * gz + q1 * gy - q2 * gx);

    q0 += dt * dq0;
    q1 += dt * dq1;
    q2 += dt * dq2;
    q3 += dt * dq3;

    recipNorm = sqrtf4(q0, q1, q2, q3);
    q0 / = recipNorm;
    q1 / = recipNorm;
    q2 / = recipNorm;
    q3 / = recipNorm;

    //预先进行四元数数据运算,以避免重复运算带来的效率问题
    q0q0 = q0 * q0;
    q0q1 = q0 * q1;
    q0q2 = q0 * q2;
    q0q3 = q0 * q3;
    q1q1 = q1 * q1;
    q1q2 = q1 * q2;
    q1q3 = q1 * q3;
    q2q2 = q2 * q2;
    q2q3 = q2 * q3;
    q3q3 = q3 * q3;

    Rot_matrix[0] = q0q0 + q1q1 - q2q2 - q3q3;      //11
    Rot_matrix[1] = 2.f * (q1q2 + q0q3);            //12
    Rot_matrix[2] = 2.f * (q1q3 - q0q2);            //13
    Rot_matrix[3] = 2.f * (q1q2 - q0q3);            //21
    Rot_matrix[4] = q0q0 - q1q1 + q2q2 - q3q3;      //22
    Rot_matrix[5] = 2.f * (q2q3 + q0q1);            //23
    Rot_matrix[6] = 2.f * (q1q3 + q0q2);            //31
    Rot_matrix[7] = 2.f * (q2q3 - q0q1);            //32
    Rot_matrix[8] = q0q0 - q1q1 - q2q2 + q3q3;      //33

    //四元数转换为欧拉角输出
    attitude.pitch = asin(Rot_matrix[5]) * RAD2DEG;
    attitude.roll  = atan2( - Rot_matrix[2], Rot_matrix[8]) * RAD2DEG;
    attitude.yaw   = atan2( - Rot_matrix[3], Rot_matrix[4]) * RAD2DEG;
}
```

(8) 主函数 main() 的主要功能如下:

第一步,首先初始化系统时钟、串口以及 MPU6050。

第二步,在循环中使用 MPU6050_Read() 函数计算加速度和角速度的值。

第三步,使用 AHRS()函数分别计算俯仰角、横滚角和航向角并通过串口打印。

```
Attitude attitude;                      //姿态角

int main(void)
{
    CLOCK_Init();                       //初始化系统时钟
    UART_Init();                        //串口初始化

    MPU6050_Init();                     //MPU6050 初始化

    while(1)
    {
        HAL_Delay(100);                 //延时
        MPU6050_Read();                 //读取加速度计和角速度值
        AHRS(0.1);                      //欧拉角计算
        printf("pitch : % f roll : % f yaw : % f\r\n", attitude.pitch, attitude.roll,
        attitude.yaw);
    }
}
```

9.1.3 运行结果

将程序下载到开发板中,打开串口。可以看到串口界面分别打印俯仰角、横滚角和航向角的值,移动开发板,可以看到角度会有相应的变化,如图 9-10 所示。

图 9-10 运行输出结果

练习

(1)简述 MPU6050 传感器初始化过程。

(2)简述互补滤波方式求解欧拉角过程。

(3)使用卡尔曼滤波方式计算出欧拉角。

9.2 TFTLCD

学习目标

了解 TFTLCD 屏幕和 FSMC 的驱动原理,通过 STM32F4 的 FSMC 接口来控制 TFTLCD 的显示。

9.2.1 开发原理

1. 液晶显示器

显示器属于计算机的 I/O 设备,即输入/输出设备。它是一种将特定电子信息输出到屏幕上再反射到人眼的显示设备。

液晶显示器简称 LCD(Liquid Crystal Display),相对于上一代 CRT 显示器(阴极射线管显示器),LCD 显示器具有功耗低、体积小、承载的信息量大及不伤眼的优点,因而它成为了现在的主流电子显示设备,其中包括电视机屏幕、计算机显示器、手机屏幕及各种嵌入式设备的显示器。

液晶是一种介于固体和液体之间的特殊物质,它是一种有机化合物,常态下呈液态,但是它的分子排列却和固体晶体一样非常规则,因此取名液晶。给液晶施加电场,会改变它的分子排列,从而改变光线的传播方向,配合偏振光片,它就具有控制光线透过率的作用,再配合彩色滤光片,改变加给液晶电压大小,就能改变某一颜色透光量的多少。利用这种原理,做出可控红、绿、蓝光输出强度的显示结构,把 3 种显示结构组成一个显示单位,通过控制红绿蓝的强度,可以使该单位混合输出不同的色彩,这样的一个显示单位被称为像素,图 9-11 为液晶显示器运行原理。

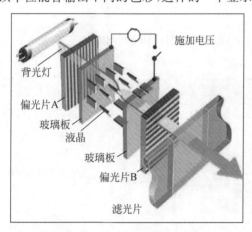

注意,液晶本身是不发光的,所以需要有一个背光灯提供电源,光线经过一系列处理过程才到输出,所以输出的光线强度比光源的强度低很多,比较浪费能源。而且这些处理过程会导致显示方向比较窄,也就是它的视角较小,从侧面看屏幕会看不清它的显示内容。另外,输出的色彩变换时,液晶分子转动也需要消耗一定的时间,导致屏幕的响应速度低。

TFT 是 LCD 的一个变种,是薄膜晶体管的缩写。TFT 是指液晶显示器上的每一液晶像素点都是由集成在其后的薄膜晶体管来驱动的,从而可以做到高速度、高亮度、高对比度显示屏幕

图 9-11 液晶显示器运行原理

信息。TFT 显示屏是一类有源矩阵液晶显示设备,是最好的 LCD 彩色显示器之一。

2. 显示器的基本参数

不管是哪一种显示器,都有一定的参数用来描述它们的特性,具体介绍如下:

1) 像素

像素是组成图像的最基本单元要素,显示器的像素指它成像最小的点,即前面讲解液晶原理中提到的一个显示单元。

2) 分辨率

一些嵌入式设备的显示器常常以"行像素值×列像素值"表示屏幕的分辨率。如分辨率 800×480 表示该显示器的每一行有 800 个像素点,每一列有 480 个像素点。

3) 色彩深度

色彩深度指显示器的每个像素点能表示多少种颜色,一般用"位"(bit)来表示。如单色屏的每个像素点能表示亮或灭两种状态(即实际上能显示 2 种颜色),用 1 个数据位就可以表示像素点的所有状态,所以它的色彩深度为 1bit,其他常见的显示屏色深为 16bit、24bit。

4) 显示器尺寸

显示器的大小一般以英寸表示,如 5 英寸、21 英寸、24 英寸等,这个长度是指屏幕对角线

的长度,通过显示器的对角线长度及长宽比可确定显示器的实际长宽尺寸。

5) 点距

点距指两个相邻像素点之间的距离,它会影响画质的细腻度及观看距离,相同尺寸的屏幕,分辨率越高,点距越小,画质越细腻。如现在有些手机的屏幕分辨率比电脑显示器的还大,这是手机屏幕点距小的原因;LED 点阵显示屏的点距一般都比较大,所以适合远距离观看。

3. 液晶控制原理

完整的显示屏由液晶显示面板、电容触摸面板以及 PCB 底板构成。触摸面板带有触摸控制芯片,该芯片处理触摸信号并通过引出的信号线与外部器件通信,触摸面板中间是透明的,它贴在液晶面板上面,一起构成屏幕的主体,触摸面板与液晶面板引出的排线连接到 PCB 底板上。根据实际需要,PCB 底板上可能会带有"液晶控制器芯片",而不带液晶控制器的 PCB 底板,只有小部分的电源管理电路,液晶面板的信号线与外部微控制器相连。

4. 显存

液晶屏中的每个像素点都是数据。在实际应用中,需要把每个像素点的数据缓存起来,再传输给液晶屏,一般会使用 SRAM 或 SDRAM 性质的存储器,而这些专门用于存储显示数据的存储器被称为显存。显存一般至少要能存储液晶屏的一帧显示数据,如分辨率为 800×480 的液晶屏,若使用 RGB888 格式显示,则一帧显示数据大小为 $3 \times 800 \times 480 = 1152000$ 字节;若使用 RGB565 格式显示,则一帧显示数据大小为 $2 \times 800 \times 480 = 768000$ 字节。

一般来说,外置的液晶控制器会自带显存,而像 STM32F429 等集成液晶控制器的芯片可使用内部 SRAM 或外扩 SDRAM 用于显存空间。

5. TFTLCD 模块简介

这里选用 4.3 英寸的 TFTLCD 模块,显示分辨率为 480×800,驱动 IC 为 NT35510,电容触摸屏,该模块原理如图 9-12 所示。

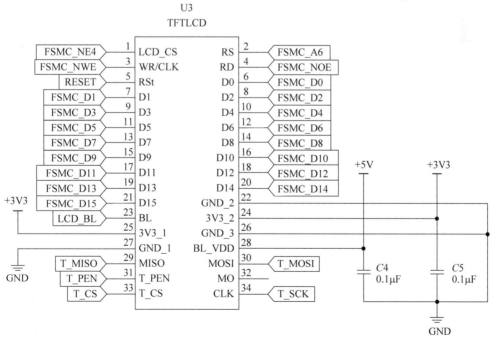

图 9-12　TFTLCD 屏幕连接原理图

从图 9-12 中可以看出,TFTLCD 模块采用 16 位的并口方式与外部连接,下面对该模块的部分信号线进行说明:

- LCD_CS：LCD 片选信号。
- WR：LCD 写信号。
- RD：LCD 读信号。
- D[15:0]：16 位双向信号线。
- RST：硬复位 LCD 信号。
- RS：命令/数据标志(0：命令，1：数据)。
- LCD_BL：背光控制信号。
- MOSI/MISO/T_PEN/T_CS/T_SCK：触摸屏接口信号。

需要说明的是，TFTLCD 模块的 RST 信号线是直接接到 STM32F4 的复位脚上的，并不由软件控制，这样可以省下一个 I/O 口。

6. FSMC 简介

STM32F407 系列芯片使用 FSMC 外设来管理扩展的存储器，FSMC 是 Flexible Static Memory Controller 的首字母缩写，译为灵活的静态存储控制器。它可以用于驱动包括 SRAM、NORFLASH 以及 NANDFLSAH 类型的存储器。

FSMC 可以驱动 LCD 的主要是因为 FSMC 的读写时序和 LCD 的读写时序相似，于是把 LCD 当成一个外部存储器来用，利用 FSMC 在相应的地址读或写相关数值时，STM32 的 FSMC 会在硬件上自动完成时序的控制，所以只要设置好读写相关时序寄存器后，FSMC 就可以完成时序的控制了。

STM32 的 FSMC 外设内部结构如图 9-13 所示。

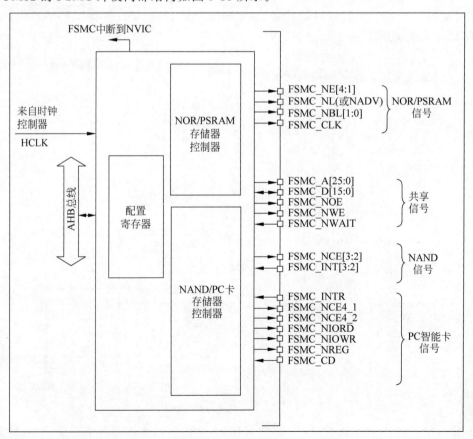

图 9-13　STM32 的 FSMC 外设内部结构

1）通信引脚

在图 9-13 的右侧是 FSMC 外设相关的控制引脚,控制不同类型存储器的时候会有一些不同的引脚,其中地址线 FSMC_A 和数据线 FSMC_D 是所有控制器都共用的。本节中使用的引脚说明如表 9-4 所示。

表 9-4　FSMC 通信引脚

FSMC 引脚名称	说　明	FSMC 引脚名称	说　明
FSMC_NWE	写入使能	FSMC_NE	片选信号
FSMC_NOE	输出使能(读使能)	FSMC_A[15:0]	行地址线

其中比较特殊的 FSMC_NE 是用于控制 SRAM 芯片的片选控制信号线,STM32 具有FSMC_NE1/2/3/4 号引脚,不同的引脚对应 STM32 内部不同的地址区域。

2）存储器控制器

上面不同类型的引脚是连接到 FSMC 内部对应的存储控制器中的。NOR/PSRAM/SRAM 设备使用相同的控制器,NAND/PC 卡设备使用相同的控制器,不同的控制器有专用的寄存器用于配置其工作模式。

控制 SRAM 的有 FSMC_BCR1/FSMC_BCR2/FSMC_BCR3/FSMC_BCR4 控制寄存器、FSMC_BTR1/FSMC_BTR2/FSMC_BTR3/FSMC_BTR4 片选时序寄存器以及 FSMC_BWTR1/FSMC_BWTR2/FSMC_BWTR3/FSMC_BWTR4 写时序寄存器。每种寄存器都有4 个,分别对应 4 个不同的存储区域,各寄存器介绍如下:

- FSMC_BCR 控制寄存器可配置要控制的存储器类型、数据线宽度以及信号有效极性。
- FSMC_BTR 时序寄存器用于配置 SRAM 访问时的各种时间延迟,如数据保持时间、地址保持时间等。
- FSMC_BWTR 写时序寄存器与 FMC_BTR 寄存器控制的参数类似,它专门用于控制写时序的时间参数。

3）时钟控制逻辑

FSMC 外设挂载在 AHB 总线上,时钟信号来自于 HCLK(默认 168MHz),控制器的同步时钟输出就是由它分频得到。例如,NOR 控制器的 FSMC_CLK 引脚输出的时钟,它可用于与同步类型的 SRAM 芯片进行同步通信,它的时钟频率可通过 FSMC_BTR 寄存器的CLKDIV 位配置,可以配置为 HCLK 的 1/2 或 1/3,也就是说,当它与同步类型的 SRAM 通信时,同步时钟最高频率为 84MHz。

FSMC 连接好外部的存储器并初始化后,就可以直接通过访问地址来读写数据了,这种地址访问与 I2CEEPROM、SPIFLASH 的不一样,后两种方式都需要控制 I2C 或 SPI 总线给存储器发送地址,然后获取数据。在程序里,这个地址和数据都需要分开使用不同的变量存储,并且访问时还需要使用代码控制发送读写命令。而使用 FSMC 外接存储器时,其存储单元是映射到 STM32 的内部寻址空间中的;在程序里,先定义一个指向这些地址的指针,然后就可以通过指针直接修改该存储单元的内容,FSMC 外设会自动完成数据访问过程,读写命令之类的操作不需要程序控制。

STM32F4 的 FSMC 支持 8 位/16 位/32 位数据宽度,这里用到的 LCD 是 16 位宽度的。我们再来看看 FSMC 的外部设备地址映像,STM32F4 的 FSMC 将外部存储器划分为固定大小为 256MB 的 4 个存储块,如图 9-14 所示。

从图 9-14 可以看出,FSMC 总共管理 1GB 空间,拥有 4 个存储块,本章用到的是 Bank1,所以在本章仅讨论 Bank1 的相关地址,其他块的配置,请参考《STM32F4 用户手册》。

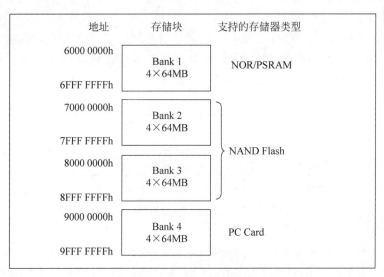

图 9-14　FSMC 外部设备映射

STM32F4 的 FSMC Bank 1 被分为 4 个区,每个区管理 64MB 空间,每个区都有独立的寄存器对所连接的存储器进行配置。Bank 1 的 256MB 空间由 28 根地址线(HADDR[27:0])寻址。

这里 HADDR 是内部 AHB 地址总线,其中 HADDR[25:0]来自外部存储器地址 FSMC_A[25:0],而 HADDR[26:7]对 4 个区进行寻址。如表 9-5 所示。

表 9-5　HADDR[26:7]对 4 个区进行寻址

Bank 1 所选区	片 选 信 号	地 址 范 围	HADDR [27:26]	HADDR [25:0]
第 1 区	FSMC_NE1	0x6000,0000~63FF,FFFF	00	
第 2 区	FSMC_NE2	0x6400,0000~67FF,FFFF	01	
第 3 区	FSMC_NE3	0x6800,0000~6BFF,FFFF	10	FSMC_A[25:0]
第 4 区	FSMC_NE4	0x6C00,0000~6FFF,FFFF	11	

应特别注意 HADDR[25:0]的对应关系,如图 9-15 所示。

存储器宽度[1]	向存储器发出的数据地址	最大存储器容量
8位	HADDR[25:0]	64MB×8=512Mb
16位	HADDR[25:1]>>1	64MB/2×16=512Mb

(1) 如果外部存储器的宽度为16位,FSMC将使用内部的HADDR[25:1]地址来作为对外部存储器的寻址地址FSMC_A[24:00]。
　　无论外部存储器的宽度为16位还是8位,FSMC_A[0]都应连接到外部存储器地址A[0]。

图 9-15　HADDR[25:0]的对应关系

当 Bank 1 接的是 16 位宽度存储器的时候,HADDR[25:1]—> FSMC_A[24:0]。

当 Bank 1 接的是 8 位宽度存储器的时候,HADDR[25:0]—> FSMC_A[25:0]。

不论外部接 8 位/16 位宽设备,FSMC_A[0]永远接在外部设备地址 A[0]。这里,TFTLCD 使用的是 16 位数据宽度,所以 HADDR[0]并没有用到,只有 HADDR[25:1]是有效的,对应关系变为:HADDR[25:1]—> FSMC_A[24:0],相当于右移了一位,这里应特别留意。另外,HADDR[27:26]的设置,是不需要我们干预的,比如,当选择使用 Bank 1 的第 3 区时,即使用 FSMC_NE3 来连接外部设备,即对应了 HADDR[27:26]=10,我们要做的就是配置对应第 3 区的寄存器组,来适应外部设备即可。

7. 驱动器 NT35510 指令

因为 NT35510 的命令很多,这里就不全部介绍了,可以参考 NT35510 数据手册。首先来看 0xD3 指令,这是一个读 ID 指令,用于读取 LCD 控制器的 ID,该指令如表 9-6 所示。

表 9-6　读取 LCD 控制器 ID 指令

顺序	控 制			各 位 描 述									HEX
	RS	RD	WR	D15～D8	D7	D6	D5	D4	D3	D2	D1	D0	
指令	0	1	↑	xx	1	1	0	1	0	0	1	1	D3H
参数 1	1	↑	1	xx	x	x	x	x	x	x	x	x	x
参数 2	1	↑	1	xx	0	0	0	0	0	0	0	0	00H
参数 3	1	↑	1	xx	1	0	0	1	0	1	0	1	55H
参数 4	1	↑	1	xx	0	1	0	0	0	0	0	1	10H

从表 9-6 可以看出,0xD3 指令后面跟了 4 个参数,最后两个参数读出来是 0x55 和 0x10,刚好是控制器 NT35510 的后面数字部分,因此,通过该指令,即可判别所用的 LCD 驱动器是什么型号,这样就可以根据控制器的型号去执行对应 IC 的初始化代码,从而兼容不同驱动 IC 的对应的 LCD 屏,使得一个代码支持多款 LCD。

接下来看指令 0x36,这是存储访问控制指令,可以控制 NT35510 存储器的读写方向,简单地说,就是在连续写 GRAM 的时候,可以控制 GRAM 指针的增长方向,从而控制显示方式(读 GRAM 也是一样)。该指令如表 9-7 所示。

表 9-7　0x36 指令

顺序	控 制			各 位 描 述									HEX
	RS	RD	WR	D15～D8	D7	D6	D5	D4	D3	D2	D1	D0	
指令	0	1	↑	xx	0	0	1	1	0	1	1	0	36H
参数	1	1	↑	xx	MY	MX	MV	ML	BGR	MH	0	0	0

从表 9-7 可以看出,0x36 指令后面紧跟一个参数,这里主要关注 MY、MX 和 MV 这 3 位,通过这 3 位的设置,可以控制整个 NT35510 的全部扫描方向,如表 9-8 所示。

表 9-8　NT35510 扫描方向

控 制 位			LCD 扫描方向(GRAM 自增方式)
MY	MX	MV	
0	0	0	从左到右,从上到下
1	0	0	从左到右,从下到上
0	1	0	从右到左,从上到下
1	1	0	从右到左,从下到上
0	0	1	从上到下,从左到右
0	1	1	从上到下,从右到左
1	0	1	从下到上,从左到右
1	1	1	从下到上,从右到左

这样,在利用 NT35510 显示内容的时候,就有很大的灵活性了,比如显示 BMP 图片、BMP 解码数据,就是从图片的左下角开始,慢慢显示到右上角,如果设置 LCD 扫描方向为从左到右、从下到上,那么只需要设置一次坐标,然后不停地向 LCD 填充数据即可,这样可以大大提高显示速度。

0x2A 指令是列地址设置指令,在从左到右、从上到下的扫描方式(默认)下,该指令用于设置横坐标(x 坐标),如表 9-9 所示。

表 9-9　0x2A 指令

顺序	控　制			各 位 描 述									HEX
	RS	RD	WR	D15~D8	D7	D6	D5	D4	D3	D2	D1	D0	
指令	0	1	↑	xx	0	0	1	0	1	0	1	0	2AH
参数 1	1	1	↑	xx	SC15	SC14	SC13	SC12	SC11	SC10	SC9	SC8	SC
参数 2	1	1	↑	xx	SC7	SC6	SC5	SC4	SC3	SC2	SC1	SC0	
参数 3	1	1	↑	xx	EC15	EC14	EC13	EC12	EC11	EC10	EC9	EC8	EC
参数 4	1	1	↑	xx	EC7	EC6	EC5	EC4	EC3	EC2	EC1	EC0	

该指令带有 4 个参数,实际上是 2 个坐标值: SC 和 EC,即列地址的起始值和结束值,SC 必须小于或等于 EC。一般在设置 x 坐标的时候,只需要带 2 个参数即可,也就是设置 SC 即可,因为如果 EC 没有变化,那么只需要设置一次即可(在初始化 NT35510 的时候设置),从而提高速度。

0x2B 指令是页地址设置指令,在从左到右、从上到下的扫描方式(默认)下,该指令用于设置纵坐标(y 坐标),如表 9-10 所示。

表 9-10　0x2B 指令

顺序	控　制			各 位 描 述									HEX
	RS	RD	WR	D15~D8	D7	D6	D5	D4	D3	D2	D1	D0	
指令	0	1	↑	xx	0	0	1	0	1	0	1	0	2BH
参数 1	1	1	↑	xx	SP15	SP14	SP13	SP12	SP11	SP10	SP9	SP8	SP
参数 2	1	1	↑	xx	SP7	SP6	SP5	SP4	SP3	SP2	SP1	SP0	
参数 3	1	1	↑	xx	EP15	EP14	EP13	EP12	EP11	EP10	EP9	EP8	EP
参数 4	1	1	↑	xx	EP7	EP6	EP5	EP4	EP3	EP2	EP1	EP0	

该指令带有 4 个参数,实际上是 2 个坐标值: SP 和 EP,即页地址的起始值和结束值,SP 必须小于或等于 EP。一般在设置 y 坐标的时候,只需要带 2 个参数,也就是只设置 SP 即可,因为如果 EP 没有变化,那么只需要设置一次(在初始化 NT35510 的时候设置),从而提高速度。

0x2C 指令是写 GRAM 指令,在发送该指令之后,便可以向 LCD 的 GRAM 中写入颜色数据了,该指令支持连续写(地址自动递增),如表 9-11 所示。

表 9-11　0x2C 指令

顺序	控　制			各 位 描 述									HEX
	RS	RD	WR	D15~D8	D7	D6	D5	D4	D3	D2	D1	D0	
指令	0	1	↑	xx	0	0	1	0	1	1	0	0	2CH
参数 1	1	1	↑	$D1[15{:}0]$									xx
参数 2	1	1	↑	$D2[15{:}0]$									xx
…	1	1	↑	…									xx
参数 n	1	1	↑	$Dn[15{:}0]$									xx

在收到 0x2C 指令之后,数据有效位宽变为 16 位,我们可以连续写入 LCDGRAM 值,而 GRAM 的地址将根据 MY/MX/MV 设置的扫描方向进行自增。例如,假设设置的是从左到右、从上到下的扫描方式,那么设置好起始坐标(通过 SC、SP 设置)后,每写入一个颜色值, GRAM 地址将会自动自增 1(SC++),如果碰到 EC,则回到 SC,同时 SP++,一直到坐标

(EC,EP)结束,其间无须再次设置的坐标,从而大大提高了写入速度。

0x2E 指令是读 GRAM 指令,用于读取 NT35510 的显存(GRAM),同 0x2C 指令,该指令支持连续读(地址自动递增),如表 9-12 所示。

表 9-12 读取 NT35510 的显存

顺序	控制			各位描述											HEX
	RS	RD	WR	D15~D11	D10	D9	D8	D7	D6	D5	D4	D3	D2	D1	D0	
指令	0	1	↑	xx				0	0	1	0	1	1	1	0	2EH
参数 1	1	↑	1	xx												dummy
参数 2	1	↑	1	$R4[4:0]$	xx			$G1[5:0]$						xx		$R1G1$
参数 3	1	↑	1	$B1[4:0]$	xx			$R2[4:0]$						xx		$B1R2$
参数 4	1	↑	1	$G2[5:0]$		xx		$B2[4:0]$						xx		$G2B2$
参数 5	1	↑	1	$R3[4:0]$	xx			$G3[5:0]$						xx		$R3G3$
…	1	↑	1	…												…
参数 N	1	↑	1	按以上规律输出												

NT35510 在收到该指令后,第一次输出的是无效数据,从第二次开始,读取到的才是有效的 GRAM 数据(从坐标(SC,SP)开始),输出规律为:每个颜色分量占 8 位,一次输出 2 个颜色分量。例如,第一次输出是 $R1G1$,随后的规律为:$B1R2 \rightarrow G2B2 \rightarrow R3G3 \rightarrow B3R4 \rightarrow G4B4 \rightarrow R5G5$……

NT35510 自带 LCDGRAM(480×864×3 字节),并且最高支持 24 位颜色深度(1600 万色),不过我们一般使用 16 位颜色深度(65K),RGB565 格式,这样,在 16 位模式下,可以达到最快的速度。在 16 位模式下,NT35510 采用 RGB565 格式存储颜色数据,此时 NT35510 的低 16 位数据总线(高 8 位没有用到)与 MCU 的 16 位数据线以及 24 位 LCDGRAM 的对应关系如表 9-13 所示。

表 9-13 16 位数据线与 24 位 LCDGRAM 的对应关系

NT35510 总线(16 位)	D15	D14	D13	D12	D11		D10	D9	D8	D7	D6	D5		D4	D3	D2	D1	D0
MCU 数据(16 位)	D15	D14	D13	D12	D11		D10	D9	D8	D7	D6	D5		D4	D3	D2	D1	D0
LCD GRAM (24 位)	$R[4]$	$R[3]$	$R[2]$	$R[1]$	$R[0]$	$R[4]$	$R[3]$	$R[2]$	$G[5]$	$G[4]$	$G[3]$	$G[2]$	$G[1]$	$G[0]$	$G[5]$	$G[4]$	$B[4]$	$B[3]$	$B[2]$	$B[1]$	$B[0]$	$B[4]$	$B[3]$	$B[2]$

从表 9-13 可以看出,NT35510 的 24 位 GRAM 与 16 位 RGB565 的对应关系,其实就是分别将高位的 R、G、B 数据搬运到低位做填充,"凑成"24 位,再显示。MCU 的 16 位数据中,最低 5 位代表颜色,中间 6 位为绿色,最高 5 位为红色。数值越大,表示该颜色越深。另外,应特别注意 NT33510 的指令是 16 位宽,数据除了 GRAM 读写的时候是 16 位宽,其他都是 8 位宽(高 8 位无效)。

8. TFTLCD 驱动流程

TFTLCD 驱动流程如图 9-16 所示。

任何 LCD 驱动流程都可以简单地用图 9-16 表示,其中硬复位和初始化序列只需要执行一次。画点的流程就是:设置坐标→写 GRAM 指令→写入颜色数据,然后在 LCD 就可以看到对应点显示出写入的颜色了。读点的流程为:设置坐标→读 GRAM 指令→读取颜色数据,这样就可以获取到对应点的颜色数据了。

通过以上介绍,可以得出 TFTLCD 显示需要的相关设置步骤如下:

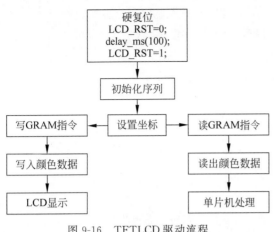

图 9-16　TFTLCD 驱动流程

（1）设置 STM32F4 与 TFTLCD 模块相连接的 I/O。这一步，先将与 TFTLCD 模块相连的 I/O 口进行初始化，以便驱动 LCD。

（2）初始化 TFTLCD 模块。本次没有硬复位 LCD，因为本节 STM32F4 开发板的 LCD 接口将 TFTLCD 的 RST 同 STM32F4 的 RESET 连接在一起了，只要按下开发板的 RESET 键，就会对 LCD 进行硬复位。初始化序列就是向 LCD 控制器写入一系列的设置值，这些初始化序列一般 LCD 供应商会提供给客户，直接使用这些序列即可，不需要深入研究。在初始化后，LCD 才可以正常使用。

（3）这个步骤根据设置坐标→写 GRAM 指令→写入颜色数据来实现，但这只是一个点的处理，要显示字符/数字，就必须多次使用这些步骤，从而达到显示字符/数字的目的。

9.2.2　开发步骤

（1）在 LCD 头文件中分别定义了 LCD 参数结构体，对 LCD 驱动地址、控制指令，同时列出了 32×32 的 ASCII 字符集点阵。

（2）在 LCD 头文件中定义 FSMC 存储器的地址，也就是控制 LCD 命令和数据的地址。通过前面的介绍，我们知道 TFTLCD 的 RS 接在 FSMC 的 A6 上，CS 接在 FSMC_NE4 上，并且是 16 位数据总线。即使用的是 FSMC 存储器 1 的第 4 区，我们使用 Bank1.sector4 就是从地址 0x6C000000 开始，而 0x0000007E，则是 A6 的偏移量。以 A6 为例简单说明如下：7E 转换成二进制就是 1111110，而对于 16 位数据，地址右移一位对齐，那么实际对应到地址引脚的时候，就是 A6:A0=0111111，此时 A6 是 0，但是如果 16 位地址再加 1（注意：对应到 8 位地址是加 2，即 7E+0x02），那么 A6:A0=1000000，此时 A6 就是 1 了，即实现了对 RS 的 0 和 1 的控制。

```
#define LCD_BASE ((uint32_t)(0x6C000000 | 0x0000007E))

#define TFTLCD ((LCD_Typedef *)LCD_BASE)
```

（3）在源文件中定义 LCD 配置参数结构体变量，并添加 LCD 写命令和写数据函数，在函数中分别将参数赋给 TFTLCD 结构体中的命令和数据变量。

```
_LCD_Dev lcddev;                    //定义结构体变量

//LCD 写命令函数
static void LCD_Write_Command(uint16_t Command)
{
    TFTLCD -> LCD_Command = Command;
}

//LCD 写数据函数
static void LCD_Write_Data(uint16_t Data)
{
    TFTLCD -> LCD_Data = Data;
```

}

(4) 创建 LCD_Write_CMD_Data()函数,将 LCD 写命令和写数据进行封装。

```
//LCD 写命令和数据
static void LCD_Write_CMD_Data(uint16_t Command, uint16_t Data)
{
    TFTLCD -> LCD_Command = Command;
    TFTLCD -> LCD_Data = Data;
}
```

(5) 创建 LCD_W_Read_DATA()函数,函数中调用 LCD_Write_Command()向模块中写入命令,然后再调用结构体变量 TFTLCD→LCD_Data 读取数据值。

```
//写入命令后读取寄存器值
static uint16_t LCD_W_Read_DATA(uint16_t Command)
{
    LCD_Write_Command(Command);                    //写入命令
    HAL_Delay(5);                                  //延迟 5us
    return TFTLCD -> LCD_Data;
}
```

(6) 创建 LCD_Write_GRAMCmd()函数,函数将 LCD 配置参数结构体中写 gramcmd 指令赋给 TFTLCD 结构体中的命令,调用该函数表示开始写 GRAM 命令。

```
//写 Gram 指令
static void LCD_Write_GRAMCmd(void)
{
    TFTLCD -> LCD_Command = lcddev.gramcmd;
}
```

(7) 创建 LCD_SetCursor()函数,函数中通过 LCD_Write_Command()函数向模块中写入设置坐标 x 及设置坐标 y 命令,写入命令后调用 LCD_Write_Data()函数向模块写入坐标数据(其中数据分为高 8 位和低 8 位写入)。

```
//设置光标位置
static void LCD_SetCursor(uint16_t x, uint16_t y)
{
    //设置坐标 x 的高位和低位
    LCD_Write_Command(lcddev.setxcmd);
    LCD_Write_Data(x >> 8);
    LCD_Write_Command(lcddev.setxcmd + 1);
    LCD_Write_Data(x & 0xFF);

    //设置坐标 y 的高位和低位
    LCD_Write_Command(lcddev.setycmd);
    LCD_Write_Data(y >> 8);
    LCD_Write_Command(lcddev.setycmd + 1);
    LCD_Write_Data(y & 0xFF);
}
```

(8) 创建 LCD_Fast_DrawPoint()函数,函数实现快速画点功能。函数中首先设置 x 坐标的高 8 位和低 8 位数据,然后设置 y 坐标的高 8 位和低 8 位数据,最后设置显示颜色。

```
//快速画点函数
static void LCD_Fast_DrawPoint(uint16_t x, uint16_t y, uint16_t color)
{
    //设置坐标 x 的高位和低位
    LCD_Write_Command(lcddev.setxcmd);
```

```
    LCD_Write_Data(x >> 8);
    LCD_Write_Command(lcddev.setxcmd + 1);
    LCD_Write_Data(x & 0xFF);

    //设置坐标 y 的高位和低位
    LCD_Write_Command(lcddev.setycmd);
    LCD_Write_Data(y >> 8);
    LCD_Write_Command(lcddev.setycmd + 1);
    LCD_Write_Data(y & 0xFF);

    LCD_Write_GRAMCmd();                     //写 Gram 指令
    LCD_Write_Data(color);                   //设置颜色
}
```

(9) 创建 LCD_Scan_Dir() 函数,用来设置屏幕的扫描方向及坐标位置。

第一步,通过 switch 语句判断屏幕扫描方向命令,并将命令的相应的数据放入 Data 变量中。

第二步,通过 LCD_Write_CMD_Data() 函数将变量 Data 写入模块中。

第三步,初始化 x、y 的起始和结束坐标位置。

```
//设置扫描方向
static void LCD_Scan_Dir(uint8_t dir)
{
    uint16_t Data = 0;                       //存储读写方向变量
    switch(dir)
    {
        case L2R_U2D:                        //从左到右,从上到下
            Data| = (0 << 7)|(0 << 6)|(0 << 5);
            break;
        case D2U_L2R:                        //从下到上,从左到右
            Data| = (1 << 7)|(0 << 6)|(1 << 5);
            break;
    }
    LCD_Write_CMD_Data(0x3600, Data);        //设置读写方向

    LCD_Write_Command(lcddev.setxcmd); LCD_Write_Data(0);   //设置横坐标起始位置
    LCD_Write_Command(lcddev.setxcmd + 1); LCD_Write_Data(0);
    LCD_Write_Command(lcddev.setxcmd + 2); LCD_Write_Data((xSize - 1)>> 8); //设置横坐标结束
    //位置高字节
    LCD_Write_Command(lcddev.setxcmd + 3); LCD_Write_Data((xSize - 1)&0xFF); //设置横坐标结束
    //位置低字节

    LCD_Write_Command(lcddev.setycmd); LCD_Write_Data(0); //设置纵坐标起始位置
    LCD_Write_Command(lcddev.setycmd + 1); LCD_Write_Data(0);
    LCD_Write_Command(lcddev.setycmd + 2); LCD_Write_Data((ySize - 1)>> 8); //设置纵坐标结束
    //位置高字节
    LCD_Write_Command(lcddev.setycmd + 3); LCD_Write_Data((ySize - 1)&0xFF); //设置纵坐标结束
    //位置低字节
}
```

(10) 在源文件中添加 LCD_Config() 函数,用来配置屏幕相应参数。函数中首先将 0x2C、0x2A、0x2B 分别赋给 LCD 配置参数结构体中的 gramcmd、setxcmd、setycmd,用来设置 GRAM、列地址和页地址的指令;然后通过判断横竖屏命令将 480、800 分别赋给 LCD 配置参数结构体中屏幕宽度和高度变量。

```
//设置 LCD 屏幕高度、宽度、横竖屏以及相关命令
void LCD_Config(uint8_t dir)
{
    lcddev.gramcmd = 0x2C00;                    //写 Gram 指令
    lcddev.setxcmd = 0x2A00;                    //列地址设置指令
    lcddev.setycmd = 0x2B00;                    //页地址设置指令

    if(dir)
    {
        lcddev.dir = 1;                         //横屏
        lcddev.height = 480;                    //屏幕高度
        lcddev.width = 800;                     //屏幕宽度
    }
    else
    {
        lcddev.dir = 0;                         //竖屏
        lcddev.height = 800;                    //屏幕高度
        lcddev.width = 480;                     //屏幕宽度
    }
}
```

(11) 创建 LCD_Clear() 函数，用来刷新屏幕。函数首先通过 LCD_SetCursor 设置 x 和 y 坐标，然后调用 LCD_Write_GRAMCmd 开始写 GRAM 指令，最后将颜色变量赋值给结构体中的 LCD_Data，经过循环将整个屏幕都刷新成该颜色。

```
//清屏函数
static void LCD_Clear(uint16_t color)
{
    uint32_t pixel_count = lcddev.height * lcddev.width;      //计算像素总数

    LCD_SetCursor(0x0000, 0x0000);              //设置起始坐标
    LCD_Write_GRAMCmd();                        //开始写 Gram 指令

    for(uint32_t i = 0; i < pixel_count; i++)
    {
        TFTLCD -> LCD_Data = color;             //写入颜色
    }
}
```

(12) 创建 TFTLCD_Init() 函数，初始化 LCD 屏幕。

第一步，初始化 LCD 屏幕、LCD 屏幕使用到的 GPIO 引脚以及 FSMC。

第二步，通过 LCD_Config() 函数配置 LCD 屏幕参数。

第三步，通过 LCD_Scan_Dir 初始化画点的扫描方向（从左到右、从上到下）。

第四步，调用 LCD_ON() 开启屏幕背光。

第五步，通过 LCD_Clear 将屏幕刷新成白色。

重定义 HAL_SRAM_MspInit() 函数，初始化 FSMC 使用的引脚，部分代码如下：

```
/*
 * SRAM 底层驱动,时钟使能,引脚分配
 * 此函数会被 HAL_SRAM_Init()调用
 * hsram:SRAM 句柄
 */
void HAL_SRAM_MspInit(SRAM_HandleTypeDef * hsram)
{
    GPIO_InitTypeDef GPIO_Initure;
```

```
    __HAL_RCC_FSMC_CLK_ENABLE();                //使能 FSMC 时钟
    __HAL_RCC_GPIOD_CLK_ENABLE();               //使能 GPIOD 时钟
    __HAL_RCC_GPIOE_CLK_ENABLE();               //使能 GPIOE 时钟
    __HAL_RCC_GPIOF_CLK_ENABLE();               //使能 GPIOF 时钟
    __HAL_RCC_GPIOG_CLK_ENABLE();               //使能 GPIOG 时钟

    //初始化 PD0,1,4,5,8,9,10,14,15
    GPIO_Initure.Pin = GPIO_PIN_0|GPIO_PIN_1|GPIO_PIN_4|GPIO_PIN_5|GPIO_PIN_8|\
                GPIO_PIN_9|GPIO_PIN_10|GPIO_PIN_14|GPIO_PIN_15;
    GPIO_Initure.Mode = GPIO_MODE_AF_PP;        //推挽复用
    GPIO_Initure.Pull = GPIO_PULLUP;            //上拉
    GPIO_Initure.Speed = GPIO_SPEED_HIGH;       //高速
    GPIO_Initure.Alternate = GPIO_AF12_FSMC;    //复用为 FSMC
    HAL_GPIO_Init(GPIOD, &GPIO_Initure);        //初始化

    //初始化 PE7,8,9,10,11,12,13,14,15
    GPIO_Initure.Pin = GPIO_PIN_7|GPIO_PIN_8|GPIO_PIN_9|GPIO_PIN_10|GPIO_PIN_11|\
                GPIO_PIN_12|GPIO_PIN_13|GPIO_PIN_14|GPIO_PIN_15;
    HAL_GPIO_Init(GPIOE, &GPIO_Initure);

    //初始化 PF12
    GPIO_Initure.Pin = GPIO_PIN_12;
    HAL_GPIO_Init(GPIOF, &GPIO_Initure);

    //初始化 PG12
    GPIO_Initure.Pin = GPIO_PIN_12;
    HAL_GPIO_Init(GPIOG, &GPIO_Initure);
}
```

(13) 创建 LCD_ShowChar()函数,实现在屏幕指定位置显示一个字符。函数通过显示字符的 ASCII 码,在 ASCII 码集中获取该字符的点阵数据,然后通过快速画点函数将数据显示到屏幕上。

```
/*
 * 在指定位置显示一个字符
 * x,y:起始坐标
 */
void LCD_ShowChar(uint16_t x, uint16_t y, uint8_t num, uint16_t color)
{
    uint8_t temp;
    uint16_t y0 = y;

    num = num - ' '; //得到偏移后的值(ASCII 字库是从空格开始取模,所以-' '就是对应字符的字库)

    for(uint8_t t = 0; t < 64; t++)              //64 为点阵集中一个字符的字节数
    {
        temp = ASC2_3216\[num\]\[t\];            //调用字体
        for(uint8_t i = 0; i < 8; i++)           //循环画出一个字节中的 8 个位
        {
            if(temp&0x80) LCD_Fast_DrawPoint(x, y, color);
            else LCD_Fast_DrawPoint(x, y, WHITE);
            temp <<= 1;
            y++;
            if(y >= lcddev.height)return;        //超出范围
            if((y - y0) == 32)
            {
```

```
                        y = y0;
                        x++;
                        if(x >= lcddev.width)return;      //超出范围
                        break;
                    }
                }
            }
        }
```

（14）创建 LCD_ShowString()函数，实现在屏幕上显示字符串。函数中通过判断起点 x 和 y 坐标，在规定的显示区域范围内调用 LCD_ShowChar()函数显示连续的字符。

```
/ *
*    显示字符串
*      x,y: 起点坐标
*  width,height: 区域大小
*      size: 字体大小
*   * p: 字符串起始地址
*      color: 显示颜色
* /
void LCD_ShowString(uint16_t x, uint16_t y, uint16_t width, uint16_t height, uint8_t * p, uint16
_t color)
{
    uint8_t x0 = x;
    width += x;
    height += y;

    while(( * p <= '~') && ( * p >= ' '))               //判断是不是非法字符!
    {
        if(x >= width) {x = x0; y += 32;}
        if(y >= height) break;                         //退出
        LCD_ShowChar(x, y, * p, color);
        x += 16;
    p++;
    }
}
```

（15）创建 LCD_DrawLine()函数，实现画线功能。函数首先计算坐标增量，然后选取增量坐标轴，最后进行连续画点。

```
//画线
//x1, y1: 起点坐标
//x2, y2: 终点坐标
void LCD_DrawLine(uint16_t x1, uint16_t y1, uint16_t x2, uint16_t y2, uint16_t color)
{
    uint16_t xerr = 0, yerr = 0, distance;
    int16_t delta_x, delta_y;               //起点/终点的 x,y 距离
    uint16_t x, y;                          //绘制的 x,y 坐标
    int16_t x_Inc, y_Inc;                   //单步增量

    delta_x = x2 - x1;                      //计算坐标增量
    delta_y = y2 - y1;
    x = x1;
    y = y1;
    if(delta_x > 0) x_Inc = 1;              //设置单步方向
    else if(delta_x == 0) x_Inc = 0;        //垂直线
    else {x_Inc = -1; delta_x = - delta_x;}
    if(delta_y > 0) y_Inc = 1;
```

```
    else if (delta_y == 0) y_Inc = 0;                    //水平线
    else {y_Inc = - 1; delta_y = - delta_y;}
    if(delta_x > delta_y) distance = delta_x;            //选取基本增量坐标轴
    else distance = delta_y;

    for(uint16_t i = 0; i <= distance + 1; i++)          //画线输出
    {
        LCD_WritePoint(x, y, color);                     //画点
        xerr += delta_x ;
        yerr += delta_y ;
        if(xerr > distance)
        {
            xerr -= distance;
            x += x_Inc;
        }
        if(yerr > distance)
        {
            yerr -= distance;
            y += y_Inc;
        }
    }
}
```

(16) 创建 LCD_DrawRectangle()函数,实现画矩形功能。

```
//画矩形
//(x1, y1),(x2, y2): 矩形的对角坐标
void LCD_DrawRectangle(uint16_t x1, uint16_t y1, uint16_t x2, uint16_t y2, uint16_t color)
{
    LCD_DrawLine(x1, y1, x2, y1, color);
    LCD_DrawLine(x1, y1, x1, y2, color);
    LCD_DrawLine(x1, y2, x2, y2, color);
    LCD_DrawLine(x2, y1, x2, y2, color);
}
```

(17) 创建 Transform_X()和 Transform_Y()函数,实现根据屏幕比例转换 x 和 y 坐标,供下面的横竖屏切换函数使用。

```
//根据屏幕比例转换 x 坐标
static uint16_t Transform_X(uint16_t x)
{
    return (uint16_t)(x * 800/480);
}
//根据屏幕比例转换 y 坐标
static uint16_t Transform_Y(uint16_t y)
{
    return (uint16_t)(y * 480/800);
}
```

(18) 创建 Attitude_Update()函数,实现屏幕的重力感应功能。函数中通过判断 MPU6050 传感器测量的俯仰角和横滚角的边界值来控制屏幕的扫描方向及显示坐标,调用 LCD_ShowString()、LCD_DrawLine()、LCD_DrawRectangle()函数分别实现在屏幕上显示字符串、画线、画矩形功能。

```
uint8_t status;                                          //横竖屏切换状态
uint8_t string[] = "Flight Technology";
/ *
 *   重力感应控制屏幕旋转
```

```
 *        pitch: 俯仰角 精度: 0.1 范围: - 90.0 ---  + 90.0
 *        roll: 横滚角   精度: 0.1 范围: - 180.0 ---  + 180.0
 * /
void Attitude_Update(float pitch, float roll)
{
    //竖屏显示
    if((pitch > - 50) && (roll > 0) && (status == 0))
    {
        status = 1;
        LCD_Config(0);                          //初始化显示屏相关参数 1: 横屏 0: 竖屏
        LCD_Scan_Dir(L2R_U2D);                  //初始化扫描方向
        LCD_Clear(WHITE);                       //清屏 白色
        LCD_ShowString(80, 70, 270, 16, string, BLUE);//显示字符串
        LCD_DrawLine(80, 200, 350, 200, RED);   //画线
        LCD_DrawRectangle(80, 280, 420, 350, BLUE);  //画矩形
    }
    //横屏显示
    if((pitch < - 50) && (roll < 70) && (status == 1))
    {
        status = 0;
        LCD_Config(1);                          //初始化显示屏相关参数 1: 横屏 0: 竖屏
        LCD_Scan_Dir(D2U_L2R);                  //初始化扫描方向
        LCD_Clear(WHITE);                       //清屏 白色
        LCD_ShowString(Transform_X(80), Transform_Y(70), 270, 16, string, BLUE);   //显示字符串
        LCD_DrawLine(Transform_X(80), Transform_Y(200), Transform_X(350), Transform_Y(200), RED);
                                                //画线
    LCD_DrawRectangle(Transform_X(80), Transform_Y(280), Transform_X(420),Transform_Y(350), BLUE);
                                                //画矩形
    }
}
```

（19）主函数 main() 的主要功能如下：

第一步，初始化系统时钟、LCD 屏幕及 MPU6050 传感器。

第二步，在 while 循环中调用 MPU6050_Read() 和 AHRS() 函数分别计算加速度、角速度以及欧拉角。

第三步，调用 Attitude_Update() 函数，根据欧拉角实现重力感应功能。

```
Attitude attitude;                              //姿态角

int main(void)
{
    CLOCK_Init();                               //初始化系统时钟
    TFTLCD_Init();                              //LCD 屏幕初始化

    MPU6050_Init();                             //MPU6050 初始化

    while(1)
    {
        HAL_Delay(100);                         //延时
        MPU6050_Read();                         //读取加速度计和陀螺仪值
        AHRS(0.1);                              //计算欧拉角
        Attitude_Update(attitude.pitch, attitude.roll); //重力感应
    }
}
```

9.2.3　运行结果

将程序下载到开发板中，倾斜开发板，可以看到屏幕上分别显示出一行字符串、一条直线

和一个矩形,当屏幕横过来时,显示位置也相应改变。

竖屏时的界面如图 9-17 所示。

横屏时的界面如图 9-18 所示。

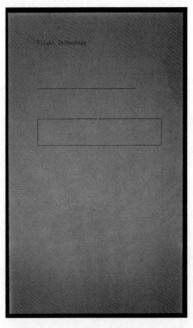

图 9-17　竖屏时的界面

图 9-18　横屏时的界面

练习

(1) 显示器的基本参数有哪些?

(2) 简述液晶控制的原理。

(3) 利用 TFTLCD 屏幕显示图片。

9.3　触摸屏

学习目标

了解电容触摸屏 GT9147 驱动 IC 原理,通过 4.3 英寸 LCD 显示屏实现触摸画板。

9.3.1　开发原理

触摸屏(touchscreen)又称为"触控屏""触控面板",是一种可接收触头等输入信号的感应式装置。作为一种新型的输入设备,可以用来取代传统的机械按键等输入设备。它是目前最简单、方便、自然的一种人机交互方式。触摸屏本质上与液晶是分离的。触摸屏负责的是检测触摸点,液晶屏负责的是显示。

按照触摸屏的工作原理和传输信息的介质,把触摸屏分为 4 种,分别为:

- 电阻式——定位准确,单点触摸。
- 电容感应式——支持多点触摸,价格偏高。
- 红外线式——价格低廉,但其外框易碎,容易产生光干扰,曲面情况下失真。
- 表面声波式——解决各种缺陷,但是屏幕表面如果有水滴和尘土会使触摸屏变得迟钝。

电容型触摸屏分为 2 类:

- 表面电容式触摸屏——表面电容式触摸屏技术是利用 ITO(钢锡氧化物,是一种透明的导电材料)导电膜,通过电场感应方式感测屏幕表面的触摸行为进行。但是表面电容式触摸屏有一些局限性,它只能识别一个手指或者一次触摸。
- 投射式电容触摸屏——投射电容式触摸屏是传感器利用触摸屏电极发射出静电场线。

本节选用电容触摸屏,也是采用的是投射式电容屏。电容式触摸屏是利用充电时间检测电容大小,从而通过检测出电容值的变化来获知触摸信号。如图 9-19 所示。

电容屏的最上层是玻璃,核心层部分是由 ITO 材料构成的,这些导电材料在屏幕里构成了人眼看不见的静电网,静电网由多行 X 轴电极和多列 Y 轴电极构成,两个电极之间会形成电容。触摸屏工作时,X 轴电极发出 AC 交流信号,而交流信号能穿过电容,即通过 Y 轴能感应出该信号,当交流电穿越时电容会有充放电过程,检测该充电时间可获知电容量。若手指触摸屏幕,会影响触摸点附近两个电极之间的耦合,从而改变两个电极之间的电容量,若检测到某电容的电容量发生了改变,即可获知该电容处有触摸动作(这就是为什么它被称为电容式触摸屏以及绝缘体触摸没有反应的原因)。

电容屏 ITO 层的电极由多个菱形导体组成,生产时使用蚀刻工艺在 ITO 层生成这样的结构,结构如图 9-20 所示。

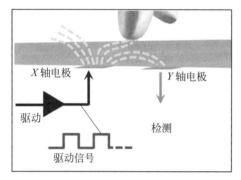

图 9-19 电容触摸屏原理

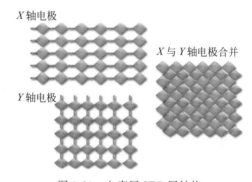

图 9-20 电容屏 ITO 层结构

X 轴电极与 Y 轴电极在交叉处形成电容,即这两组电极构成了电容的两极,这样的结构覆盖了整个电容屏,每个电容单元在触摸屏中都有其特定的物理位置,即电容的位置就是它在触摸屏的 X、Y 坐标。检测触摸的坐标时,第 1 条 X 轴的电极发出激励信号,而所有 Y 轴的电极同时接收信号,通过检测充电时间可检测出各个 Y 轴与第 1 条 X 轴相交的各个互电容的大小,各个 X 轴依次发出激励信号,重复上述步骤,即可得到整个触摸屏二维平面的所有电容大小。当手指接近时,会导致局部电容改变,根据得到的触摸屏电容量变化的二维数据表,可以得知每个触摸点的坐标,因此电容触摸屏支持多点触控。

其实电容触摸屏可被看作是多个电容按键组合而成,就像机械按键中独立按键和矩阵按键的关系一样,甚至电容触摸屏的坐标扫描方式与矩阵按键都是很相似的。在任何情况下,触摸位置都是通过测量 X 电极和 Y 电极之间信号改变量的分配来确定的,随后会使用数学算法处理这些已改变的信号电平,以确定触摸点的 X、Y 坐标。

电容触摸屏驱动原理:GT9147 与 MCU 连接也是通过 4 根线:SDA、SCL、RST 和 INT,GP9147 的 I2C 地址,可以是 0x14 或者 0x5D,当复位结束后的 5ms 内,如果 INT 是高电平,则使用 0x14 作为地址;否则使用 0x5D 作为地址。具体的设置过程请查看 GT9147 数据手册,本节使用 0x14 作为器件地址。接下来介绍 GT9147 的几个重要的寄存器。

- 控制命令寄存器(0x8040)。

该寄存器可以写入不同值,实现不同的控制,我们一般使用 0 和 2 这两个值,写入 2,即可软复位 GT9147,在硬复位之后,一般要往该寄存器写 2,实行软复位。然后写入 0,即可正常读取坐标数据(并且会结束软复位)。

- 配置寄存器组(0x8047~0x8100)。

这里共 186 个寄存器,用于配置 GT9147 的各个参数,这些配置一般由厂家提供给我们(一个数组),所以我们只需要将厂家给出的配置写入到这些寄存器中,即可完成 GT9147 的配置。由于 GT9147 可以保存配置信息(可写入内部 Flash,从而不需要每次上电都更新配置),这里有几个需要注意的地方:

(1) 0x8047 寄存器用于指示配置文件版本号,程序写入的版本号,必须大于或等于 GT9147 本地保存的版本号,才可以更新配置;

(2) 0x80FF 寄存器用于存储校验和,使得 0x8047~0x80FF 中所有的数据之和为 0;

(3) 0x8100 用于控制是否将配置保存在本地,写 0,则不保存配置;写 1,则保存配置。

- 产品 ID 寄存器(0x8140~0x8143)。

这里总共由 4 个寄存器组成,用于保存产品 ID,对于 GT9147,这 4 个寄存器读出来就是:9、1、4、7 共 4 个字符(ASCII 码格式)。因此,通过这 4 个寄存器的值可以判断驱动 IC 的型号,以便执行不同的初始化。

- 状态寄存器(0x814E)。

我们仅关心最高位和低 4 位,最高位用于表示 buffer 状态,如果有数据(坐标/按键),buffer 就会是 1,最低 4 位用于表示有效触电的个数,范围是 0~5,0 表示没有触摸,5 表示有 5 点触摸,如图 9-21 所示。

寄存器	bit7	bit6	bit5	bit4	bit3	bit2	bit1	bit0
0x814E	buffer状态	大点	接近有效	按键	有效触点个数			

图 9-21　状态寄存器

- 坐标数据寄存器(共 50 个)。

这里共分成 5 组(5 个点),每组 6 个寄存器存储数据,一般只用到触点的 X、Y 坐标,所以只需要读取 0x8150~0x8153 的数据,组合即可得到触点坐标。同样,GT9147 也支持寄存器地址自增,我们只需要发送寄存器组的首地址,然后连续读取即可,GT9147 会自动地址自增,从而提高读取速度,如图 9-22 所示。

寄存器	bit7~0	寄存器	bit7~0
0x8150	触点1 X坐标低8位	0x8151	触点1 X坐标高8位
0x8152	触点1 Y坐标低8位	0x8153	触点1 Y坐标高8位
0x8154	触点1 触摸尺寸低8位	0x8155	触点1 触摸尺寸高8位

图 9-22　坐标数据寄存器

GT9147 只需要经过简单的初始化就可以正常使用了,初始化流程为:硬复位→延时 10ms→结束硬复位→设置 I²C 地址→延时 100ms→软复位→更新配置(需要时)→结束软复位。此时 GT9147 即可正常使用了。

然后,我们不停地查询 0x814E 寄存器,判断是否有有效触点,如果有,则读取坐标数据寄存器,得到触点坐标。需要特别注意的是,如果 0x814E 读到的值最高位为 1,就必须对该位写 0,否则无法读到下一次坐标数据。

9.3.2 开发步骤

（1）电容式触摸屏用到 4 根引脚线，分别是 T_PEN(CT_INT)、T_CS(CT_RET)、T_CLK(CT_SCL) 和 T_MOSI(CT_SDA)，查看电路原理图，可以看到 T_MOSI、T_CLK、T_CS 和 T_PEN 分别连接在 STM32F4 的 PF11、PB0、PC13、PB1。其中，CT_INT、CT_RST、CT_SCL 和 CT_SDA 分别是 GT9147 的中断输出信号、复位信号和 I^2C 的 SCL、SDA 信号。

（2）在头文件中定义 GT9147 的设备地址及寄存器地址，定义结构体 COORDINATE，用来获取触摸点坐标信息，最后进行函数声明。

```
#ifndef _BSP_TOUCH_H_
#define _BSP_TOUCH_H_

#include "stm32f4xx.h"
#include <stdbool.h>
#include "bsp_soft_i2c.h"
#include <string.h>
#include "bsp_tftlcd.h"


#define GT_RST_H HAL_GPIO_WritePin(GPIOC, GPIO_PIN_13, GPIO_PIN_SET)
#define GT_RST_L HAL_GPIO_WritePin(GPIOC, GPIO_PIN_13, GPIO_PIN_RESET)

#define GT_INT_H HAL_GPIO_WritePin(GPIOB, GPIO_PIN_1, GPIO_PIN_SET)
#define GT_INT_L HAL_GPIO_WritePin(GPIOB, GPIO_PIN_1, GPIO_PIN_RESET)

#define GT_CMD_W 0x28                    //写命令
#define GT_CMD_R 0x29                    //读命令

#define GT_CTRL_REG 0x8040              //GT9147 控制命令寄存器
#define GT_CFGS_REG 0x8047              //GT9147 配置起始地址
#define GT_CHECK_REG 0x80FF             //GT9147 校验和地址
#define GT_ID_REG 0x8140                //GT9147 产品 ID 寄存器
#define GT_STATE_REG 0x814E             //GT9147 当前状态寄存器
#define GT_TP1_REG 0x8150               //第一个触摸点地址
#define GT_TP2_REG 0x8158               //第二个触摸点地址
#define GT_TP3_REG 0x8160               //第三个触摸点地址
#define GT_TP4_REG 0x8168               //第四个触摸点地址
#define GT_TP5_REG 0x8170               //第五个触摸点地址

typedef struct
{
    uint8_t Point_num;                  //触摸点总数
    int16_t x[5];                       //当前 x 坐标
    int16_t y[5];                       //当前 y 坐标
    int16_t Last_x[5];                  //上一次 x 坐标
    int16_t Last_y[5];                  //上一次 y 坐标
}COORDINATE;

uint8_t GT9147_Init(void);
bool GT9147_Write_REG(uint16_t reg, uint8_t * buf, uint8_t len);
bool GT9147_Read_REG(uint16_t reg, uint8_t * buf, uint8_t len);

void Touch_Init(void);
void Touch_Draw_Point(void);

#endif
```

(3) 在源文件中首先创建 GT9147 配置参数表,用于初始化 GT9147。第一个字节为版本号(0x60),必须保证新的版本号大于或等于 GT9147 内部的 Flash 原有版本号,才会更新配置。

```c
const uint8_t GT9147_CFG[ ] =
{
    0X60,0XE0,0X01,0X20,0X03,0X05,0X35,0X00,0X02,0X08,
    0X1E,0X08,0X50,0X3C,0X0F,0X05,0X00,0X00,0XFF,0X67,
    0X50,0X00,0X00,0X18,0X1A,0X1E,0X14,0X89,0X28,0X0A,
    0X30,0X2E,0XBB,0X0A,0X03,0X00,0X00,0X02,0X33,0X1D,
    0X00,0X00,0X00,0X00,0X00,0X00,0X00,0X32,0X00,0X00,
    0X2A,0X1C,0X5A,0X94,0XC5,0X02,0X07,0X00,0X00,0X00,
    0XB5,0X1F,0X00,0X90,0X28,0X00,0X77,0X32,0X00,0X62,
    0X3F,0X00,0X52,0X50,0X00,0X52,0X00,0X00,0X00,0X00,
    0X00,0X00,0X00,0X00,0X00,0X00,0X00,0X00,0X00,0X00,
    0X00,0X00,0X00,0X00,0X00,0X00,0X00,0X00,0X00,0X0F,
    0X0F,0X03,0X06,0X10,0X42,0XF8,0X0F,0X14,0X00,0X00,
    0X00,0X00,0X1A,0X18,0X16,0X14,0X12,0X10,0X0E,0X0C,
    0X0A,0X08,0X00,0X00,0X00,0X00,0X00,0X00,0X00,0X00,
    0X00,0X00,0X00,0X00,0X00,0X00,0X00,0X00,0X00,0X00,
    0X00,0X00,0X29,0X28,0X24,0X22,0X20,0X1F,0X1E,0X1D,
    0X0E,0X0C,0X0A,0X08,0X06,0X05,0X04,0X02,0X00,0XFF,
    0X00,0X00,0X00,0X00,0X00,0X00,0X00,0X00,0X00,0X00,
    0X00,0XFF,0XFF,0XFF,0XFF,0XFF,0XFF,0XFF,0XFF,0XFF,
    0XFF,0XFF,0XFF,0XFF,
};
```

(4) 创建 GT9147_Write_REG()函数,实现向 GT9147 指定寄存器中写入数据。函数实现方法与 I^2C 写数据函数有些类似,首先发送 I^2C 开始信号,随后发送 GT9147 写地址,然后发送写入寄存器的高 8 位和低 8 位地址,最后通过循环将需要写入的数据发送出去,发送完成后停止 I^2C 通信。

```c
//向 GT9147 写入数据
bool GT9147_Write_REG(uint16_t reg, uint8_t * buf, uint8_t len)
{
    I2C_Start();
    I2C_Send_Byte(GT_CMD_W);                    //发送写命令
    if(!I2C_Wait_Ack()) return false;
    I2C_Send_Byte(reg >> 8);                    //发送寄存器高 8 位地址
    if(!I2C_Wait_Ack()) return false;
    I2C_Send_Byte(reg & 0xFF);                  //发送寄存器低 8 位地址
    if(!I2C_Wait_Ack()) return false;

    for(uint8_t i = 0; i < len; i++)
    {
        I2C_Send_Byte(buf[i]);
        if(!I2C_Wait_Ack()) {I2C_Stop(); return false;}
    }
    I2C_Stop();
    return true;
}
```

(5) 创建 GT9147_Read_REG()函数,实现从 GT9147 中读取数据。

第一步,首先发送 I2C 开始信号,然后发送 GT9147 写地址,等待应答。

第二步,随后发送需要读取寄存器的高 8 位、低 8 位地址,分别等待应答。

第三步，重新发送开始信号，然后发送 GT9147 读地址，等待 ACK。

第四步，通过循环连续读取多个字节数据，然后发送停止信号。

```
//从 GT9147 读出数据
bool GT9147_Read_REG(uint16_t reg, uint8_t * buf, uint8_t len)
{
    I2C_Start();
    I2C_Send_Byte(GT_CMD_W);              //发送写命令
    if(!I2C_Wait_Ack()) return false;
    I2C_Send_Byte(reg >> 8);              //发送寄存器高 8 位地址
    if(!I2C_Wait_Ack()) return false;
    I2C_Send_Byte(reg & 0xFF);            //发送寄存器低 8 位地址
    if(!I2C_Wait_Ack()) return false;
    I2C_Start();
    I2C_Send_Byte(GT_CMD_R);              //发送读命令
    if(!I2C_Wait_Ack()) return false;

    for(uint8_t i = 0; i < len; i++)
    {
        buf[i] = I2C_Read_Byte();
        if(i < len - 1){I2C_Ack();}
    }
    I2C_NAck();
    I2C_Stop();
    return true;
}
```

（6）创建 GT9147_Send_CFG()函数，用来配置 GT9147 的参数。函数中首先通过循环计算上面定义的配置参数数组的校验和，然后调用 GT9147_Write_REG()函数分别将配置参数和校验和写入到 GT9147 寄存器中。

```
//发送 GT9147 配置参数
//mode: 1,控制配置保存在本地 0,控制配置不保存在本地
void GT9147_Send_CFG(uint8_t mode)
{
    uint8_t buf[2];
    buf[0] = 0;
    buf[1] = mode;                        //是否写入到 GT9147 Flash 即是否掉电保存
    for(uint8_t i = 0; i < sizeof(GT9147_CFG); i++)
    {
        buf[0] += GT9147_CFG[i];          //计算校验和
    }
    buf[0] = (~buf[0]) + 1;
    GT9147_Write_REG(GT_CFGS_REG, (uint8_t *)GT9147_CFG, sizeof(GT9147_CFG));    //发送寄存器配置
    GT9147_Write_REG(GT_CHECK_REG, buf, 2);           //写入校验和,和配置更新标记
}
```

（7）创建 GT9147_Init 函数，用来初始化 GT9147。

第一步，初始化 T_CS 和 T_PEN 引脚为输出模式。

第二步，初始化屏幕使用的 I^2C 引脚，然后复位 T_CS 引脚并延时 10ms 后将 INT 引脚拉高，将 GT9147 的地址配置为 0x14，配置后释放复位信号线。

第三步，配置输出信号线引脚为输入模式，然后调用 GT9147_Read_REG()函数读取 GT9147 的 ID。

第四步，若读取到的 ID 为 9147，则表示设备读取正确，然后实现软复位并读取 GT9147

的配置寄存器的第一个版本号,如果默认版本比较低,则调用 GT9147_Send_CFG()函数实现
更新,最后结束复位。

```c
//初始化 GT9147
//返回值: 0,初始化成功; 1,初始化失败
uint8_t GT9147_Init(void)
{
    GPIO_InitTypeDef GPIO_Handle;

    __HAL_RCC_GPIOB_CLK_ENABLE();
    __HAL_RCC_GPIOC_CLK_ENABLE();

    GPIO_Handle.Mode = GPIO_MODE_OUTPUT_PP;           //输出推挽模式
    GPIO_Handle.Pin = GPIO_PIN_13;                    //CT_RET / T_CS
    GPIO_Handle.Pull = GPIO_PULLUP;                   //上拉
    GPIO_Handle.Speed = GPIO_SPEED_FREQ_VERY_HIGH;
    HAL_GPIO_Init(GPIOC, &GPIO_Handle);               //GPIO 初始化

    GPIO_Handle.Pin = GPIO_PIN_1;                     //CT_INT / T_PEN
    GPIO_Handle.Mode = GPIO_MODE_OUTPUT_PP;           //输出推挽模式
    HAL_GPIO_Init(GPIOB, &GPIO_Handle);               //GPIO 初始化

    I2C_Soft_Init();                                  //初始化屏幕的 I2C 引脚
    GT_RST_L;                                         //复位
    HAL_Delay(10);                                    //延时 10ms
    GT_INT_H;                                         //使用 0x14 作为地址
    HAL_Delay(1);                                     //延时 10ms
    GT_RST_H;                                         //释放复位信号线
    HAL_Delay(10);                                    //延时 10ms

    //配置输出信号线为输入模式
    GPIO_Handle.Pin = GPIO_PIN_1;                     //CT_INT / T_PEN
    GPIO_Handle.Mode = GPIO_MODE_INPUT;               //输入模式
    GPIO_Handle.Pull = GPIO_NOPULL;                   //浮空模式
    HAL_GPIO_Init(GPIOB, &GPIO_Handle);               //GPIO 初始化

    HAL_Delay(100);                                   //延时 100ms
    uint8_t Temp[5] = {0};                            //定义临时变量
    GT9147_Read_REG(GT_ID_REG, Temp, 4);              //读取产品 ID
    Temp[4] = '\0';

    if(strcmp((char *)Temp, "9147") == 0)             //ID == 9147
    {
        Temp[0] = 2;
        GT9147_Write_REG(GT_CTRL_REG, Temp, 1);       //软复位
        GT9147_Read_REG(GT_CFGS_REG, Temp, 1);        //读取寄存器,获取产品版本
        if(Temp[0] < 0x60)                            //默认版本比较低,需要更新
        {
            GT9147_Send_CFG(1);                       //更新并保持配置
        }
        HAL_Delay(10);                                //延时 10ms
        Temp[0] = 0x00;
        GT9147_Write_REG(GT_CTRL_REG, Temp, 1);       //结束复位
        return 0;
    }
    return 1;
}
```

（8）创建函数 Touch_Init()，实现触摸初始化。函数仅调用 GT9147_Init() 进行芯片初始化。

```
//触摸初始化
void Touch_Init(void)
{
    GT9147_Init();                //芯片初始化
}
```

（9）创建 Touch_Draw_Point() 函数，实现触摸画板功能。

第一步，调用 GT9147_Read_REG() 函数读取状态寄存器的 buffer 状态。

第二步，如果获取坐标已经准备好，那么获取触摸点数并清除标志。

第三步，获取触摸坐标值，判断触摸点个数是否为 0～5，如果是，那么分别获取每个点坐标值，并将坐标值根据横竖屏状态分别存储到结构体变量 X、Y 坐标中。

第四步，通过循环解析读取坐标位置，如果横竖坐标超出屏幕尺寸范围，那么跳出本次循环，获取下一个数据；如果坐标在复位区域（此时设置复位区域为屏幕的右上角），那么对屏幕进行清屏，刷新屏幕为白色；最后如果获取到其他的坐标，那么则根据两点处的坐标实现画线功能（此处添加了一个判断，如果两个坐标之间距离小于 40，才实现画线功能）。

```
COORDINATE coordinate;                                      //定义触摸点结构体变量
extern _LCD_Dev lcddev;                                     //声明 LCD 屏幕结构体变量

//定义坐标数据寄存器地址
const uint16_t GT9147_TP_REG[5] = {GT_TP1_REG, GT_TP2_REG, GT_TP3_REG, GT_TP4_REG, GT_TP5_
REG};

//触摸画点
void Touch_Draw_Point(void)
{
    uint8_t state = 0;                                      //定义状态存储变量
    uint8_t buff[4];                                        //定义缓冲区

    GT9147_Read_REG(GT_STATE_REG, &state, 1);               //读取坐标标志位
    if(state & 0x80)                                        //如果坐标已经准备好
    {
        coordinate.Point_num = state & 0x0F;                //获取触摸点数
        state = 0;
        GT9147_Write_REG(GT_STATE_REG, &state, 1);          //清除标志
        //获取触摸坐标值
        if(coordinate.Point_num > 0 && coordinate.Point_num < 6)   //判断触摸点是否正常
        {
            //通过循环获取坐标点值
            for(uint8_t i = 0; i < coordinate.Point_num; i++)
            {
                GT9147_Read_REG(GT9147_TP_REG[i], buff, 4);//从触摸点地址读取坐标高、低 8 位
                if(lcddev.dir == 1)
                {
                    //如果为横屏
                    coordinate.y[i] = ((uint16_t)buff[1] << 8) + buff[0]; //计算 5 个点坐标
                    coordinate.x[i] = 800 - (((uint16_t)buff[3] << 8) + buff[2]);
                }
                else
                {
                    //如果为竖屏
```

```
                            coordinate.x[i] = ((uint16_t)buff[1] << 8) + buff[0]; //计算5个点坐标
                            coordinate.y[i] = ((uint16_t)buff[3] << 8) + buff[2];
                    }
                }
            }
            //根据获取到的坐标值画点
            for(uint8_t i = 0; i < coordinate.Point_num; i++)
            {
                //判断横竖坐标是否在屏幕尺寸范围内
                if(coordinate.x[i] > lcddev.width || coordinate.y[i] > lcddev.height)
                {
                    continue;
                }
                //复位区域
                if(coordinate.x[i] > (lcddev.width - 80) && coordinate.y[i] < 30)
                {
                    LCD_Clear(WHITE);
                    LCD_ShowString(400, 0, 200, 16, "RESET", RED);
                }
                //根据坐标实现画线
                if((coordinate.x[i] - coordinate.Last_x[i]) > -40 &&
                (coordinate.x[i] - coordinate.Last_x[i]) < 40  &&
                (coordinate.y[i] - coordinate.Last_y[i]) > -40 &&
                (coordinate.y[i] - coordinate.Last_y[i]) < 40)  //如果两个点x,y坐标距离小于40
                {
                    //画线
                    LCD_DrawLine(coordinate.Last_x[i], coordinate.Last_y[i], coordinate.x[i],
                    coordinate.y[i], BLUE);
                }
                coordinate.Last_x[i] = coordinate.x[i];
                coordinate.Last_y[i] = coordinate.y[i];
            }

        }
}
```

(10) 主函数 main() 的主要功能如下:

第一步,初始化系统时钟。

第二步,初始化 LCD 屏幕和触摸。

第三步,调用 LCD_ShowString() 函数,在屏幕右上角显示"RESET"字符,提示复位。

第四步,在 while() 循环中调用 Touch_Draw_Point() 函数实现触摸画板功能。

```
int main(void)
{
    CLOCK_Init();                       //初始化系统时钟
    TFTLCD_Init();                      //LCD屏幕初始化
    Touch_Init();                       //触摸初始化

    LCD_ShowString(400, 0, 200, 16, "RESET", RED);
    while(1)
    {
        Touch_Draw_Point();             //触摸画板
    }
}
```

9.3.3 运行结果

将程序下载到开发板中,液晶屏会显示出触摸画板的界面,可以在该界面画出简单的图形,单击右上角 RESET 按钮可以复位清屏。

练习

(1) 按照触摸屏的工作原理和传输信息的介质,可以把触摸屏分为多少种? 分别是什么?

(2) 简单介绍 GT9147 的任意 2 个寄存器。

(3) 实现屏幕的多点触控。

参 考 文 献

请扫描下方二维码获取。